“十二五”国家重点图书

Springer 精选翻译图书

深入理解LTE及其性能

Understanding LTE and Its Performance

[法] Tara Ali-Yahiya 著

吴少川 梅林 叶亮 崔扬 译

哈爾濱工業大學出版社

HARBIN INSTITUTE OF TECHNOLOGY PRESS

内容简介

作为4G的国际标准,LTE是通信工程专业的重要专业课内容。本书内容全面,涵盖了宽带无线移动通信技术的介绍、LTE网络架构和协议、LTE无线接入层设计、LTE物理层设计、QoS、网络互通融合设计、移动性、Femtocell、下行无线资源分配策略、机会调度性能研究、跨层多业务调度、部分频率复用、移动WiMAX和LTE互通性能研究、LTE与无线传感器/执行器和RFID技术的集成等各个方面。

本书通俗易懂,不但介绍了LTE的基本原理,还体现了作者在相关领域的最新研究成果,非常适合作为通信工程专业高年级本科生和研究生阅读,并适合作为相关课程的教材或参考资料。

黑版贸审字08-2016-115

Translation from English language edition:
Understanding LTE and its Performance
by Tara Ali-Yahiya

图书在版编目(CIP)数据

深入理解LTE及其性能/吴少川等译.—哈尔滨:哈尔滨工业大学出版社,2017.4
ISBN 978-7-5603-6071-3
Ⅰ.①深… Ⅱ.①吴… Ⅲ.①无线电通信-移动网
Ⅳ.①TN929.5

中国版本图书馆CIP数据核字(2016)第131165号

电子与通信工程
图书工作室

责任编辑 李长波
封面设计 高永利
出版发行 哈尔滨工业大学出版社
社　　址 哈尔滨市南岗区复华四道街10号 邮编150006
传　　真 0451-86414749
网　　址 http://hitpress.hit.edu.cn
印　　刷 哈尔滨市工大节能印刷厂
开　　本 660mm×980mm 1/16 印张19 字数315千字
版　　次 2017年4月第1版 2017年4月第1次印刷
书　　号 ISBN 978-7-5603-6071-3
定　　价 40.00元

(如因印装质量问题影响阅读,我社负责调换)

译者序

作为4G的国际标准,LTE是通信工程专业的重要专业课内容。纵观国际上介绍LTE的书籍,能够深入浅出地将LTE的基本原理、特性和性能进行完整介绍的经典书籍并不多。译者在查阅了相关英文原版书籍后,选择了将法国学者Tara Ali - Yahiya的这本《深入理解LTE及其性能》的专业书籍引入中国。该书内容全面,涵盖了宽带无线移动通信技术的介绍、LTE网络架构和协议、LTE无线接入层设计、LTE物理层设计、QoS、网络互通融合设计、移动性、Femtocell、下行无线资源分配策略、机会调度性能研究、跨层多业务调度、部分频率复用、移动WiMAX和LTE互通性能研究、LTE与无线传感器/执行器和RFID技术的集成等各个方面。该书通俗易懂,不但介绍了LTE的基本原理,还体现了作者在相关领域的最新研究成果,非常适合通信工程专业高年级本科生和研究生阅读,并适合作为相关课程的教材或参考资料。

本书的翻译工作由哈尔滨工业大学电子与信息工程学院的吴少川、梅林、叶亮,以及科学与工业技术研究院的崔扬共同完成。其中吴少川翻译了本书的第1~4章,梅林翻译了第5~8章,崔扬翻译了第9~10章,叶亮翻译了第11~14章。所有参与者共同负责全书的统稿、修改与校对工作,并对原书中存在的疏漏进行修订。本书的出版尤其要感谢赵震、孙仁强、袁钟达和于婷这四位同学,他们在专业术语翻译、公式符号的计算机录入以及校对等方面花费了大量的时间和精力。没有他们的辛勤工作和严谨态度,就不能保证本书在这么短的时间内与广大读者见面。

本书的翻译是在国家自然科学基金(No. 61671173、No. 61201146)和国家重点研究基础发展计划(973 计划,2013CB329003)支持下完成的,特此感谢;还要感谢哈尔滨工业大学提供的各种设施,保证了本书翻译所需的各种资源。

由于译者水平有限,翻译过程中的疏漏和不当之处还请读者不吝指正,以便在下一版中进行改进。

吴少川

2016 年 4 月 23 日

序

作为电信变革的成功案例，20 世纪 90 年代初期推出的 GSM 技术极大地促进了移动通信事业的发展。今天，人们已经无法想象没有移动电话的生活，而全世界 GSM 用户数量也已经接近 50 亿。

随着这一技术的巨大成功及其与 IP 技术的融合，新涌现的标准将分组交换技术融入 GSM 系统中，从而使任何移动设备都能够接入 Internet。从 GPRS 到 3G 和 3G +，可以看到移动通信系统的演进趋势是在任何时候任何地点都可以为用户提供接入 Internet 的能力。此外，3G + 也是一个典型的成功案例，它使人们使用新的设备来改变生活方式，诸如永久连接的智能电话。由于 3G + 的成功，许多新的应用不断涌现以提供新的服务。

然而，3G + 这类技术显然是带宽有限的，因而不能处理新的多媒体应用。出于对新技术的迫切需要，电信领域正在推出 LTE 和 LTE - Advanced 标准，从而为新的应用提供更大的带宽。这些新技术所承诺的比特率将接近光纤本地环路所能提供的比特率。

本书从各个视角为读者完整呈现 LTE 标准，从而使各电信公司的雇员、在校本科生和研究生能够理解这一复杂的技术。本书涵盖了从物理层、MAC 层到与 IP 技术融合等 LTE 标准的各个方面。此外对于无线布设的新概念——Femtocell 原理，本书也进行了阐述。

本书的作者Tara Ali-Yahiya是巴黎南大学的博士和副教授。作为LTE和LTE－Advanced领域的研究专家，她已经完成了在宽带移动技术方面的博士研究，并且在一些高质量的期刊和会议上发表了关于LTE的许多论文。希望读者能够享受阅读本书的过程，并能够享受学习LTE技术所带来的所有附加价值。

Khaldoun Al Agha

巴黎南大学全职教授

绿色通信首席工程师

2011年1月于巴黎

前　言

本书尝试对长期演进(Long-Term Evolution,LTE)网络进行一个全面的综述。其写作目的是吸引广大读者,并对3GPP LTE或无线宽带网络感兴趣的任何人有所帮助。本书致力于全面覆盖当前与LTE有关的宽带移动和无线网络中最先进的理论和技术,从最基本的原理开始讲解,并逐步过渡到更前沿的主题。书中所提供的各种方案均基于已经通过的3GPP LTE标准。

本书由3部分共14章组成。第1部分包括对宽带无线和LTE的介绍;为了便于理解LTE建立的原则,第2部分介绍了LTE最重要的特性;最后,第3部分介绍了从低层到高层的LTE网络不同层面的性能。

第1部分的第1章全面而概要地综述3GPP组织、3GPP2组织和IEEE组织所提标准中的各种宽带移动无线技术以及这些标准提出的简要历史过程,从而使读者全面理解宽带移动无线演进的技术路线。此外,第1章也描述了LTE技术及其相关特性,并简述了LTE与LTE－Advanced之间的差异,从而使读者理解第四代无线通信网络的发展历程。本书在这一章还特别详细地介绍了LTE 3GPP的基本规范LTE版本8。第2、3和4章介绍了LTE网络不同层面中由高层到低层的主要功能实体。高层是通过LTE体系结构的参考模型及组成这一体系结构的功能实体来表示的。第3章详细介绍了链路层的角色以及它与高层、低层和链路层子层间的相互作用,并且还介绍了链路层在调度、功耗和加密等方面的职责。最后,在第4章描述了物理层及其强大的特性:OFDMA、MIMO、不同的调制和编码方式等。

第2部分介绍了LTE的主要特征,并将这些特征分为4个部分:服务质量、移动性、飞蜂窝(Femtocell)和互通性。第5章描述了服务质量的机制、数据业务流、计费规则和承载原则。第6章描述了移动特性,包括基本的移动体系结构、切换和位置管理。第7章描述了LTE融合到第4代移动无线网络时的互通性问题。这一章描述了采用不同技术的体系结构之间各种类型的互通性，并且说明了LTE是一种非孤立的、可以与任意基于IP的技术相集成的技术。第8章通过介绍Femtocell的原理、体系结构和益处，描述了LTE的这一关键特性。

第3部分给出了在不同层次概念中的一些性能研究。第9章和第10章介绍了采用OFDM调制的LTE系统是如何进行资源分配的。随后，针对LTE网络提出了两种算法并进行了仿真。第11章描述了一个跨MAC层和物理层的资源分配方法，该方法可以保证高层及低层具有可保证的服务质量。第12章描述了LTE多小区系统中的小区干扰，并提出了一种克服干扰和保证不同数据业务流良好服务质量的方法。第13章以LTE和移动WiMAX技术的互通性为例，研究了一个互通体系结构的性能，并通过仿真编程的方式，提出和研究了一种新的体系结构及切换决策功能。最后，第14章着重介绍了将LTE Femtocell和RFID及无线传感器网络集成在一起的原有方法和新方法，从而提高移动性管理并增强切换时的网络体验。

Tara Ali-Yahiya

法国，巴黎

目　录

第一篇　深入理解 LTE

第二篇 LTE 关键特性

第三篇 LTE 性能

第一篇　深入理解 LTE

第1章　移动宽带无线网络介绍

移动通信的发展,历来被视为一个连续几代发展的过程。第一代是模拟移动通信,紧跟着的是第二代数字移动通信,然后是第三代,在支持语音通信的同时,全面支持多媒体数据的传输。同时,这些与当前无线技术演进相关的行为也增加了人们对未来无线接入技术,即第四代无线接入技术的研究兴趣。这种未来无线接入技术被期待能够更进一步地提高无线系统的性能和服务,从而为广域和本地覆盖分别提供高达 100 Mbps 和 1 Gbps 的数据速率。

在本章中,将简要回顾移动宽带无线技术,从而为理解长期演进(Long-Term Evolution,LTE)提供必要的背景知识。另外,将回顾移动宽带无线技术的发展历史,列举其应用,并将它们与新兴的 LTE 技术对比,从而看到 LTE 技术不仅对市场推动有影响,对研究领域也有影响。

1.1　移动网络发展历程

国际电信联盟(International Telecommunication Union,ITU)推出的 IMT - 2000 倡议覆盖基于高速宽带和基于互联网协议(Internet Protocol,IP)的移动系统,该系统同时要具有网络到网络的互联交互、特征/服务透明、全球漫游和与位置无关的无缝业务覆盖。为了应对通信系统发送数据持续增长的需求,以及提供"随时随地"服务的问题,IMT - 2000 通过提升通信速率并使无线通信更容易接入的方式,致力于为世界范围的巨大市场带来高质量的移动多媒体通信。它有两个从 ITU - IMT - 2000 中诞生的合作组织:第三代合作伙伴计划(www. 3gpp. org)和第三代合作伙伴计划 2(www. 3gpp2. org)。3GPP(Third - Generation Partnership Project)和 3GPP2(Third - Generation Partnership Project2)开发了它们自己版本的 2G、3G,以及 Beyond 3G 移动通信系统。这就是为什么在本章中,我们会总结所有由这两个组织开发的移动通信技术,从而理解 LTE 系统的演进过程。

1.1.1 第一代移动系统1G

第一代(1G)蜂窝网络基于模拟通信,并且只能提供语音服务和有限的容量。1G技术远比不上今天的技术。在20世纪70年代末和80年代初,涌现出了各种1G蜂窝移动通信系统。其中20世纪70年代末在美国出现的高级移动电话系统(Advanced Mobile Phone System,AMPS)[1]是第一个这样的系统。其他的1G系统包括北欧移动电话系统(Nordic Mobile Telephone System,NMT)和全接入通信系统(Total Access Communications Systems,TACS)[1]。虽然这些系统提供了相当好的语音质量,但是它们的频谱效率很有限。因此1G系统要向2G系统演变,从而克服这种技术缺陷。

1.1.2 第二代移动系统2G

第二代(2G)数字通信系统与模拟通信系统相比有更高的容量和更好的语音质量。两个广泛部署的第二代(2G)蜂窝系统是全球移动通信(Global System for Mobile Communication,GSM)系统和码分多址接入(Code Division Multiple Access,CDMA)系统,其中CDMA系统最初被称为美国临时标准95或IS-95,现在被称为cdmaOne[2]。GSM系统和CDMA系统分别形成了自己独立的3G伙伴计划(3GPP和3GPP2),从而使他们能够基于CDMA技术开发IMT-2000的一致标准[3]。

与1G不同,GSM采用数字蜂窝技术、时分多址(Time Division Multiple Access,TDMA)传输方法和慢速跳频语音通信。在美国,2G蜂窝标准化过程中使用了含有相移键控调制和编码的直接序列CDMA系统。

有几种主要在空中接口方面进行功能增强的GSM演进系统,它们是:

(1)利用高速电路交换数据(High-Speed Circuit-Switched Data,HSCSD)中对每个TDMA帧的若干时隙进行聚合而获得更高数据率的电路交换服务。

(2)对非实时分组数据业务提供有效支持的通用分组无线业务(General Packet Radio Services,GPRS)。当一个用户聚合所有时隙时,GPRS峰值数据速率可以达到140 kbps。

(3)在现有200 kHz的载波带宽内通过使用高阶调制和编码从而将数据率提高到384 kbps的增强数据率全球演进(Enhanced Data Rates for Global Evolution,EDGE)。

1.1.3 第三代移动系统 3G

3GPP 基于 GSM 的系统进行进一步演进,定义了一个全球第三代"通用移动通信系统"(Universal Mobile Telecommunications System,UMTS)。该系统的主要部分是基于宽带码分多址(Wideband Code Division Multiple Access,WCDMA)无线技术的 UMTS 陆地无线接入网(UMTS Terrestrial Radio Access Network,U-TRAN)。之所以称之为宽带码分多址技术,是因为它使用了 5 MHz 的带宽,并且是基于 GSM 增强数据率为基础的 GSM/EDGE 无线接入网络(GSM/EDGE Radio Access Network,GERAN)[4]。

另一方面,3GPP2 在 1.25 MHz 的带宽下实现了 CDMA2000(Code Division Multiple Access Radio Technology)。CDMA2000 增强了语音和数据服务,并且支持多种增强的宽带数据应用,如宽带交互网接入和多媒体下载。这项技术不但将 cdmaOne 的容量翻了一番,还利用了 1xRTT 的优势,首次提供了对分组数据的支持。

作为 CDMA2000 的演进,3GPP2 首先提出了高速分组数据(High Rate Packet Data,HRPD),它也被称为 CDMA2000 1xEV-DO。该标准为高速数据传输提供了高速分组交换技术,使峰值数据速率可以超过 2 Mbps。1xEV-DO 扩展了为终端用户提供的服务和应用类型,使运营商能够广播更多丰富的内容。

3GPP 也遵循了一个类似的发展方向,并在 2001 年通过提高频谱效率来为高速数据传输服务开发出了一个对 WCDMA 系统的增强技术,即高速下行分组接入(High-Speed Downlink Packet Access,HSDPA)。然后又于 2005 年推出了高速上行分组接入(High-Speed Uplink Packet Access,HSUPA)。HSDPA 和 HSUPA 合在一起被称为 HSPA[5]。

HSPA 的最后演进是 HSPA+,它是通过为系统添加多输入多输出(Multiple Input Multiple Output,MIMO)天线能力和 16QAM(上行链路)/64QAM(下行链路)调制而得到的。此外,通过提高无线接入网对于连续分组的连接能力,HSPA+允许上行速率达到 11 Mbps,而下行速率达到 42 Mbps。

作为 CDMA2000 1xEV-DO 的继承者,CDMA2000 1xEV-DO Release 0 可提供高达 2.4 Mbps 的峰值速率,同时可满足用户的平均吞吐量为 400~700 kbps,平均上行链路数据速率为 60~80 kbps。Release 0 使用了现有的互联网协议,从而使其能够支持基于 IP 的连接和软件应用。此外,Release 0 通过宽带网络接入、音乐和视频下载、游戏以及电视广播,可以为用户带来更好的移动体验。

CDMA2000 Revision A(REV – A)是 CDMA2000 1xEV – DO Release 0 的一个修订版,是 CDMA2000 1xEV – DO Release 0 的一个演进版本,通过增加反向和前向链路的峰值速率来支持多种对称的、延时敏感的、实时和并发的语音及宽带数据应用。它还集成了正交频分复用(Orthogonal Frequency Division Multiplexing,OFDM)技术来实现对多媒体内容分发的多播。作为 Rev – A 的后续,CDMA2000 1xEV – DO Revision B(Rev – B)引入了动态带宽分配,从而通过聚合多个 1.25 MHz 的 Rev – A 信道来提供更高的性能[6]。

1.1.4 4G 演进路线

4G 移动宽带技术将允许无线运营商利用更快的下载和上传速度,从而为移动终端提供更大数量和更多类型的服务内容。4G 网络全面实现 IP 化以随时随地为移动用户提供语音、数据和多媒体内容,它相比以前的无线技术能够极大地提高数据传输速率。更快的无线宽带连接也使无线运营商可以支持更高级别的数据服务,包括商业应用、流语音和视频、视频信息、视频电话、移动 TV 和游戏。

作为迈向 4G 宽带无线移动的一步,3GPP 在 2004 年启动了一项切实可行的技术,即长期演进 LTE 标准的研究[7]。LTE 技术被期待能够提供其他无线技术所没有的明显优势,这些优势包括提高性能属性,例如高峰值数据速率、低延时和更高的频谱效率等(表 1.1)。

①高频谱效率;

②非常低的延时;

③支持可变带宽;

④简单的协议体系结构;

⑤与早期 3GPP 版本兼容交互;

⑥与其他系统交互,如 CDMA2000;

⑦在单个无线接入技术中实现频分复用(Frequency Division Duplexing,FDD)和时分复用(Time Division Duplexing,TDD);

⑧有效的多播/广播。

表 1.1 LTE 与其他无线宽带技术比较

参数	LTE	移动 WiMAX	HSPA	1xEV – DO Rev – A	WiFi
标准	3GPP	IEEE 802.16e	3GPP	3GPP2	IEEE 802.11a/g/n
带宽	1.4 MHz、3 MHz、5 MHz、10 MHz、15 MHz 和 20 MHz	3.5 MHz、7 MHz、5 MHz、10 MHz 和 8.75 MHz	5 MHz	1.25 MHz	802.11a/g 为 20 MHz，802.11n 为 20/40 MHz
频率	初始为 2 GHz	初始为 2.3 GHz、2.5 GHz 和 3.5 GHz	800/900/1 800/1 900/2 100 MHz	800/900/1 800/1 900 MHz	2.4 GHz、5 GHz
调制方式	QPSK、16QAM、64QAM	QPSK、16QAM、64QAM	QPSK、16QAM	QPSK、8PSK、16QAM	BPSK、QPSK、16QAM、64QAM
多址方式	SC – FDMA/OFDMA	TDM/OFDMA	TDM/CDMA	TDM/CDMA	CSMA
双工方式	TDD 和 FDD	初始为 TDD	FDD	FDD	TDD
覆盖面积	5 ~ 62 mi(英里)	< 2 mi	1 ~ 3 mi	1 ~ 3 mi	室内：<100 ft(英尺)；室外：< 1 000 ft
容量	高	中	高	高	低

注：1 mi = 1.609 344 km；1 ft = 0.304 8 m

超移动宽带(Ultra Mobile Broadband，UMB)是 3GPP2 预计的 CDMA2000 蜂窝通信系统下一代演进的名称[8]。超移动宽带蜂窝通信系统提供许多新的特性和技术，使其能够满足很高的期望，而且能够与其他新兴技术进行竞争。

①超过 275 Mbps 的下行链路数据传输速率(基站到移动台)和超过

75 Mbps的上行链路数据传输速率(移动台到基站);

②使用OFDM/OFDMA(Orthogonal Frequency Division Multiple Access)空中接口;

③采用频分双工FDD;

④拥有一个IP网络架构;

⑤带宽在1.25~20 MHz可变(OFDM/OFDMA系统非常适合于宽的可扩展的带宽);

⑥支持平面、混合和分布式网络架构。

1.2　LTE和其他宽带无线技术

LTE并不是唯一的提供宽带移动服务解决方案的无线通信方式。特别是对于固定的应用,市场上已经有了一些专门的解决方案。事实上,一些基于其他标准的解决方案,它们与LTE在技术上有所重叠,特别是对于便携式和移动应用。在短期内,这些替代方案中最显著的是第三代蜂窝系统和基于IEEE 802.11的无线保真(Wireless Fidelity,WiFi)系统。本节将比较基于各种标准的宽带无线技术,并着重强调它们与LTE的差异(图1.1)。

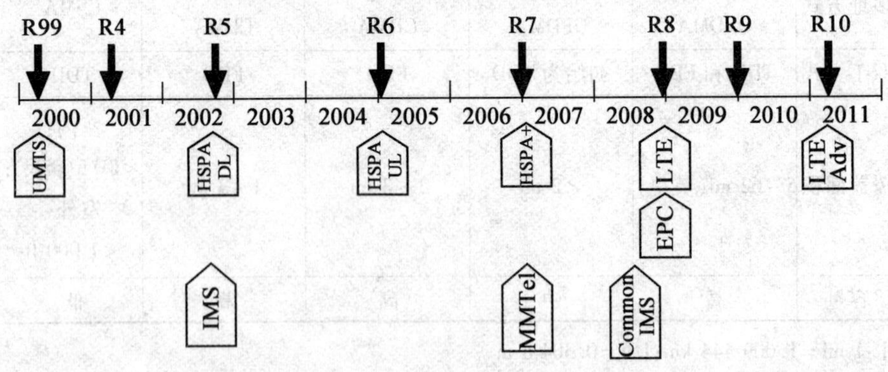

图1.1　时间进程

1.2.1　移动WiMAX

全球微波互联接入(Worldwide Interoperability for Microwave Access, WiMAX)指的是由电气和电子工程师协会(Institute of Electrical and Electronics Engineers,IEEE)针对宽带无线城域网全球部署而制定的 IEEE 802.16 标准。WiMAX 有两个版本——固定和移动[9]。基于 IEEE 802.16—2004 标准的固定 WiMAX 非常适合用于处理固定宽带服务的无线接入和“最后一公里”接入。它类似于 DSL 或电缆调制解调服务。基于 IEEE 802.16e 标准的移动 WiMAX 同时支持固定和移动应用程序,并为用户提供更好的性能、容量和移动性。

移动 WiMAX 通过正交频分多址(Orthogonal Frequency-Division Multiple Access,OFDMA)提供更高的数据速率支持;同时还引入了几个关键特性从而使它在汽车行驶速度下的服务质量(Quality of Service,QoS)能够与其他宽带接入技术相近[10]。

用来提高数据吞吐量的几个特性是:自适应调制编码(Adaptive Modulation and Coding,AMC)、混合自动重传(Hybrid Automatic Repeated Request,HARQ)、快速调度和带宽有效切换。移动 WiMAX 目前采用时分双工(Time Division Duplex,TDD),工作在 2.5 GHz。移动 WiMAX 具有更好的抗多径效应和抗自干扰能力,它还通过频率选择性调度和部分频率重用提供正交的上行多址接入。

1.2.2 WiFi

基于 WiFi 的系统被用于提供宽带无线接入。它基于 IEEE 802.11 系列标准,并主要作为一种局域网(Local Area Networking,LAN)技术来提供建筑内的宽带覆盖。目前基于 IEEE 802.11a/g 的 WiFi 系统支持物理层的峰值速率为 54 Mbps,并通常提供室内和室外几千平方米范围的覆盖。这一特性使它们很适合作为企业网络和公众热点场景的设计,例如机场和酒店[11]。

事实上,WiFi 与 3G 系统相比提供了更高的峰值数据传输速率,这主要是因为它工作在更宽的 20 MHz 带宽上。WiFi 采用了效率较低的载波侦听多址接入(Carrier Sense Multiple Access,CSMA)协议,同时它所工作的免许可频段可能会由于干扰的限制而显著减少其室外 WiFi 系统的容量。此外,WiFi 系统设计时没有考虑对高速移动性的支持。

与 WiMAX 和 3G 相比,WiFi 具有一个主要的优点是终端设备的广泛可用性。当今绝大多数笔记本电脑都内置一个 WiFi 接口。WiFi 接口现在也被内置到许多设备中,包括个人数据助理(Personal Data Assistants,PDA)、无绳电话、移动电话、相机和媒体播放器。这将使用户更易于使用 WiFi 来享受宽带网络服务。与 3G 类似,WiFi 的能力正在不断增强,使它可以支持更高的数据传输速率,并提供更好的 QoS 支持。特别是目前出现的 IEEE 802.11n 标准,由于采用了多天线空间复用技术,因此其层 2 支持至少 100 Mbps 的峰值吞吐量。可以预期,MIMO 天线由于使用了多根天线,因此与单天线相比显然可以传输更多的信息[10]。

1.3 LTE 概述

自 2004 年开始经过几年发展,长期演进 LTE 仍致力于进一步增强通用陆地无线接入(Universal Terrestrial Radio Access,UTRA)。LTE 移动宽带即通常所说的 4G,它是由第三代伙伴计划 3GPP 开发并被欧洲电信标准协会(European Telecommunications Standards Institute,ETSI)所采纳的标准。实际上,LTE 计划的目标是使用户的下行平均吞吐量为 Release 6 HSDPA 的 3 ~ 4 倍(100 Mbps),而上行链路的平均吞吐量为 HSUPA 的 2 ~ 3 倍(50 Mbps)。

在 2007 年,第三代无线接入技术的长期演进——演进型 UMTS 陆地无线接入(Evolved UMTS Terrestrial Radio Access,E - UTRA)从可行性研究阶段发展为已批准的技术规格。截至 2008 年底,第一批符合 Release 8 的 LTE 设备已经证明了该规格是足够稳定的。然而,在 2009 年 12 月冻结的 Release 9 版本中,一些额外的小的增强技术被添加了进来。3GPP Release 8 的研发动机为:

①需要确保 3G 系统未来竞争力的持续性;

②用户对更高数据速率和服务质量的需求;

③分组交换系统优化;

④对降低成本的持续需求;

⑤低复杂度;

⑥避免对于成对和非成对频段操作导致的不必要的技术分裂。

2009 年 9 月,3GPP 与 3GPP2 正式向 ITU 提交了作为 IMT - Advanced 的候选方案的 LTE Release 10 及以上(LTE - Advanced)这个提案。ITU 创造了 IMT - Advanced 这个术语来代表性能超越 IMT - 2000 的移动通信系统。为了迎合这一新的挑战,3GPP 与 3GPP2 的相关组织已经同意扩展 3GPP 的范围,

从而使其能够包括后 3G 系统的开发商。IMT - Advanced 将会具有如下的一些关键特性:

①全球性的功能和漫游;

②服务的兼容性;

③与其他无线电接入系统的交互;

④增强的峰值数据速率以支持高级服务和应用(为高速移动用户提供 100 Mbps和为低速用户提供 1 Gbps)。

除了上述特性,将 LTE 改称为 IMT - Advanced 的一个主要原因在于:IMT 兼容系统会在 WRC07 大会上被认定为未来新频段的候选者。

1.3.1 LTE 的相关特性

LTE 是移动宽带的一种解决方案,它提供了一组丰富的特性,并能够灵活地部署配置和提供潜在的服务。它的一些值得关注的最重要的特性见表1.2。

表 1.2 LTE Release 8 主要参数

参 数	值
上行链路多址方式	SC - OFDMA
下行链路多址方式	OFDMA
带宽	1.4 MHz、3 MHz、5 MHz、10 MHz、15 MHz 和 20 MHz
最小 TTI	1 ms
子载波间隔	15 kHz
短循环前缀	4.7 μs
长循环前缀	16.7 μs
调制方式	QPSK、16QAM、64QAM
空间复用	每个用户 UL 为 1 层,而每个用户 DL 最多可以到 4 层;UL 和 DL 均支持 MU - MIMO

作为物理层基础的高频谱效率的 OFDM 被用于下行链路中,以获得抗多径干扰的鲁棒性以及与其他技术的良好衔接性,例如依赖于频域信道的调度和 MIMO。而单载波频分多址(Single-Carrier Frequency Division Multiple Access,SC - FDMA)被用于上行链路,以获得低峰均功率比(Peak-to-Average Power Ratio,PAPR)、用户频域正交和多天线的应用。

(1)支持 TDD 和 FDD。

LTE 同时支持 TDD 和 FDD。由于 TDD 的下述优点,它得到了很多系统的青睐:①可灵活选择上行链路和下行链路的数据率比例;②能够利用信道的互易性;③能实现非成对频谱的使用;④收发器设计简单。

(2)自适应调制编码(AMC)。

LTE 支持许多调制方式和前向纠错(Forward Error Correction,FEC)编码方案,并允许方案可以基于信道条件在每个用户和每个帧上进行改变。AMC 是一种有效的机制,可以最大限度地提高时变信道的吞吐量。自适应算法通常要求在满足接收器信干噪比的前提下,使用最高的调制和编码方案,从而为每个用户提供相应链接所能支持的最高数据传输速率。

(3)支持可变带宽。

E-UTRA 应该可以运行在不同尺寸的频谱分配方式下,包括上行链路和下行链路的 1.25 MHz、1.6 MHz、2.5 MHz、5 MHz、10 MHz、15 MHz 和 20 MHz(表 1.3)。E-UTRA 应该支持对于成对和非成对频谱的操作。频谱的可扩展性可以动态调整,从而使用户可以在不同带宽分配方式的不同网络间进行漫游。

表 1.3 LTE 与 LTE-Advanced 比较

参 数	LTE	LTE-Advanced
下行链路 DL 峰值速率	300 Mbps	1 Gbps
上行链路 UL 峰值速率	75 Mbps	500 Mbps
DL 传输带宽	20 MHz	100 MHz
UL 传输带宽	20 MHz	40 MHz
对移动性的支持	对低速(<15 km/h)进行了优化;当速度达到 120 km/h 时具有高性能;当速度达到 350 km/h 时可以保持链路连通	与 LTE 相同
覆盖范围	全面性能时可达 5 km	与 LTE 要求相同
可扩展带宽	1.4 MHz、3 MHz、5 MHz、10 MHz、15 MHz和 20 MHz	可达 20~100 MHz

(4)非常高的峰值数据传输速率。

LTE 能够支持非常高的峰值数据传输速率。实际上,物理层峰值数据传输速率可以在 20 MHz 的下行链路频谱分配方式下达到 100 Mbps 的下行链路峰值数据传输速率(5 bps/Hz)。同时它能够在 20 MHz 的上行链路频谱分配方式下达到 50 Mbps 的上行链路峰值数据传输速率(2.5 bps/Hz)。

(5)移动性。

演进型 UMTS 陆地无线接入网(Evolved UMTS Terrestrial Radio Access Network,E－UTRAN)应为低移动速度(0～15 km/h)进行优化,并对较高移动速度(15～120 km/h)进行支持。当速度达到 120～350 km/h(根据频带甚至可能高达 500 km/h)时,应该支持跨蜂窝网的移动性。

(6)链路层重传。

LTE 在链路层支持自动重传请求(Automatic Repeated Request,ARQ)。基于 ARQ 的连接需要每个发送分组得到接收端的确认;没有被确认的分组将会被假定丢失并需要重传。混合 ARQ 是 LTE 可以支持的一个可选方案,它在 FEC 和 ARQ 间进行了有效的混合。

(7)同时支持多个用户。

LTE 提供了执行二维资源(时间和频率)调度的能力,允许在一个时隙内支持多个用户。与此不同,现有的 3G 技术采用一维资源调度,因此每个时隙仅被允许为一个用户提供服务。LTE 的这种能力导致了用户的一个更好的在线体验,还可以使嵌入式无线应用/系统得到扩展。

(8)安全性。

LTE 通过实现 UICC 的用户身份模块(Subscriber Identity Module,SIM)和相关的鲁棒性、非侵入密钥存储,以及使用 128 位私钥来进行对称密钥认证等方式提供了增强的系统安全性。此外,LTE 还采用了强大的相互认证、用户身份保密、UE 与移动管理实体(Mobility Management Entity,MME)之间所有信令信息的完整性保护,以及可选的多级承载数据加密。

(9)高效的全球漫游。

因为 LTE 将会是对于全世界的 3GPP 和 3GPP2 运营商统一的 4G 标准,所以 LTE 设备将从根本上更容易实现全球漫游。需要说明的是,实际上不同运营商所使用的频带是不同的(因此设备需要支持多个频带)。这就使 Verizon公司在向 LTE 进行系统升级时,可以为无缝国际漫游和规模化全球设备生产提供更多的机会。表 1.3 描述了 LTE Release 8 的主要参数。

1.3.2 LTE－Advanced 的相关特性

LTE－Advanced 应该是一个真正的宽带无线网络,它可提供的峰值数据率等于或大于现有的有线网络,例如光纤到户(Fiber To The Home,FTTH),同时提供更好的 QoS。LTE 最主要的高层次需求是降低网络的成本(每比特的成本)、更好的服务配置以及与 3GPP 系统的良好兼容性[12]。作为 LTE 系统的演进,LTE - Advanced 具有后向兼容性。除了具有 LTE Release 8 的先进特性,LTE - Advanced 还增强了以下特性:

(1)峰值数据速率。

LTE - Advanced 应该支持显著提升的瞬时峰值数据速率。至少,LTE - Advanced 应该支持增强的峰值数据速率,以便支持高级服务和应用(以高速移动 100 Mbps 和低速移动 1 Gbps 为研究目标)(表 1.4)。

表 1.4　LTE 与 LTE - Advanced 容量对比

参　数		LTE	LTE - Advanced
可扩展带宽		1.4 ~ 20 MHz 至 20 ~ 100 MHz	
下行链路峰值速率	DL	300 Mbps	1 Gbps
	UL	75 Mbps	500 Mbps
传输带宽	DL	20 MHz	100 MHz
	UL	20 MHz	40 MHz
峰值频谱效率 /(bps · Hz^{-1})	DL	15	30
	UL	3.75	15

(2)移动性。

整个蜂窝网络的连接性应能够在 350 km/h 移动速度下保持(根据频带甚至可能对高达 500 km/h 的移动速度进行支持),系统的性能应加强对 0 ~ 10 km/h的速度进行增强,至少不会比 E - UTRA 和 E - UTRAN 中更高速度下的性能差。

(3)增强的多天线传输技术。

在 LTE - A 中,MIMO 不得不在频谱效率、平均蜂窝吞吐量和小区边缘性能等几方面进行进一步改善。利用多点发射/接收技术,多个小区站点的天线可以被同时使用,从而使得服务小区和其相邻小区的发送/接收天线可以共同提高用户设备处的接收信号质量并减少来自相邻小区的同信道干扰。峰值频谱效率直接正比于所使用的天线数量。

分层正交频分多址(OFDMA)被用于 LTE - Advanced 的无线接入技术(表1.5)。分层 OFDMA 使用了一种称为载波聚合的技术,从而在物理层合并多个 LTE 分量载波(来自 LTE Release 8)以提供所需的带宽[13]。因此,相比于 LTE Release 8 中所使用的无线接入方法,分层 OFDMA 无线接入可以在系统性能和容量参数上满足更高的需要。连续频谱分配的概念(用于 LTE - Advanced 的分层 OFDMA)被 3GPP 无线接入工作组 1 所采用,该方法可以向下兼容 LTE Release 8 的用户设备,并可被部署为具有 IP 功能、低延时以及与现有无线接入网(Radio Access Network,RAN)相比更低成本的系统。

表 1.5 LTE 与 LTE - Advanced 容量对比

参 数		天线配置	LTE	LTE - Advanced
容量/(bps · Hz^{-1} · $cell^{-1}$)	DL	2×2	1.69	2.4
		4×2	1.87	2.6
		4×4	2.67	3.7
	UL	1×2	0.74	1.2
		2×4	—	2.0
小区边缘用户吞吐量/(bps · Hz^{-1} · $cell^{-1}$ · $user^{-1}$)	DL	2×2	0.05	0.07
		4×2	0.06	0.09
		4×4	0.08	0.12
	UL	1×2	0.024	0.04
		2×4	—	0.07

1.4 概要与结论

本章简要介绍了由早期技术到 LTE 技术的演进,如来自于 GSM 和 UMTS(即通常所说的 3G)的 LTE 标准。语音通信是移动通信的主要应用,后来数据通信被加入到移动通信中。移动性支持和无缝切换从一开始就被要求,因为这是对所有节点中心管理的要求。通过将 LTE 与现有不同技术进行比较,无线运营商采用 LTE 将会比采用 3G 技术在传统和非传统无线通信业务方面取得更显著的优势。由于 LTE 先进的无线宽带特性,它也必将在新的领域带来无限商机。由于 LTE 提供了 1.4~20 MHz 的可扩展带宽,同时它还支持成对的 FDD 和非成对的 TDD 频谱，长期演进/系统体系结构演进(Long - Term Evolution/ System Architecture Evolution, LTE/SAE)也将与 GSM、WCDMA/HSPA、TD - SCDMA 和 CDMA 交互。LTE 将不仅用于下一代的移动电话，同时也将用于笔记本电脑、超级本、相机、摄像机、MBRs 和其他可以受益于移动宽带的设备。

LTE - Advanced 有助于整合现有网络、新网络、服务和终端，以满足用户不断增长的需求。LTE - Advanced 的技术特点可概括为"集成"。LTE - Advanced将在 3GPP 推出的 Release 10 中被标准化(Release 10 LTE - Advanced)，同时它将被设计为适应 ITU 定义的 4G 的要求。作为一个系统，LTE - Advanced 需要考虑由于在每一层进行优化所产生的许多复杂特性和实现的挑战性。LTE - Advanced 支持更宽的带宽和更灵活的带宽分配，以及进一步增强的天线技术，这些物理层的巨大改变都值得期待。基站协作、调度、MIMO、干扰管理和抑制也需要在其网络结构中进行改变。

本章参考文献

[1] Goldsmith A. Wireless Communications, Cambridge University Press, Cambridge, 2005.

[2] Halonen T., Romero J., Melero J. GSM, GPRS and EDGE Performance: Evolution Toward 3G/UMTS, Wiley, England, 2002.

[3] Jochen S. Mobile Communications. Addison Wesley, England, 2003.

[4] Kaaranen H., Ahtiainen A., Laitinen L., Naghian S., Niemi V. UMTS Networks: Architecture, Mobility and Services, Wiley, England, 2005.

[5] Haloma H., Toskala A. HSDPA/HSUPA for UMTS: High Speed Radio Access for Mobile Communications, Wiley, England, 2006.

[6] Vieri V., Aleksandar D., Branimir V. The cdma2000 System for Mobile Communications: 3G Wireless Evolution, Prentice Hall, USA, 2004.

[7] David A., Erik D., Anders F., Ylva J., Magnus L., Stefan, P. "LTE: The Evolution of Mobile Broadband", IEEE Communications Magazine, vol. 47, no. 4, pp. 44 - 52, April 2009.

[8] 3GPP2 TSG C. S0084 - 001 - 0 v2.0. Physical Layer for Ultra Mobile Broad-

band (UMB) Air Interface Specification.

[9] IEEE, Standard 802.16e - 2005. Partió: Air Interface for Fixed and Mobile Broadband Wireless Access Systems—Amendment for Physical and Medium Access Control Layers for Combined Fixed and Mobile Operation in Licensed Band, December 2005.

[10] Andrews J. G., Ghosh A., Muhammed R. Fundamentals of WiMAX, Prentice Hall, USA, 2007.

[11] Prasad N., Prasad A. 802.11 WLANs and IP Networking: Security, QoS, and Mobility, Artech House Publishers, 2005.

[12] 3GPP, TR 36.913. Requirements for Further Advancements for E - UTRA (LTE - Advanced), www.3gpp.org.

[13] Takedaj K., Nagata S., Kishiyama Y., Tanno M., Higuchi K., Sawahashi M. "Investigation on Optimum Radio Parameter Design in Layered OFDMA for LTE - Advanced", IEEE Vehicular Technology Conference, pp. 1 - 5, Barcelona, April 2009.

第2章 网络体系结构与协议

3GPP长期演进/系统体系结构演进(LTE/SAE)试图通过实现更高的带宽、更好的频谱效率、更宽的覆盖范围,以及与其他接入系统(或后端系统)更充分的交互性能,从而将移动通信技术推进到下一个阶段。LTE/SAE提出使用全IP的体系结构来实现上述功能,并具有与电路交换系统的良好交互性。此外,演进的3GPP系统引入了支持无线接入技术和一些移动机制的混合移动网络体系结构。本章首先介绍LTE的网络参考模型,并定义它的各种功能实体及它们交互的可能性;然后,讨论LTE网络中端到端的协议分层、网络选择和发现,以及IP地址分配问题;最后,进一步详细地描述与安全性、QoS和移动性管理有关的功能结构与处理过程。

2.1 体系结构模型与概念

LTE的网络体系结构是基于功能分解的原则。这种体系结构并不考虑实际网络实体的具体实现方式,而是直接将相关的特征分解入对应的功能实体。这就是为什么3GPP提出了一种新的分组核心(演进分组核心EPC,Evolved Packet Core)网络体系结构,并通过减少网络组件、简化功能、提高冗余度及允许与其他固网和无线接入技术连接和切换这一最重要的功能来支持E-UTRAN,从而为服务供应商提供处理无缝移动体验能力的原因。

2.2 体系结构参考模型

图2.1显示了基于网络体系结构逻辑表达的LTE网络参考模型。该网络参考模型表示出了体系结构中的功能实体,以及各功能实体间的参考点。通过这些实体间的参考点,就可以实现实体间的互操作。整个体系结构由接入网和核心网(CN)两个不同的部分组成。接入网即演进的通用陆地无线接

入网(E-UTRAN);而核心网是一个全面采用分组交换(Packet Switched,PS)技术的全IP核心网,因而也被称作演进分组核心(Evolved Packet Core,EPC)网。像语音这样使用电路交换(Circuit Switched,CS)的传统业务,在这个新的核心网中将会由IP多媒体子系统(IP Multimedia Subsystem)网络来进行处理。通过在信令和用户平面采用较少的跳数,网络的复杂度和延时得到了降低。EPC被设计为通过移动IP技术支持非3GPP的接入①。为提高系统的鲁棒性和安全性,加密及完整性保护被添加到了系统中,并通过非接入层(Non-Access Stratum,NAS)平面来进行描述。NAS平面是一个添加的抽象层,主要用于保护重要的信息,例如3GPP和非3GPP网络间交互的密钥和安全性[3]。除了处理数据业务的网络实体外,EPC也包含保持用户归属信息的归属用户服务器(Home Subscriber Server,HSS),判别一个用户身份和权限并且跟踪其行为的授权、认证和计费(Authorization, Authentication and Accounting,AAA)服务器,以及执行计费和QoS策略的策略与计费规则功能(Policy and Charging Rules Function,PCRF)单元等各种网络控制实体。需要指出,E-UTRAN与EPC共同组成了演进分组系统(Evolved Packet System,EPS)。

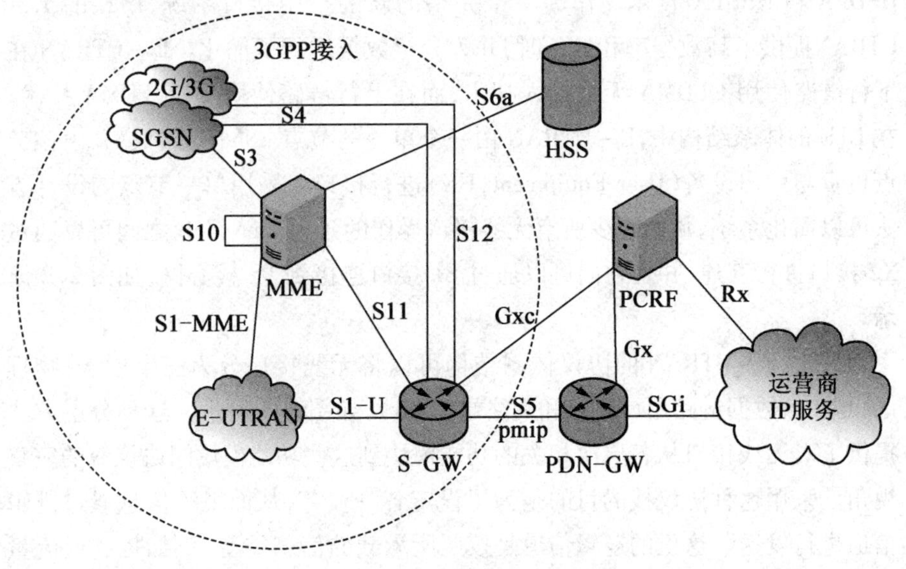

图2.1 LTE网络参考模型

① 译者注:书中non-3GPPP为笔误,实际应为non-3GPP

无线接入网与核心网能够共同实现许多功能，包括：

①网络接入控制功能；

②分组路由和传送功能；

③移动管理功能；

④安全功能；

⑤无线资源管理功能；

⑥网络管理功能。

2.2.1 LTE 网络功能描述

本节将重点介绍由无线接入网和核心网所组成的 LTE 网络体系结构中最重要的功能。

1. 演进的通用陆地无线接入网(E－UTRAN)

E－UTRAN 是 3GPP 长期演进(LTE)为移动网络升级后的空中接口。它是一个无线接入网的标准，这意味着从 3GPP R5 开始它实际上替代了 UMTS、HSDPA 和 HSUPA 技术。作为一个完整的新的空中接口系统，LTE 的 E－UTRAN提供了高数据率和低延时，并为分组数据进行了优化。E－UTRAN 在下行链路使用 OFDMA 无线接入技术，而在上行链路使用 SC－FDMA 技术。在 LTE 的体系结构中，E－UTRAN 由一个单一的节点 eNodeB 组成，并由该节点负责与用户设备(User Equipment，UE)进行接口。采用单一节点的设计方法可以简化系统，从而减少所有无线接口操作的延时。eNodeB 之间可以通过 X2 接口进行互连，并且它们可以通过 S1 接口连接到 PS 核心网，如图 2.2 所示。

通常，E－UTRAN 的协议体系结构可以将无线接口分为三个层次：物理层(层 1)、数据链路层(层 2)和网络层(层 3)，如图 2.3 所示。这种分层方法提供了对无线接口从各层次相关的功能模块到这些功能模块间协议流的完整视角。采用这种协议栈的目的是为了设定各种业务，从而组织信息通过逻辑信道进行发送。这里的逻辑信道是按照所承载的信息类型(例如控制或流量信息)来进行参数分类的。随后，协议栈将这些逻辑信道按照它们所承载信息的具体特征映射到对应的传输信道上，并最终通过无线接口发送出去。这里，信息的具体特征是指每一个传输信道有一个或多个相关的传输格式，而每一个格式包括了不同的编码方式、交织比特率以及和物理信道的映射关系。

协议栈中的每一层由提供给高层或实体的业务,以及支持这些业务的不同功能来进行特征描述,具体如下。

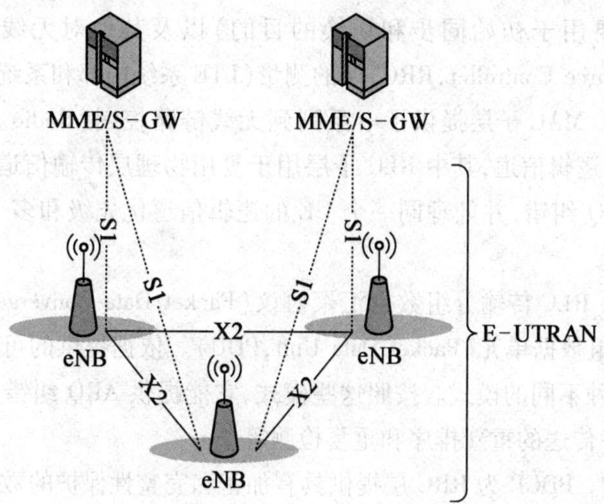

图 2.2 E-UTRAN 体系结构

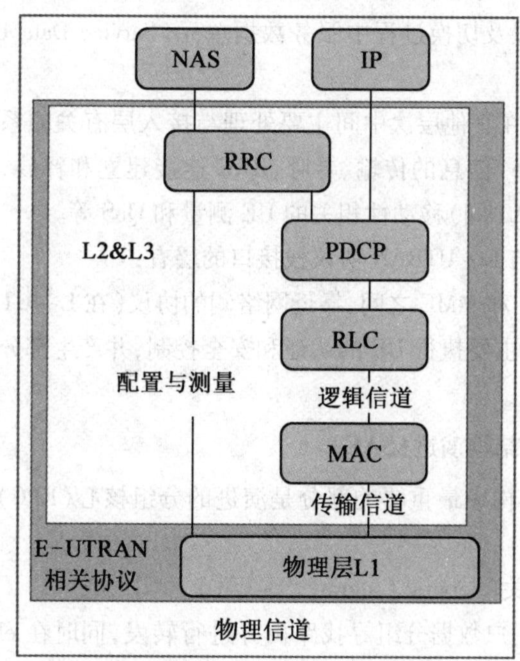

图 2.3 LTE 协议层

①物理层。承载从媒体接入控制(Media Access Control,MAC)传输信道到空中接口的所有信息。物理层还需要处理链路适配(AMC)、功率控制、小区搜寻(主要用于初始同步和切换的目的)以及其他对无线资源控制器(Radio Resource Controller,RRC)层的测量(LTE 系统内部和系统间)。

②MAC。MAC 子层提供了一系列到无线链路控制(Radio Link Control,RLC)子层的逻辑信道,其中 RLC 子层用于复用物理层传输信道。MAC 子层也管理 HARQ 纠错,并处理同一个 UE 的逻辑信道优先级和多个 UE 间的动态调度。

③RLC。RLC 传输分组数据汇聚协议(Packet Data Convergence Protocol,PDCP)的分组数据单元(Packet Data Unit,PDU)。依据提供的可靠性要求,它能工作在三种不同的模式。按照这些模式,它能提供 ARQ 纠错、PDU 的分割和装配、顺序传送的重新排序和重复检测等。

④PDCP。PDCP 为 RRC 层提供具有加密和完整性保护的数据传输,并为 IP 层提供 IP 分组传输。同时,PDCP 还提供鲁棒性报头压缩协议(RObust Header Compression protocol,ROHC)的报头压缩、加密,依照 RLC 模式的顺序发送、重复检测以及切换过程中服务数据单元(Service Data Units,SDU)的重新发送。

⑤RRC。它在其他层次中间主要处理与接入层有关的系统广播信息,以及非接入层(NAS)信息的传输、寻呼、RRC 连接建立和释放、安全密钥管理、切换、系统间(RAT 间)移动性相关的 UE 测量和 QoS 等。

另一方面,与 E-UTRAN 协议栈接口的层有:

①NAS。UE 和 MME 之间,靠近网络侧的协议(在 E-UTRAN 之外)。它在其他协议中间主要执行 UE 的认证和安全控制,并产生部分寻呼信息。

②IP 层。

2. 系统体系结构演进(SAE)

SAE 体系结构中最重要的部分是演进的分组核心(EPC),它由以下几个功能元件组成:

(1)服务网关(Serving Gateway,S-GW)。

S-GW 为用户数据分组寻找路由并进行转发,同时在 eNodeB 间进行切换时它可以作为用户平面的移动锚点,或者在 LTE 和其他 3GPP 技术(结束于 S4 接口,并中继 2G/3G 系统和分组数据网网关(Packet Data Network Gateway,

PDN - GW)间的业务)间进行移动时作为锚节点[4]。对于处于空闲状态的UE,当有到该 UE 的下行分组数据到达时,S - GW 中断下行数据路径并触发寻呼。S - GW 管理并储存 UE 的相关信息,例如 IP 承载的业务参数和网络内部的路由信息。如果存在合法侦听,S - GW 还可以对用户业务进行复制。

(2)移动管理实体(MME)。

MME 是 LTE 接入网的关键控制节点。它要跟踪空闲模式的 UE,并对其发起包含重传的寻呼过程。它涉及承载激活/失效过程,以及在 UE 初始附着时的 S - GW 选择和 LTE 内切换时所涉及的核心网节点重定位。MME 还负责对用户的身份认证。此外,NAS 信令也终止于 MME,而该信令主要用于为用户生成和分配一个临时身份。MME 还核对用户驻留在服务提供商公共陆地移动网络(Public Land Mobile Network,PLMN)时的授权许可,以及强迫 UE 服从漫游的限制。MME 除了作为网络中 NAS 信令加密和完整性保护的终止节点外,还负责处理安全密钥管理。MME 也负责在 LTE 和 2G/3G 接入网络间,利用由服务 GPRS 支持节点(Serving GPRS Support Node,SGSN)至 MME 之间的 S3 接口,提供移动性的控制平面功能。最后,MME 也为漫游的 UE 提供 S6a 接口,而该接口终止于 MME 并指向归属用户服务器(HSS)。

(3)分组数据网络网关(PDN - GW)。

PDN - GW 通过作为 UE 业务流的进入点和退出点,可以提供 UE 到外部分组数据网络的连接。一个 UE 允许同一时刻连接多个 PDN - GW,以便同时接入多个分组数据网络。PDN - GW 完成策略强制执行、每个用户的分组过滤、计费支持、合法拦截和分组筛查。PDN - GW 的另一个重要角色是作为锚节点支持 3GPP 和非 3GPP 技术间的移动,例如 WiMAX 和 3GPP2(CDMA 1x 与 EV - DO)。

表 2.1 给出了这一体系结构内所执行的逻辑功能。该表给出了一些功能的定义,其中每一个功能还包含了许多独立的功能(图 2.4)。

表 2.1 EPS 功能分解

EPS 实体名	功 能
eNodeB	无线资源管理 IP 头压缩及用户数据流加密 在 UE 附着时，如果没有到某 MME 的路由，那么 eNodeB 负责选择 MME 为用户平面数据建立到服务网关的路由 寻呼消息的调度和发送 广播信息、测量和测量报告的调度和发送 PWS 消息的调度和发送
MME	NAS 信令 NAS 信令安全 AS 安全控制 在 3GPP 接入网间移动时，CN 之间的节点信令 空闲模式 UE 可达性 跟踪区域列表管理（对于空闲和激活模式的 UE） PDN－GW 和服务 GW 选择 切换时如 MME 发生了改变，那么选择 MME 切换到 2G 或 3G 3GPP 接入网时的 SGSN 选择 漫游 认证 包含专门承载建立的承载管理功能 支持 PWS 信息发送
S－GW	eNodeB 间切换时的本地移动锚节点 3GPP 间移动时的移动锚节点 E－UTRAN 空闲模式下行链路分组缓存和网络触发的服务请求过程初始化 合法侦听 分组路由和转发 传输级上行和下行分组标记 考虑用户和 QCI 粒度的互操作计费 每个 UE、PDN 和 QCI 的上行和下行计费

续表 2.1

EPS 实体名	功能
PDN - GW	基于每个用户的分组过滤 合法侦听 UE 的 IP 地址分配 下行的传输级分组标记 上行和下行的服务等级计费、门控和速率增强

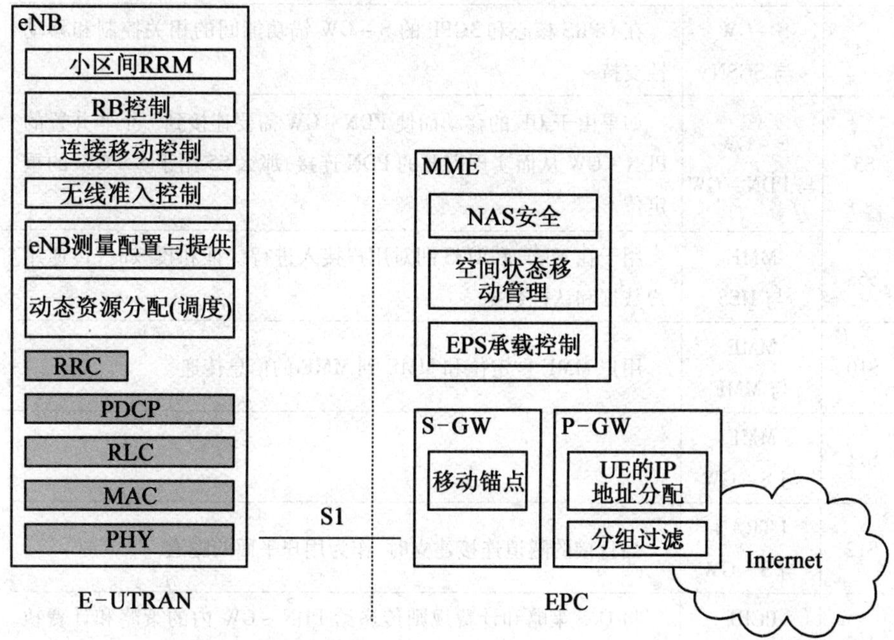

图 2.4 E - UTRAN 和 EPC 的功能划分

2.2.2 参考点

在 LTE 中,参考点是指连接两个功能组的抽象链路,而这些功能组位于 E - TRAN和 EPC 中的不同功能实体。图 2.1 展示了 3GPP 定义的许多参考点[①],它们的详细说明见表 2.2。需要指出,这些参考点是基于 Release 8 版本的标准,如果网络体系结构不同,那么可能会有更多的参考点。

表 2.2 LTE 参考点

参考点	端 点	描 述
S1 – U	E – UTRAN 与 S – GW	切换过程中每个承载用户平面的隧道穿越和 eNodeB 间的路径切换
S3	MME 与 SGSN	在空闲和/或激活状态下,3GPP 接入网间移动的用户和承载信息交换
S4	S – GW 与 SGSN	在 GPRS 核心和 3GPP 的 S – GW 锚功能间的相关控制和移动性支持
S5	S – GW 与 PDN – GW	如果由于 UE 的移动而使 PDN – GW 需要连接到一个非并置的 PDN – GW 从而实现需要的 PDN 连接,那么 S5 用于 S – GW 的重定位
S6a	MME 与 HSS	用于在 MME 和 HSS 间对用户接入进行认证和授权时,传递用户数据和认证数据
S10	MME 与 MME	用户 MME 重定位和 MME 到 MME 的信息传递
S11	MME 与 S – GW	
S12	UTRAN 与 S – GW	当直接的隧道连接建立时,作为用户平面的隧道
Gx	PCRF 与 PDN – GW	将 QoS 策略和计费规则传递给 PDN – GW 内的策略和计费执行功能(Policy and Charging Enforcement Function,PCEF)
SGi	PDN – GW 与 PDN	PDN 可以是一个运营商——外部公共或私人分组数据网络,或者是一个运营商内部的分组数据网络,例如 IMS 服务提供者
Rx	PCRF 与 PDN	该参考点位于 AF 与 PCRF 之间

① 译者注:原书中参考的是图 2.3,为笔误,实际应为图 2.1

2.3 控制与用户平面

LTE 中的无线接口可以通过它的协议来进行描述,其中协议可以按照目标业务分为两大组:用户平面协议和控制平面协议。第一组通过接入层承载用户数据,而第二组用于控制 UE、网络和无线接入承载间的连接。尽管控制平面和用户平面的分离可能是 LTE 设计中一个最重要的问题,但是层次间的完全独立是不可能的。这是因为,没有用户平面和控制平面间的相互作用,运营商无法控制 QoS、媒体流的源/目的以及媒体开始和结束的时刻。

2.3.1 用户平面

图 2.5 展示了用户平面端到端协议栈,包括了 E - UTRAN 和常规系统的 S1 接口,这里的常规系统指非自回传(non - self - backhauled)系统。无线接入使用 MAC 协议、RLC 协议和 PDCP 协议。S1 接口的用户平面部分是基于 GPRS 隧道协议(GTP),它使用隧道机制确保送往指定 UE 的 IP 分组能够被正确地发送给该 UE 当前所在位置的 eNodeB。GTP 将原始的 IP 分组封装为外部的 IP 分组,从而使它能够被正确地寻址到合适的 eNodeB。S1 接口可以在各种层 1 和层 2 的技术上进行操作,例如光缆、专用线(铜线)和微波链路。

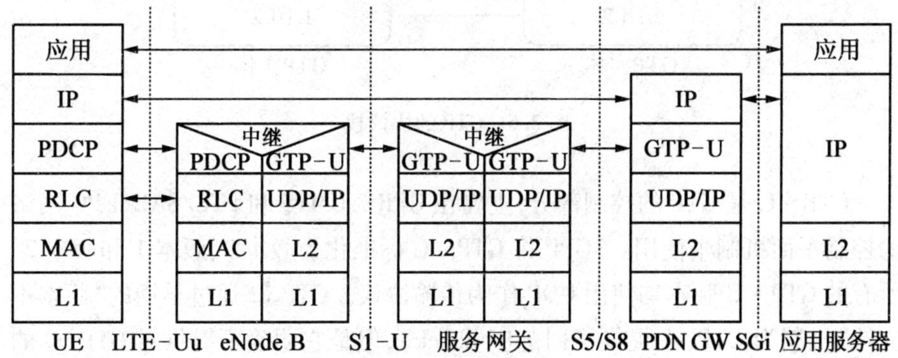

图 2.5 用户平面端到端协议栈

图 2.5 也示例了一个基于 TCP/IP 的应用,比如网页浏览。该应用的两个对应实体分别在 UE 和持有该网页应用的服务器上运行。出于简化的目的,服务器的对应协议实体被画在了服务网关(S - GW)中,而它们通常是位于

Internet 的某个地方。

所有 UE 发送和接收的信息都通过用户平面来进行传输，这些信息包括语音呼叫中编码后的语音或者 Internet 连接中的分组。用户平面的业务流在从 eNodeB 到核心网(EPC)的不同层次等级中进行处理，并且控制业务流与用户平面严格绑定。不管当前等级结构划分的原因是什么，对于该发送架构，这意味着网络层次级别越高，产生的累积业务量就越大。因此，较高层的网络单元将会变成网络的瓶颈。基于这个原因，发送能力应该适应于网络的层次结构，层次越高发送方法就应该有越高的能力。当发送能力达到了网络微波发送的极限时，诸如光纤这类方法就会变成更具灵活性和经济性的替代者，特别是就容量扩展而言。

GPRS 隧道协议 GTP 是在由 GTP－C、GTP－U 和 GTP 等各种演化协议所组成的 3GPP 分组核心网(GPRS/UMTS/EPC)中与 IP 移动性管理有关的协议统称。GTP 的协议栈如图 2.6 所示。

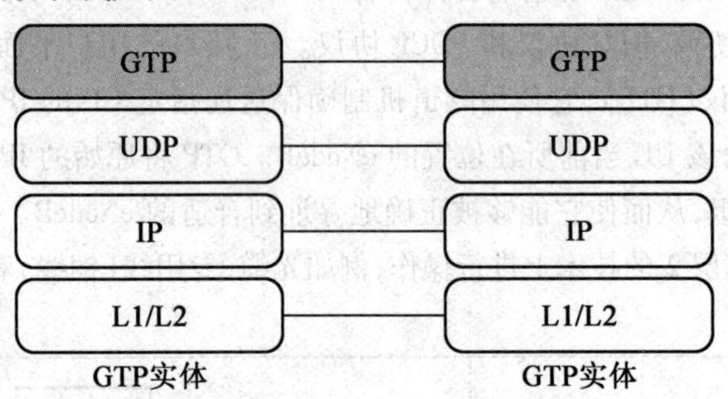

图 2.6 GTP 的协议栈

GTP－C 是 GTP 的控制部分，主要在 GPRS、UMTS 和 LTE/SAE/EPC 网络的控制平面机制中使用。3GPP 将 GTP－C 标准化为版本 0、版本 1 和版本 2。所有的 GTP－C 版本均使用 UDP 作为传输协议。GTP v2 通过早期的“版本不支持”机制为 GTP v1 提供了回落(fallback)，但是它明确不提供对 GTP v0 的回落。

GTP－U 是 GTP 的承载部分，主要在 GPRS、UMTS 和 LTE 网络的用户平面机制中使用。3GPP 将 GTP－U 标准化为版本 0 和版本 1。所有的 GTP－U 版本均使用 UDP 作为传输协议。GTP′或 GTP Prime 用于与 GPRS 和 UMTS 网络中的 CGF 进行接口。LTE MME、S－GW 和 PDN 网关节点使用 GTP－C 作为 S11/S5 接口的控制平面信令，而 S－GW 和 PDN－GW 节点主要使用 GTP－U 作为 S1－U 和 S5 接口的用户平面。除非与 3G UMTS/HSPA 网络进行后向兼容，否则 LTE/SAE/EPC 网络仅仅使用被称作演进 GTP 的 GTP 版本 2。

当在 S－GW 的下行链路路径切换后，前向路径和该新直接路径上的分组可能会在目标 eNodeB 上交替到达。在传递任何从该新直接路径上接收到的分组前，目标 eNodeB 将会首先将前向路径上所有的分组发送给对应的 UE。而该标准并不考虑目标 eNodeB 如何将分组按照正确顺序进行分发。

为了帮助目标 eNodeB 实现重新排序功能，S－GW 应该在为每一个 UE 切换完路径后，立刻在旧路径上发送一个或多个“结束标志”分组。该“结束标志”分组不应该包含任何用户数据，并且通过 GTP 头来体现其“结束标志”。在完成标记分组的发送后，GW 将不会通过旧路径再发送任何用户数据分组。一旦接收到“结束标志”分组，只要对于该承载的前向链路处于激活状态，源 eNodeB 将会向目标 eNodeB 转发该分组。

一旦检测到一个“结束标志”，目标 eNodeB 将会抛弃该“结束标志”分组，然后初始化任何需要的过程，以便通过 X2 接口实现用户数据的按序转发以及由于路径切换对 S－GW 的 S1 接口造成影响的用户数据按序接收。一旦检测到“结束标志”，目标 eNodeB 也可以初始化数据转发资源的释放，如图 2.7 所示。

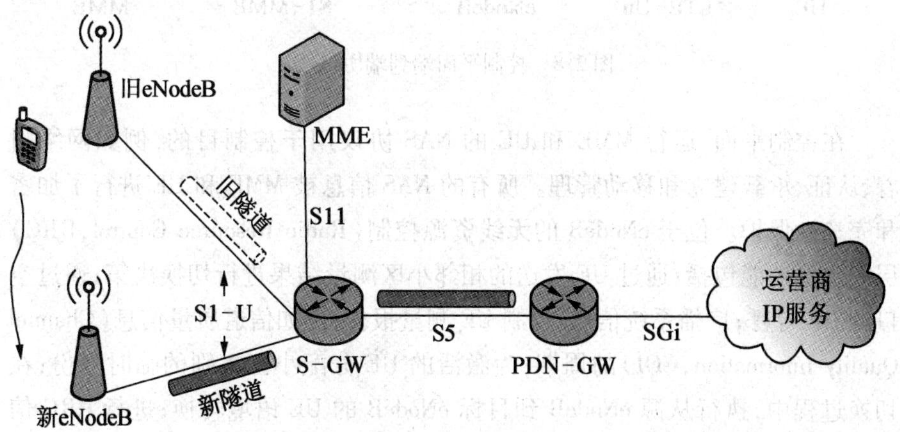

图 2.7　GTP 隧道

2.3.2 控制平面

控制平面协议功能主要是控制无线接入承载,以及 UE 和网络间的连接,即 E－UTRAN 和 EPC 间的信令(图 2.8)。控制平面由控制协议和对用户平面的支撑协议组成:

①控制 E－UTRAN 网络接入连接,例如从 E－UTRAN 的附着和解附着;

②控制已建立的网络接入连接的属性,例如 IP 地址的激活;

③控制已建立的网络连接的路由路径,从而支持用户的移动;

④控制网络资源的指派,从而适应用户需求的改变。

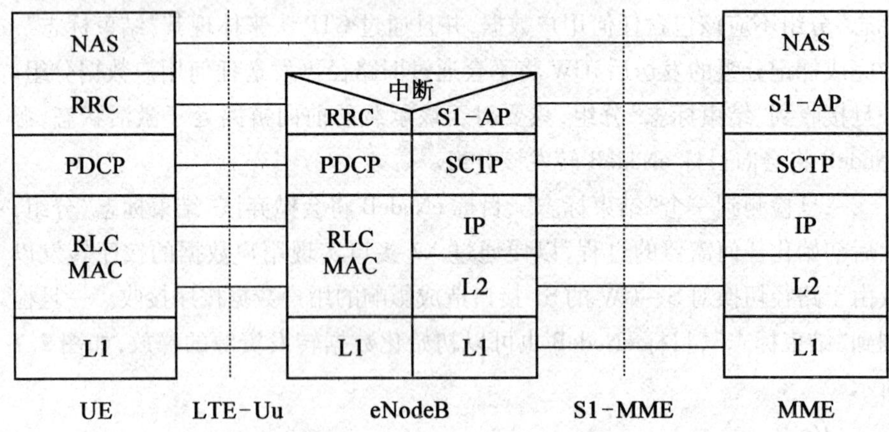

图 2.8 控制平面端到端协议栈

在控制平面,运行 MME 和 UE 的 NAS 协议用于控制目的,例如网络附着、认证、承载建立和移动管理。所有的 NAS 信息被 MME 和 UE 进行了加密和完整性保护。位于 eNodeB 的无线资源控制(Radio Resource Control,RRC)层的主要功能包括:通过 UE 发送的相邻小区测量结果进行切换决策;通过空口的 UE 寻呼;广播系统信息;控制 UE 测量报告,例如信道质量信息(Channel Quality Information,CQI)的周期;为激活的 UE 分配小区级别的临时身份;在切换过程中,执行从源 eNodeB 到目标 eNodeB 的 UE 语境转换;进行 RRC 信息的完整性保护。RRC 层主要负责无线承载的建立和保持。

2.3.3 用户和控制平面的 X2 接口

X2 用户平面接口(X2－U)定义于 eNodeB 之间。该接口提供了用户平面

PDUs 的不可靠传递。X2 接口的用户平面协议栈如图 2.9 (a)所示。其中,传输网络层是建立在 IP 传输的基础上,而 GTP - U 在 UDP/IP 之上用于运送用户平面的 PDUs。

X2 控制平面接口(X2 - CP)定义于两个相邻的 eNodeB 之间。X2 接口的控制平面协议栈如图 2.9 (b)所示。传输层以位于 IP 层之上的流控制传输协议(Stream Control Transmission Protocol,SCTP)为基础。应用层的信令协议被称为 X2 - AP(X2 应用协议)。

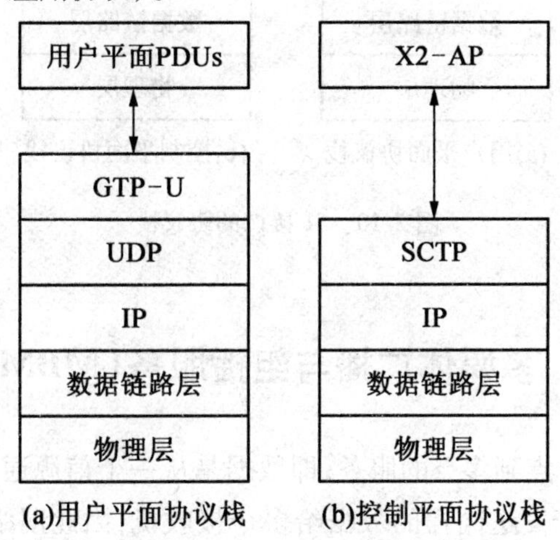

图 2.9 X2 接口的协议栈

2.3.4 用户和控制平面的 S1 接口

S1 用户平面接口(S1 - U)定义于 eNodeB 和 S - GW 之间。S1 - U 接口提供了用户平面 PDUs 在 eNodeB 和 S - GW 间的不可靠传递。S1 接口的用户平面协议栈如图 2.10 (a)所示。传输网络层基于 IP 传输,而 GTP - U 在 UDP/IP 之上用于运送 eNodeB 和 S - GW 间的用户平面 PDUs。

S1 控制平面接口(S1 - MME)定义于 eNodeB 和 MME 之间。S1 接口的控制平面协议栈如图 2.10 (b)所示。其传输网络层与用户平面相似,也基于 IP 传输,但是为了信令信息的可靠传输,在 IP 层之上增加了 SCTP 协议。应用层信令协议被称为 S1 - AP(S1 应用协议)。

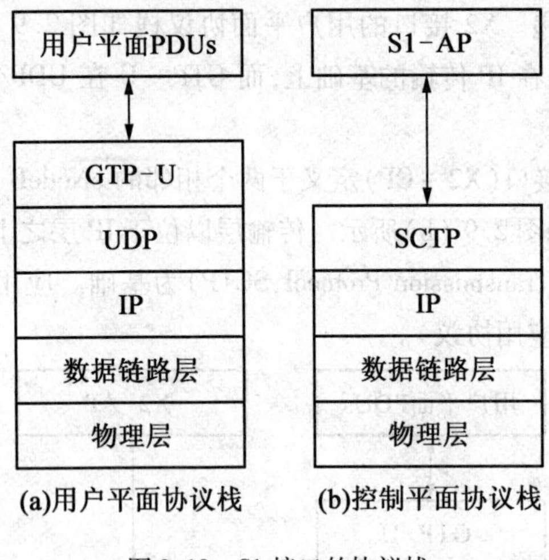

图2.10 S1接口的协议栈

2.4 多媒体广播与组播服务(MBMS①)

MBMS是一个点到多点的服务,即数据是从一个信源通过无线网络发送给多个信宿。由于发送同样的数据给多个接收机,因此网络资源允许共享。MBMS是通过在3GPP体系结构中添加已存的或新的功能实体来实现的[5]。

实际上,MBMS提供了两个不同的服务:广播(Broadcast)和组播(Multicast)。广播服务可以被位于提供该服务区域内的任意用户所接收,而组播服务只能被已经订制了该业务并且已经加入该组播业务组的用户所接收。这两个业务都是多媒体数据的点到多点的非定向发送,因此可以广泛应用于从广播组播服务中心(Broadcast Multicast Service Center,BMSC)到任何位于该服务区域内用户的文本、语音、图片和视频广播。对于这样的一个业务,只能够依据广播数据的数量、服务区域的尺寸或者广播业务的持续时间等,由广播业务的提供者来进行付费。组播受制于服务订阅,并且需要终端用户明确加入某个组才能接收相应的服务。因为需要受制于服务订阅,组播业务允许运营商为某个业务设置特定的用户计费规则[4]。

① 译者注:原文的MBSM为笔误,实际应为MBMS

2.4.1 MBMS 业务体系结构

MBMS 业务体系结构基于分组核心域,并与 EPS 兼容,此外,MBMS 还与采用了类似 SGSN 和网关 GPRS 支持节点(Gateway GPRS Support Node, GGSN)的 2G/GSM 或 3G UMTS 的分组核心节点兼容。在 EPS 网络中,有两个附加的网络实体:多小区/组播协调实体(Multi-cell/multicast Coordination Entity, MCE)和 MBMS 网关(MBMS GW)。

①多小区/组播协调实体(MCE)是一个新的逻辑实体,主要负责对多小区 MBMS 发送的时频资源进行分配。作为无线接口的调度器,MCE 是一个可以集成在 eNodeB 中的逻辑节点。此时,M2 接口就变成了 eNodeB 内部的一个接口。

②MBMS 网关(MBMS GW)是一个位于 BMSC 和 eNodeBs 之间的逻辑实体(它也可以是另一个网络的一部分),它的基本功能是将 MBMS 分组发送/广播给发送该业务的每个 eNodeB。MBMS GW 使用 IP 组播将 MBMS 用户数据转发给 eNodeB。MBMS GW 通过 MME 向 E - UTRAN 执行 MBMS 会话控制信令(会话开始/停止)。

③与 MBMS 数据(或用户平面)有关的 M1 接口使用 IP 组播协议来向 eNodeB 传递分组。

④MCE 使用 M2 接口来为 eNodeB 提供无线配置数据。

⑤M3 接口支持 MBMS 会话控制信令,例如会话的初始和终止。

2.4.2 MBMS 业务部署

因为 LTE 非常灵活,所以它为 MBMS 业务部署提供了许多可选项。在 MBMS 中,运营商可以为 MBMS 的发送保留一个频率层。此时,属于该层的小区将只提供 MBMS 业务。在这些专门的小区中,将不支持单播(或点到点)业务。与此相反,当没有为 MBMS 保留特定的频率时,混合的小区将会同时提供单播和 MBMS 业务[6]。在 LTE 中可以存在两种类型的 MBMS 数据发送:(i) 单小区发送。此时,MBMS 数据仅仅可以在一个单小区的覆盖范围内提供和使用。(ii) 多小区发送。此时,MBMS 数据在不同的小区内紧密同步地进行发送。这允许终端去合并从不同小区接收到的信号,从而与传统点到多点的发送相比提高信噪比。

在 LTE 中即将被采用的 MBMS 也被称作演进的 MBMS（E－MBMS），它被认为是 EPS 体系结构中一个重要的组成部分（图 2.11）。MBMS 应该被成对和非成对的频谱所支持。E－MBMS 提供了一个发送同样的信息内容到一个小区内某给定用户组中所有用户（广播）的传输特性，或者发送该信息给一个订阅了某组播业务的指定用户群组（组播）的传播特性[7]。

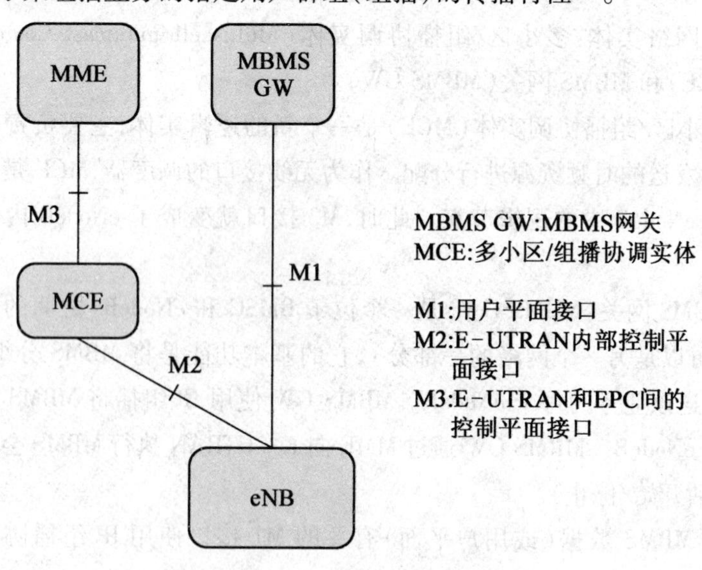

图 2.11　E－MBMS 逻辑体系结构

因为 EPS 是基于扁平的 IP（Flat IP）体系结构，并且已经有了可用的 IP 组播特性，那么一个终端用户如何能在 EPS 上可视化 IP 组播呢？一个非常重要的概念是不要将 IP 组播和 MBMS 这两个概念混淆。IP 组播是指用户之间并没有共享某一个给定的无线资源，而是仅仅单纯地将 IP 分组在网络上的一些路由上复制多次而已[8]。

E－MBMS（它是原有 MBMS 系统的演进版本）将会使用一些 MIMO 开环方案。在 E－MBMS 中，将会有一个（单小区广播）或多个正在发射的 eNodeBs，以及多个正在接收的 UEs。E－MBMS 是能够展现 MIMO 为系统带来优势的很好的应用。确实，就在同样的频带广播同样的信号来说，应该合理地选择发射功率，以便远端的移动用户可以收到较好质量的信号。为了减少需要的功率，增加发射和接收天线的数量是一个很好的解决方案[9]。就像空分复用一样，MIMO 在 MBMS 中也是一个可能的选择。

在 E－UTRAN 中，MBMS 的发射可以通过单小区或者多小区发射来实现。在多小区发射时，各小区及它们发射的内容是同步的，以便终端能够使用软合并方法来合并多个发射信号的能量。这种重叠信号看起来就像是在终端处有一个多径信号。这一概念就是已知的单频网络（Single Frequency Network，SFN）。E－UTRAN 可以配置哪些小区作为一个 SFN 中的一部分，从而发送一个 MBMS 业务。MBMS 单频网络也被简称为 MBSFN（MBMS Single Frequency Network），它被设想使用 LTE 的基础设施来传递诸如移动电视这类的业务，同时它也被期待作为基于手持数字视频广播（Digital Video Broadcasting Handled，DVB－H）技术的电视广播的有力竞争者。

在 MBSFN 中，使用同一资源块并且时间同步的某一组 eNodeBs 可以进行发送（图 2.12）。MBSFN 中的循环前缀（Cyclic Prefix，CP）会稍微长一些，以使 UE 能够合并来自于彼此距离较远的 eNodeBs 发射的信号。因此，这在某种程度上减少了 SFN 操作的优势[10]。

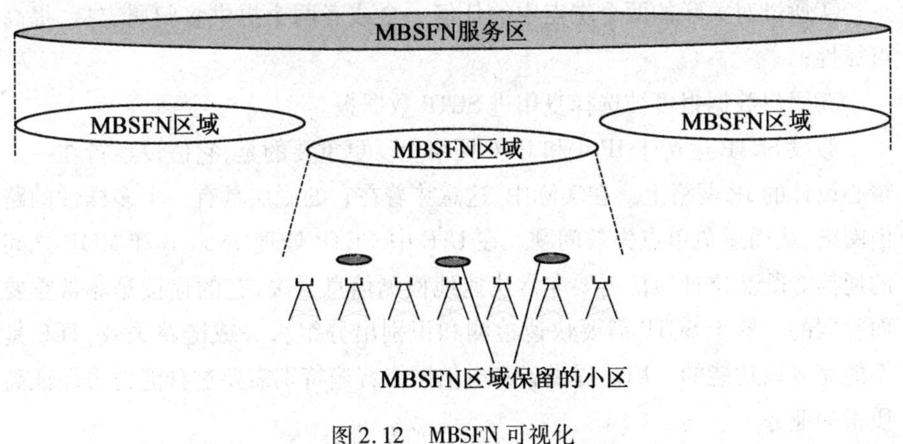

图 2.12 MBSFN 可视化

2.5 流控制传输协议

流控制传输协议（SCTP）是一个传输层协议，它与流行的传输控制协议（Transmission Control Protocol，TCP）和用户数据报协议（User Datagram Protocol，UDP）功能相似。它提供了和 TCP/UDP 相同的服务特性：类似 UDP 以信息为导向；以及类似 TCP 具有拥塞控制和可靠传输保证的按序信息传输。因此,SCTP 是用在 LTE 中确保信息可靠和按序传输的协议。

LTE 所使用的 SCTP,可以看作是在 SCTP 的用户应用和一个不可靠端到端数据报服务(例如 UDP)之间的中间层。因此,SCTP 的主要功能是保证在对等的 SCTP 用户间的数据报可靠传递。它根据 SCTP 用户间的关联来执行这个服务,其中 SCTP 用户在其边界上要存在 API。SCTP 除具有以连接为导向的特性外,还具有更宽泛的概念。SCTP 提供了一种方法,从而让每一个 SCTP 端点能够为其他在进行关联的 SCTP 端点提供一个传输地址列表(例如地址/UDP 口的绑定)。通过这种方式,端点不但可达,并且可以发起信息。关联会在所有可能的源/目的绑定上执行传送,而这种源/目的绑定可能来自于两个端点的列表。综上,SCTP 提供了以下业务:

①应用级分割;

②可确认用户数据的传送没有错误和重复;

③来自多个流的用户数据报按顺序传送;

④通过对关联的两个端点中的任何一个或者两个提供多归属支持,提高可靠性;

⑤用户数据报可被选择复用进 SCTP 数据报。

假设 SCTP 运行于 IPv4 和 IPv6 网络上。更重要的是,它假设运行在一个精心设计的 IP 网络上。在实际中,这意味着在它的底层具有一个多样性的路由网络,从而避免单点失效问题。在 LTE 中,SCTP 处理 eNodeB 和 MME 之间的通信。既然这种通信需要非常快速地检测信息丢失,它的连接是非常重要而脆弱的。鉴于 SCTP 需要快速检测和识别出分组丢失或链路失效,TCP 是不能完成该功能的。LTE 提供者和电信网络普遍特别需要这种能力去保证高质量的业务。

此外,SCTP 有一个默认的"可选择 ACK",它是 TCP 协议的一个可选项。这意味着一个分组只要在发送时被确认过,那么它就永远不会被重新发送。在按照比特进行计数的 LTE 世界里,使用 SCTP 就意味着没有浪费的数据。在 LTE 中使用 SCTP 的目的就在于提供一个可靠的信令承载。为了实现这一功能,SCTP 提供了合适的拥塞控制过程,信息丢失时的快速重发,以及增强的可靠性。SCTP 也提供了附加的安全性,从而避免盲目攻击并增加 LTE 网络中不同运营商之间互连的安全性。

2.6 网络发现和选择

动态主机控制协议(DHCP)作为一个基本的机制用于给一个 UE 分配一个动态的附着点(Point-of-Attachment,PoA)IP 地址。需要指出,EPS 承载支持双栈 IP 地址,即能够同时传输 IPv4 分组和 IPv6 分组。为了支持基于 DHCP 的 IP 地址配置(包括 IPv4 版本和 IPv6 版本),PDN GW 应该作为 DHCP 服务器来给 HPLMN 进行动态和静态 IP 地址指派,以及给 VPLMN 进行动态 IP 地址指派。当 DHCP 被用于外部的 PDN 地址指派和参数配置时,对于 UE,PDN GW 应该作为 DHCP 服务器;而对于外部的 DHCP 服务器,PDN GW 应该作为 DHCP 客户端。服务网关 GW 不具备任何 DHCP 功能,它只是按照正常模式来向 UE 转发和从 UE 接收包括 DHCP 分组在内的所有分组。

至于 IPv6 的地址分配机制,IPv6 的无状态地址自配置是一个向 UE 分配 64 位 IPv6 前缀的基本机制。作为另一种选择,如果分配的 IPv6 前缀授权短于 64 位并且 PDN GW 支持 DHCPv6,那么可以通过 DHCPv6、RFC 3633[11]进行地址分配。当 DHCPv6 的前缀授权不被支持时,UE 将会使用无状态的地址自配置方式——RFC 4862[12]。

2.7 无线资源管理

无线资源管理(Radio Resource Management,RRM)的目的是为了确保无线资源的有效利用,并且提供一种使 E-UTRAN 能够适应无线资源相关要求的机制,例如,①对端到端 QoS 的增强支持;②对高层发送的有效支持;③跨不同无线接入技术的负载共享和策略管理支持。特别地,在 E-UTRAN 中的 RRM 提供了进行单小区和多小区无线资源管理(例如,指派、重新指派和释放)的方法。RRM 的各项功能可以通过以下几个方面来进行表述。

2.7.1 无线承载控制(RBC)

无线承载的建立、保持和释放涉及与它们有关的无线资源配置。当为一个业务建立无线承载时,无线承载控制(Radio Bearer Control,RBC)会考虑 E-UTRAN中所有资源的使用情况、进行中会话的 QoS 要求以及新业务的

QoS 要求。RBC 也关心由于移动或其他原因造成无线资源的使用情况发生变化时，进行中会话的无线承载保持。RBC 也涉及在会话终止、切换或者其他场合下和无线承载相关的无线资源释放。RBC 的位置在 eNodeB 内部。

2.7.2 连接移动控制(CMC)

连接移动控制(Connection Mobility Control,CMC)关注于和空闲模式或连接模式的移动台进行连接时的无线资源管理。在空闲模式时，小区重选算法通过参数(门限和滞后值)设置来进行控制。这些参数主要用于定义最好的小区，并且/或用于决定 UE 应该在什么时候选择一个新的小区。此外，E-UTRAN 也广播配置 UE 测量和报告过程的参数。在连接模式时，必须要支持无线连接的移动性。切换决策可以基于 UE 和 eNodeB 的测量。此外，切换决策也可以考虑其他的输入参数，例如相邻小区负载、业务流量分布、传输、硬件资源和运营商定义的策略。CMC 的位置在 eNodeB 内部。

2.7.3 动态资源分配(DRA)——分组调度(PS)

动态资源分配(Dynamic Resource Allocation,DRA)或分组调度(Packet Scheduling,PS)的任务是为用户和控制平面分组分配或者重新分配资源(包括缓存、处理资源和资源块(即 chunks))。DRA 涉及一些子任务，包括需要调度的分组无线承载选择和管理所需的资源(例如功率级别或使用的特定资源块)。通常，PS 考虑与无线承载相关的 QoS 需求、UE 的信道质量信息、缓存状态和干扰状况等。在进行小区间干扰协调时，DRA 也可以考虑可利用资源块或可利用资源块集合的限制或偏好。DRA 的位置在 eNodeB 内部。

2.7.4 小区间干扰协调(ICIC)

小区间干扰协调(Inter-Cell Interference Coordination,ICIC)负责管理无线资源(特别是无线资源块)，以便小区间的干扰保持可控。ICIC 本身是一个多小区的 RRM 功能，它需要考虑从多个小区来的信息(如资源使用状态和业务负载情况)。在上行链路和下行链路，首选的 ICIC 方法可以不同。ICIC 的位置在 eNodeB 内部。

2.7.5 负载均衡(LB)

负载均衡(Load Balancing,LB)负责处理多个小区间业务负载的不均匀分布。因此,LB 的目的是通过影响负载分布,从而使无线资源保持高利用率,使进行中的会话保持所需的 QoS,并使掉话率保持在充分低的水平。LB 算法为了将高负载小区的业务流重新分布到未充分利用的小区上,有可能需要进行切换或小区重选。LB 的位置在 eNodeB 内部。

2.7.6 RAT 间无线资源管理

"RAT 间 RRM"主要关注的是与 RAT 间移动性有关的无线资源管理,尤其是在 RAT 间切换时的无线资源管理。在 RAT 间切换时,切换决策可以考虑所涉及的 RAT 资源使用情况、UE 能力以及运营商的策略。RAT 间 RRM 的重要性依赖于 E-UTRAN 布设的特定场景。RAT 间 RRM 也可以包括为空闲模式和连接模式 UE 提供负载均衡的功能。

2.7.7 RAT/频率优先的用户属性代码

E-UTRAN 内部的 RRM 策略可以基于用户的特定信息。eNodeB 通过 S1 接口接收到的 RAT/频率优先的用户属性代码(Subscriber Profile ID,SPID)参数是用户信息(如移动属性和业务使用属性)的一个索引。这个信息是与某特定用户关联的,并应用于该用户的所有无线承载。这个索引被 eNodeB 映射为本地定义的配置,以便采用特定的 RRM 策略(如定义 RRC_IDLE 模式优先和控制在 RRC_CONNECTED 模式中的 RAT 间/频率间切换)。

2.8 认证与授权

LTE 的信任模型(图 2.13)与 UMTS 相似。当核心网与无线接入节点间的无线接入节点和接口容易受到攻击时,该信任模型可以被粗略地描述为一个安全核心网。与 UMTS 相比,LTE 系统的体系结构更加扁平,里面并没有 UMTS 中对应的无线网络控制器(Radio Network Controller,RNC)部分。因此,UE 用户平面的安全性必须终止于 LTE eNodeB 或者终止于某个核心网节点。出于有效性的原因,它被设计为终止于 eNodeB。然而,因为 eNodeBs 和回程链路可能被放置在易受攻击的位置,不得不添加一些新的安全机制。LTE 空中接口的安全性是通过强密码技术来提供的。当需要密码保护时,从 eNodeB 到核心网的回程链路将使用 Internet 密钥交换(Internet Key Exchange,IKE)和

IP 安全协议(IP Security Protocol,IPsec)。强密码技术为核心网和 UE 之间的信令提供了端到端的保护。因此,用户业务流被暴露威胁的主要位置存在于 eNodeB 处。而且,为了最小化对攻击的敏感性,eNodeB 需要提供一个安全环境以便支持敏感操作,例如用户数据的加密解密、敏感数据存储(如保证 UE 通信安全的密钥)、长期密码的私密和至关重要的配置数据。与此类似,敏感数据的使用必须被限制在这个安全的环境下。即使在适当的位置有以上的安全监测,仍然必须考虑对 eNodeB 的攻击。一旦对 eNodeB 的攻击成功,攻击者就可以全面控制 eNodeB,以及 eNodeB 到 UEs 及其他节点的信令。为了限制对某一个 eNodeB 进行攻击所可能造成的影响,攻击者一定不能被允许截取或者篡改穿越另一个 eNodeB 的用户平面和信令平面的业务流(比如切换后的数据和信令)。

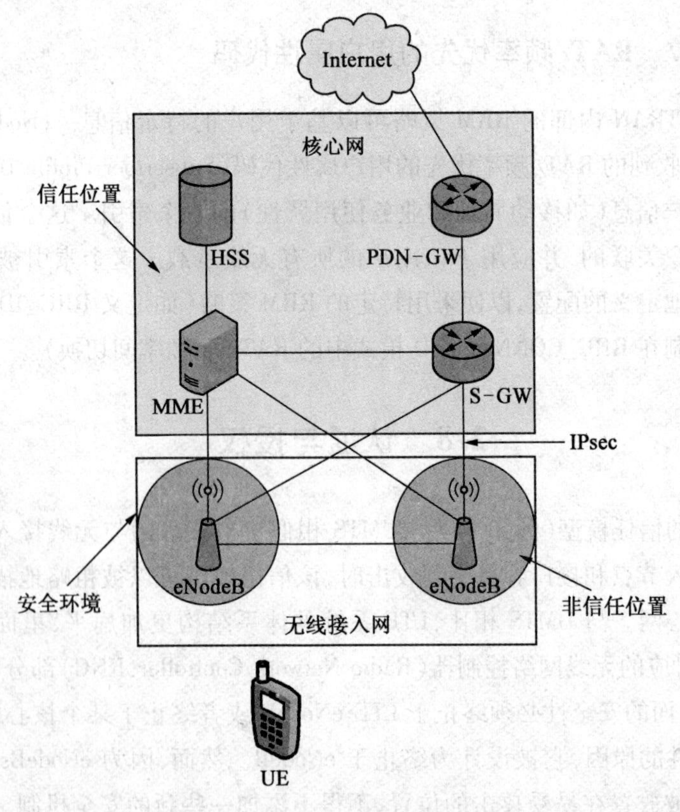

图 2.13 LTE 的信任模型

2.8.1 用户认证、密钥协商与密钥生成

在 LTE/3GPP 演进分组系统(Evolved Packet System,EPS)中的用户认证功能是基于 UMTS 认证和密钥协商(UMTS Authentication and Key Agreement, UMTS AKA)协议。它提供了 UE 和核心网的相互认证,以确保可靠计费及保证欺诈的实体不可以作为有效的网络节点出现。需要指出,LTE 中不允许 GSM 的用户身份模块(Subscriber Identity Modules,SIMs),因为它们不能提供充分的安全性。

EPS AKA 提供一个根密钥,从这个根密钥出发,可以得到一个密钥分级结构。在这个分级结构中的所有密钥被用来保护 UE 和网络间的信令及用户平面业务流。这个密钥分级结构是通过加密功能实现的,例如,当 key2 和 key3(分别在两个不同的 eNodeB 中使用)是通过移动管理实体(MME)从 key1 得到的,一个攻击者即使掌握了 key2,那么仍旧不能推断出 key3 或者 key1,因为它们在密钥体系结构中处于较高的层次,而且,密钥是与它们所使用的地点、原因和目的绑定的。这可确保同样的密钥不能用于多个目的或不同的算法,例如,在某个接入网中所使用的密钥不能在另一个接入网中使用。因为 GSM 没有这一特性,所以一旦一个攻击者能够破解 GSM 中的一个算法,那么他就能威胁到使用同样密钥的其他算法的安全性。此外,密钥分级结构和绑定也使我们能够在不改变根密钥或不改变用于保护 UE 与核心网间信令密钥的前提下,例行而有效地改变 UE 和 eNodeBs 间使用的密钥。

2.8.2 信令与用户平面安全性

对于无线方面的信令,LTE 提供了 UE 与 eNodeB 间的完整性保护、回放保护和加密。IKE/IPsec 可以保护 eNodeB 和 MME 间的回程信令。此外,LTE 方面的协议提供了 MME 和 UE 之间端到端的信令保护。类似地,对于用户平面业务流,IKE/IPsec 可以保护从 eNodeB 到服务网关(S - GW)的回程。在 eNodeB 中,完整性保护、回放保护和加密是强制性的。在 UE 和 eNodeB 之间的用户平面业务仅仅被加密保护,因为完整性保护将会导致高昂的带宽开销。尽管如此,自作聪明地代替另一个用户注入业务流是不可能实现的:这意味着攻击者本质上是不可见的,因为他们试图注入的任何业务流将几乎确定会被解密为无效数据。

2.9 概要与结论

本章首先描述了所有的 EPS 网络体系结构，并且概述了核心网和 E－UTRAN所提供的各种功能。随后，解释了穿越不同接口的协议栈，并且概述了这些不同协议层所提供的功能。至于 QoS 方面，讨论了包括典型的承载建立过程在内的端到端承载路径。本章的剩余部分详细介绍了网络接口，并特别关注了 E－UTRAN 的各种接口和在这些接口间使用的过程，其中包括对用户移动性的支持。

可以看到，LTE 的体系结构被设计为便于布设和操作的方式，因此这一灵活的技术可以被布设在很广泛的频带上。LTE/SAE 体系结构减少了节点数量，支持灵活的网络配置，并提供了高级的业务可用性。与 LTE 无线接入平行的分组核心网也演进为了 SAE 体系结构。这一新的体系结构是为了优化网络性能、提高成本效益，以及促进吸收大量基于 IP 的市场业务而设计的。

本章参考文献

[1] 3GPP TR 25.913：Requirements for Evolved UTRA（E－UTRA）and Evolved UTRAN（EUTRAN）.

[2] Motorola，Long Term Evolution（LTE）：A Technical Overview，Technical White Paper.

[3] 3GPP TS 24.301：Non－Access－Stratus（NAS）Protocol for Evolved Packet System（EPS）：State 3.

[4] 3GPP TS 22.246：Multimedia Broadcast/Multicast Service（MBMS）User Services：State 1.

[5] 3GPP TS 22.146：Multimedia Broadcast/Multicast Service（MBMS）：State 1.

[6] 3GPP TS 23.246：Multimedia Broadcast/Multicast Service（MBMS）：Architecture and Functional Description.

[7] 3GPP TS 26.346：Multimedia Broadcast/Multicast Service（MBMS）：Protocols and Codecs.

[8] 3GPP TS 33.246: 3G Security: Security of Multimedia Broadcast/Multicast Service (MBMS).

[9] 3PP TS 32.273: Multimedia Broadcast and Multicast Service (MBMS) Charging.

[10] 3GPP TS 36.440: General Aspects and Principles for Interfaces Supporting Multimedia Broadcast Multicast Service (MBMS) within E-UTRAN.

[11] IETF RFC 3633: IPv6 Prefix Options for Dynamic Host Configuration Protocol (DHCP) version 6.

[12] IETF RFC 462: IPv6 Stateless Address Autoconfiguration.

第 3 章　LTE 无线层设计

LTE 的链路层协议以低延时和低开销为目的进行了优化。与 UTRAN 中的链路层协议相比,LTE 的链路层协议要更为简单。LTE 协议的设计核心是设计一种跨层的协议,从而使得协议之间能够有效地相互作用。本章将对包括子层和对应子层间相互作用的协议栈进行全面概述,采用的规范参照 3GPP。

3.1　L2 设计

L2 层的主要任务是提供更高层次的传输层和物理层之间的接口。通常,LTE 的 L2 层包括部分重叠的三个子层:分组数据汇聚协议子层(PDCP)主要负责 IP 报头的压缩和加密。另外,它在 eNodeB 之间进行切换时支持无损移动,并为更高层的控制协议提供完整性保护。无线链路控制子层(Radio Link Control,RLC)主要由自动重传请求(Automatic Repeated Request,ARQ)功能以及数据分割和拼接功能组成。后者也最大限度地减少了与数据率无关的协议开销。最后,媒体接入控制(MAC)子层提供混合 ARQ(Hybrid - ARQ)功能,并负责与媒体接入控制有关的功能,如调度操作和随机接入。用于下行链路和上行链路的 PDCP/RLC/MAC 的完整体系结构分别如图 3.1 和图 3.2 所示。

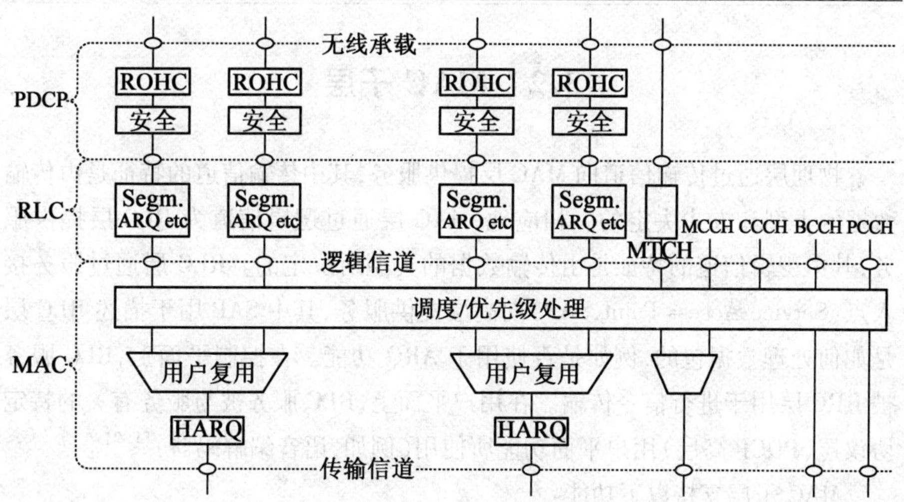

图 3.1　下行链路的层 2 结构

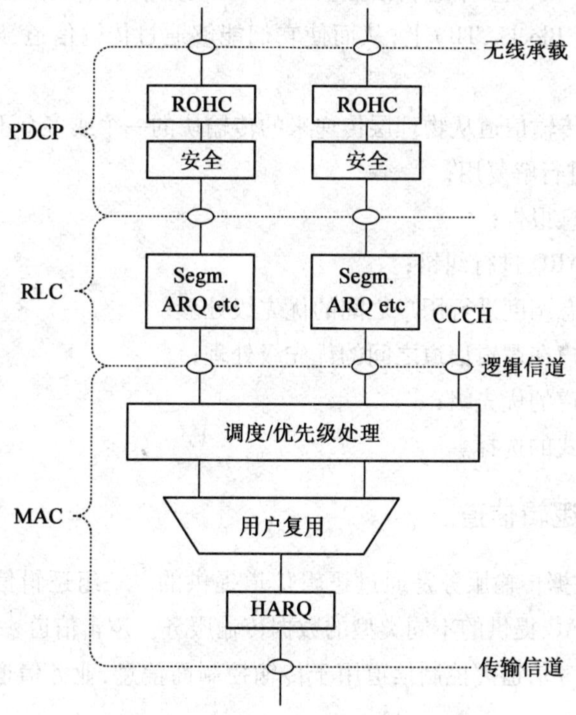

图 3.2　上行链路的层 2 结构

3.2 MAC 子层

物理层通过传输信道向 MAC 层提供服务,其中传输信道的特征是由传输数据的类型和方式决定的。相应地,MAC 层通过逻辑信道为 RLC 层提供服务,其中逻辑信道的特征是由传输数据的类型所决定的。RLC 层通过服务接入点(Service Access Point,SAP)向高层提供服务,其中 SAP 用于描述 RLC 层是如何处理数据包的,例如是否使用了 ARQ 功能。在控制平面上,RLC 服务被 RRC 层用于进行信令传输。在用户平面上,RLC 服务被与服务有关的特定协议层(PDCP 高层)用户平面功能所使用(例如,语音编解码器)[1,2]。

MAC 子层支持以下功能:

①逻辑信道和传输信道间的映射;

②从来自一个或多个逻辑信道上的 MAC 服务数据单元(SDU)复用到传输块(Transport Blocks,TB)上,从而使它们能够通过传输信道被传递到物理层;

③将通过传输信道从物理层传递来的传输块的一个或多个不同逻辑信道的 MAC SDU 进行解复用;

④调度信息报告;

⑤通过 HARQ 进行纠错;

⑥通过动态调度进行用户之间的优先级处理;

⑦一个用户在逻辑信道之间的优先级处理;

⑧逻辑信道的优先级;

⑨传输格式的选择。

3.2.1 逻辑信道

MAC 层数据传输服务是通过逻辑信道提供的。一组逻辑信道类型的定义取决于由 MAC 提供的不同类型的数据传输服务。逻辑信道一般分为两类:控制信道和业务信道。控制信道用于传输控制面信息,业务信道用于传输用户面的信息[1,2]。

(1)控制信道。

①广播控制信道(Broadcast Control Channel,BCCH):用于广播系统控制

信息的下行信道。

②寻呼控制信道(Paging Control Channel,PCCH):用于传输寻呼信息的下行信道。

③专用控制信道(Dedicated Control Channel,DCCH):用于发送用户和RNC间专用控制信息的一个点到点的双向信道。此信道在RRC连接建立时被建立。

④公共控制信道(Common Control Channel,CCCH):用于在网络和UE间发送控制信息的双向信道,并且该逻辑信道始终被映射到RACH/FACH传输信道上。公共控制信道需要一个较长的UTRAN UE标识(U-RNTI,它包括了SRNC地址),从而使得上行链路消息能被路由到正确的服务RNC处,而不论接收到这一消息的RNC是不是该UE的服务RNC(图3.3)。

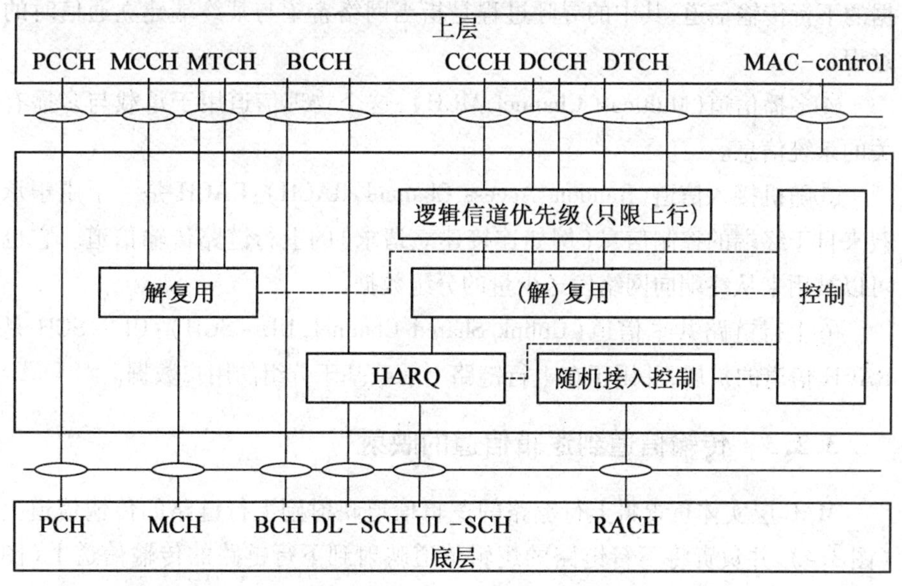

图3.3 UE侧的MAC层整体架构

(2)业务信道。

①专用业务信道(Dedicated Traffic Channel,DTCH):一条专用业务信道DTCH是专门给某一个用户传递信息的点对点信道。一条DTCH可以存在于上行链路和下行链路中。

②公共业务信道(Common Traffic Channel,CTCH):该信道是将一个特定

用户的信息传递给所有(或一组指定)用户的点到多点的下行信道。

3.2.2 传输信道

传输信道是位于 MAC 层和第一层之间的 SAP,而其中的第一层在物理层被映射为不同的物理信道。下面是不同的传输信道:

①广播信道(Broadcast Channel, BCH):BCH 是用于传输特定信息到 UTRA 网络或一个给定小区的传输信道。

②下行链路共享信道(Downlink Shared Channel, DL - SCH):DL - SCH 是用来承载特定的用户数据与(或)控制信息的传输信道;它可以由几个用户共享。

③寻呼信道(Paging Channel, PCH):PCH 是用来承载与寻呼过程相关数据的下行传输信道,其中的寻呼过程是指当网络希望与某终端建立通信时的过程。

④多播信道(Multicast Channel, MCH):这个物理信道用于承载与多播有关的系统信息。

⑤随机接入信道(Random Access Channel, RACH):RACH 是一个用于承载来自于终端的控制信息(例如连接建立请求)的上行链路传输信道。它也可以被用来从终端向网络发送少量的分组数据。

⑥上行链路共享信道(Uplink Shared Channel, UL - SCH):UL - SCH 是 RACH 信道的扩展,并用于在上行链路上承载基于分组的用户数据。

3.2.3 传输信道到逻辑信道的映射

MAC 层实体负责将上行链路的逻辑信道映射到上行链路的传输信道上(图 3.4),并负责将下行链路的逻辑信道映射到下行链路的传输信道上(图 3.5)。

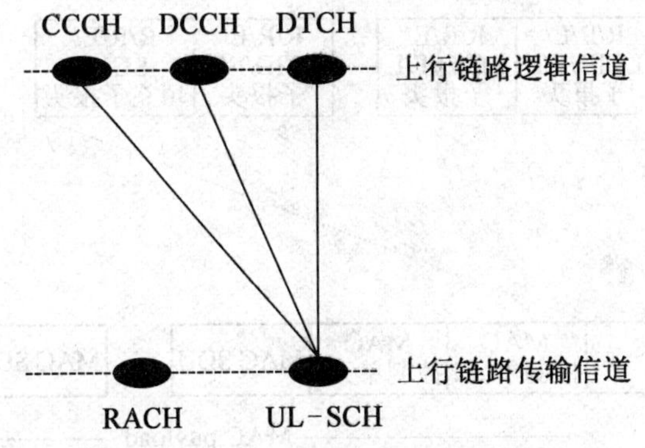

图 3.4 上行链路信道映射

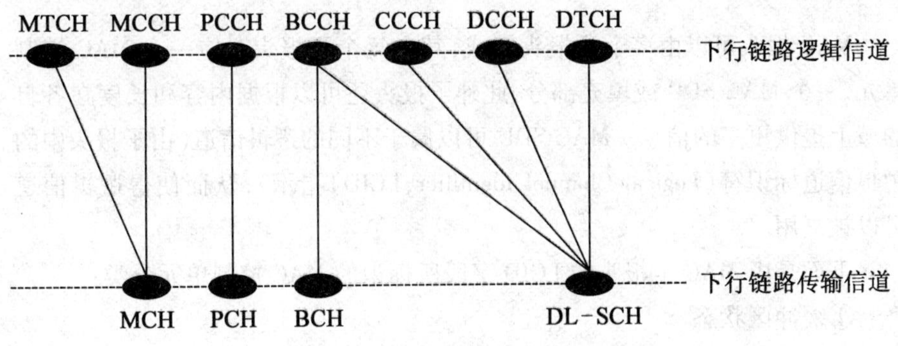

图 3.5 下行链路信道映射

3.2.4 MAC 传输块结构

MAC PDU 的结构必须要考虑到 LTE 的复用和类似于调度时序校准这类功能的需求。来自于高层的 SDU 数据将被分割或拼接成 MAC 协议数据单元(PDU),它是 MAC 层有效载荷的基本构建块。一个用于 DL－SCH 或 UL－SCH 的 MAC PDU 由 MAC 报头、零个或多个 MAC SDU、零个或多个 MAC 控制单元以及可选的填充部分组成,如图 3.6 所示。考虑到 MIMO 的空间复用,每个用户的每个传输时间间隔最多可以发送 2 个传输块。

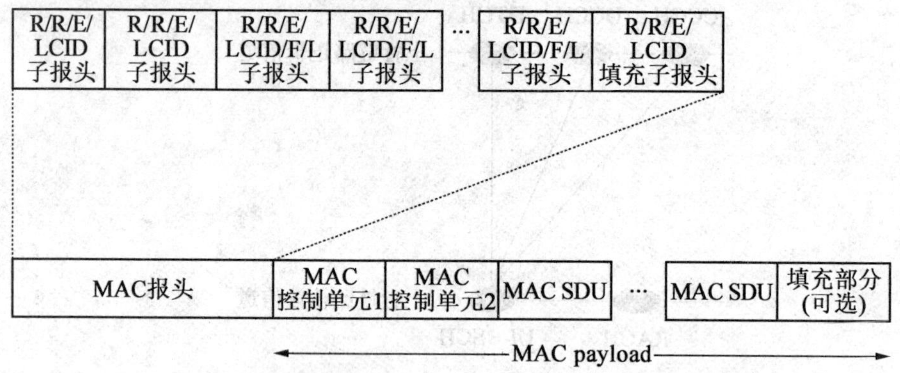

图 3.6 由 MAC 报头、MAC 控制单元、MAC SDU 和填充部分组成的 MAC PDU

MAC 报头可以由多个子报头组成，其中每个子报头对应一个 MAC 控制单元、一个 MAC SDU 或填充部分，此外子报头还可以根据内容和长度在各自的域上提供更多的信息。MAC SDU 可以属于不同的逻辑信道(由子报头中的逻辑信道标识符(Logical Channel Identifier, LCID)指示)，从而使得逻辑信道可以被复用。

下面是由 MAC 子报头的 LCID 字段所标识的 MAC 控制单元分类：

①缓冲区状态。

②小区无线网络临时标识符(Cell Radio Network Temporary Identifier, C－RNTI)。

③DRX 命令。

④UE 竞争解决标识：这是随机接入时作为解决竞争的一种方法，具体描述如图 3.7 所示。

⑤定时提前量：用来指示用户在上行链路中必须采取的定时调整数量，即需要调整多少个 0.5 μs。

⑥功率余量。

3.2.5 HARQ

在任何通信系统中，都会出现偶然的数据传输错误，这可能是由于噪声、干扰和(或)衰落引起的。链路层、网络层(IP)和传输层的协议无法处理报头中的错误，而这些协议的绝大部分也不能处理有效载荷中的错误。

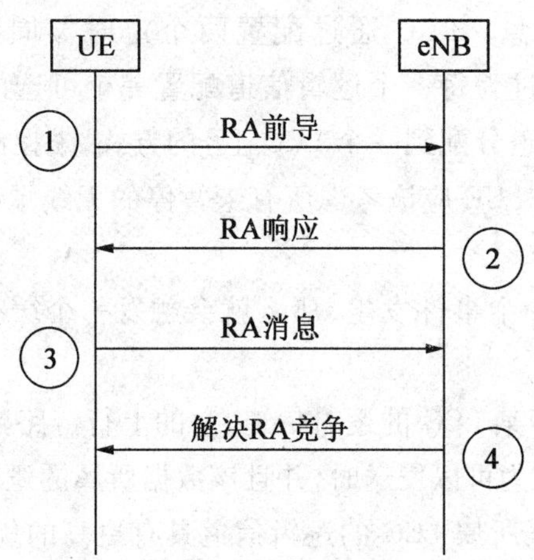

图 3.7 基于竞争的随机接入过程

在这种情况下,直接的无线测量可能不能单独形成 AMC 运行的可靠保证,因此还需要一些补充机制。这样 MAC 层的基本设计之一便是支持 HARQ 机制①。HARQ 是一种纠错技术,并已成为目前大多数宽带无线标准中不可或缺的部分。与传统 ARQ 技术需要对所有发送的信息进行独立解码不同,HARQ 后续重新发送的信息会与先前发送的信息进行联合解码,从而减少解码错误概率。

由于重发延时和信令开销是最关键的评估标准(特别是对于移动网络应用),LTE 选择了一个最直接的重传方式,即停止 - 等待(Stop-and-Wait,SAW)方式。在 SAW 中,发射器对当前的数据块进行操作,直到能够确保 UE 成功接收到该数据块为止。它使用一种优化的确认机制,从而利用消息来确认数据的成功传递并避免重传。为了避免等待所造成的额外延时,它在 SAW 的基础上还采用了 N 通道的 HARQ 机制,从而使重传过程可以并行执行,进而减少时间和资源的浪费。因此,当 HARQ 协议是基于一条异步下行链路和一条同步上行链路时,在 LTE 中所使用的该组合方案依赖于增量冗余的方法。

3.2.6 缓存状态报告

缓存状态报告用于向服务 eNB 提供关于 UE 在上行链路缓存中可以用来

① 译者注:原文的 HARC 为笔误,应为 HARQ

发送的数据数量信息。RRC 通过配置两个定时器周期 BSR－Timer 和 retxBSR－Timer并通过为每一个逻辑信道配置一个可选的信令逻辑信道组(它用于将该逻辑信道分配到一个 LCG 上)的方式,来控制 BSR 报告[3]。对于缓存状态报告过程,UE 应该考虑所有未暂停的无线承载并可以考虑已经暂停的无线承载。

如果下列任意一个事件发生,那么就会触发一个缓存状态报告(Buffer Status Report,BSR):

①对于一个属于某 LCG 的逻辑信道,它的上行链路数据在 RLC 实体中或在 PDCP 实体中变为可以发送时,并且该数据所属的逻辑信道比当前可以用来发送的任意数据所属 LCG 的逻辑信道具有更高的优先级,或者属于某 LCG 的任意逻辑信道都没有要发送的数据时,BSR 被称为“常规 BSR”;

②分配了 UL 资源并且填充比特的数量等于或大于 BSR MAC 控制单元与其子报头的长度时,此时的 BSR 被称为“填充 BSR”;

③retxBSR－Timer 超时并且 UE 有归属于某个 LCG 的任意逻辑信道上的待发送数据,此时的 BSR 被称为“常规 BSR”;

④periodicBSR－Timer 超时,在这种情况下,BSR 被称为“周期 BSR”。

3.2.7 随机接入过程

为了保持不同用户间发送数据的正交性,LTE 上行链路发送的数据需要在 eNB 进行帧定时对准。当定时没有被对准或者由于某段时间无活动造成的对准丢失(在此期间 eNB 没有进行时间对准),这时将执行一个随机接入(Random Access,RA)过程来获得时间对准。通过下面描述的一个基于竞争的 4 步过程,RA 过程就可以建立上行链路时间对准(见图 3.7)。

(1)RA 前导:UE 从所在小区可用的序列集合中随机地选择一个 RA 前导序列,并将它在 RA 信道上进行发送。在 RA 前导序列的发送过程中需要使用保护时间以避免对相邻的子帧造成干扰。为了最小化非正交发送并提高资源有效性,非同步和非调度的发送将不会承载任何数据,例如 RA 过程中的第 1 步。

(2)RA 响应:eNB 检测这个发送的前导,并建立该 UE 的上行链路发送定时。然后该 eNB 利用一个 RA 响应来为这个 UE 提供用于后续发送的正确的定时提前量,并第 1 次授权该用户进行一次上行链路发送。为了提高资源有效性，对于不同 RA 前导序列的响应可以被复用。

(3)RA 消息：由于随机选择的 RA 前导不能唯一地标识 UE，即有可能存在多个 UE 在同样的 RA 信道上用同样的 RA 前导序列尝试进行随机接入，因此 UE 在第 1 次被调度的上行链路发送时需要提供它的身份信息。在包含了 UE 识别信息后，剩余的传输块空间将用于发送数据。

(4)解决 RA 竞争：当 eNB 接收到第 3 步中发送的 RA 消息时，即使处于竞争关系的 UE 可能发送了 2 个或多个 RA 信息，但是 eNB 通常只能收到一个 RA 消息。通过将收到的用户识别信息进行重播，eNB 可以解决这个(潜在的)竞争。当某个 UE 看到自己的身份识别信息被重播回来后，它就会认为自己的随机接入已经成功并可以在时间对准下进行后续的其他操作。

没有接收到 RA 响应或者在解决竞争时没有接收到自己身份识别信息的用户必须再次执行 RA 过程。在拥塞的情况下，eNB 能够提供一种退避指示来指导未成功完成 RA 过程的用户尝试进行退避。退避指示与 RA 响应是复用的。

需要注意，当网络预感到会出现一次随机接入时，例如在切换完成并且 eNB 触发了上行链路重对准时，LTE 还提供了一种更快的 2 步无竞争 RA 过程。在这种情况下，eNB 为该 UE 分配一个专用的前导。因为接收该专用前导的 UE 是已知的，所以步骤(3)和(4)就不再需要了。

3.2.8 调度请求

为了允许 UE 从 eNB 处请求上行链路发送资源，LTE 提供了一个调度请求(Scheduling Request，SR)机制。通过 SR 传送一个单一的比特信息，用以指示某用户有新的数据要发送。SR 机制包括以下两种类型：专用 SR(dedicated SR，D－SR)，其中的 SR 在物理上行链路控制信道(Physical Uplink-Control Channel，PUCCH)这一专门的资源上发送；还有一种是基于随机接入的 SR (Random Access-Based SR，RA－SR)，其中的 SR 是通过执行一个随机接入过程来进行指示。D－SR 比 RA－SR 要简单，但它需要假定 UE 的上行链路已经是时间对准的。如果 UE 的上行链路不是时间对准的，那么 RA－SR 必须被用来建立(重建)时间对准。当没有 D－SR 的 PUCCH 资源分配给 UE 时，无论上行链路是否处于时间对准状态，都必须使用 RA－SR。

因为 SR 过程几乎没有传递关于 UE 资源请求更多的细节,所以需要在紧跟着 SR 过程的第一个上行链路发送中附上该 UE 正等待发送的数据数量等更多详细信息的缓存状态报告 BSR。实际上,请求发送一个 BSR 时就会触发该 SR。

3.3 PDCP 子层

PDCP 子层的功能视图如图 3.8 所示。每个运送用户平面数据的 PDCP 实体可以配置为使用报头压缩的形式。每个 PDCP 实体将携带可靠报头压缩(Robust Header Compression,ROHC)协议数据,该协议是 LTE release 8 版本所支持的。一个 PDCP 实体会与某个控制平面或用户平面相关,具体与谁相关取决于数据将会通过哪个无线承载来进行运送。

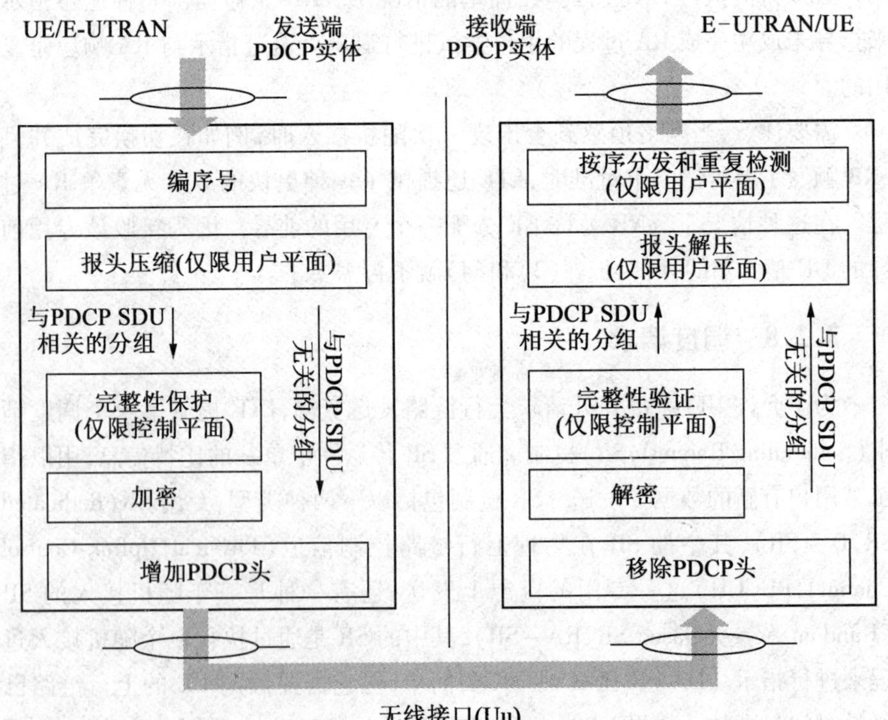

图 3.8 PDCP 子层的功能视图

通常,PDCP 支持以下功能:

①使用 ROHC 协议对 IP 数据流进行报头压缩和解压;

②数据传输(用户平面或控制平面);

③维护 PDCP 序号(Sequence Number,SN);

④在低层重建时进行高层 PDU 的按序分发;

⑤在重新为下层建立映射到 RLC AM 的无线承载时消除重复的低层 SDU;

⑥用户平面数据和控制平面数据的加密和解密;

⑦控制平面数据的完整性保护和完整性验证;

⑧基于定时器的分组丢弃;

⑨丢弃重复分组。

3.3.1 报头压缩和解压

报头压缩协议基于 ROHC 框架。ROHC 框架中定义了多种报头压缩算法(被称为模式)。然而它们的主要功能是在发送实体进行冗余协议控制信息(如 TCP/IP 和 RTP/UDP/IP 报头)的压缩,并在接收实体进行解压。报头的压缩方法针对特定的网络层、传输层或高层协议的组合各有不同,例如,TCP/IP 和 RTP/UDP/IP。

3.3.2 加密和解密

加密功能包括加密、解密以及在 PDCP 中的执行过程。对于控制平面,被加密的数据单元是 PDCP PDU 和 MAC - I 的数据部分。对于用户平面,被加密的数据单元是 PDCP PDU 的数据部分;加密不适用于 PDCP 的控制 PDU。

PDCP 实体所使用的加密算法和密钥由高层来进行配置[4],并且加密方法应当按照文献[5]介绍的那样来进行应用。加密功能是由高层激活的[4]。安全性激活后,加密功能应分别用于高层指示的上行链路和下行链路的所有 PDCP PDU[4]。PDCP 用于加密所需的参数在文献[5]中进行了定义,并且这些参数会被输入到加密算法中。

3.3.3 完整性保护和验证

在 PDCP 中执行的与 SRB 有关的 PDCP 完整性保护功能包括完整性保护

和完整性验证。被完整性保护的数据单元是 PDU 报头和加密前的 PDU 数据部分。PDCP 使用的完整性保护算法和密钥由高层[4]进行配置,并且完整性保护方法应该如文献[5]规定的那样执行。

完整性保护功能由高层激活[4]。安全性激活后,完整性保护功能应被应用于所有 PDU,包括由上层指示的上行链路和下行链路的后续 PDU[4]。* PDCP 用于完整性保护所需的参数在文献[5]中进行了定义,并且这些参数被输入完整性保护算法中。

3.4 RLC 子层

RLC 层的体系结构如图 3.9 所示。一个 RLC 实体接收/传送 RLC SDU 从/到上层和通过下层实体发送/接收 RLC PDU 到/从它对等的 RLC 实体。一个 RLC PDU 可以是 RLC 数据 PDU 也可以是 RLC 控制 PDU。

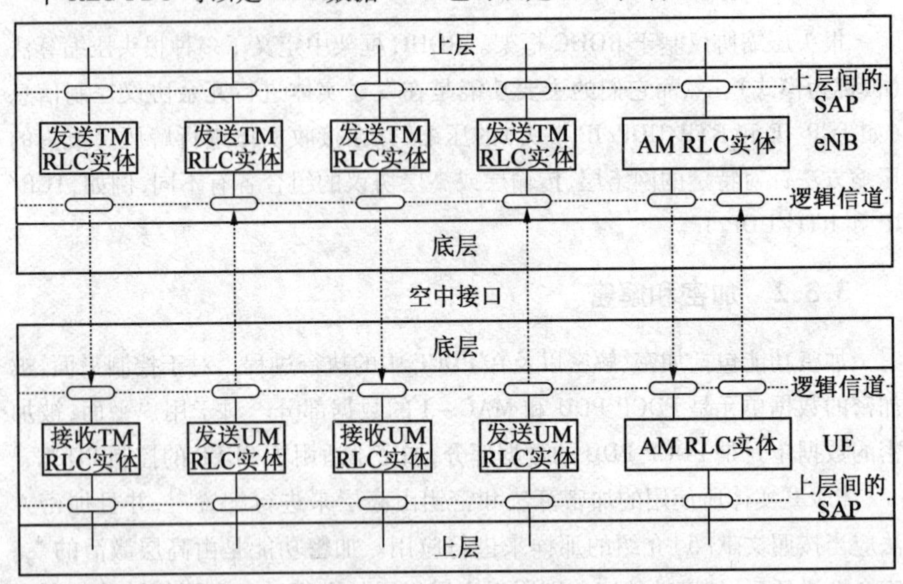

图 3.9 RLC 层的体系结构

---

* 注:因为激活完整性保护功能的 RRC 消息本身是利用包含在该 RRC 消息中的配置信息进行了完整性保护的,所以该消息首先需要由 RRC 进行解码,然后才能被接收到该消息的 PDU 进行完整性验证

一个 RLC 实体可以被配置为以下三种模式之一来进行数据传输：透明模式(Transparent Mode，TM)、非确认模式(Unacknowledged Mode，UM)和确认模式(Acknowledged Mode，AM)。因此，一个 RLC 实体可以依据它被配置成的数据传输模式而被分类为：TM RLC 实体、UM RLC 实体或 AM RLC 实体。

需要注意的是在透明和非确认模式下，RLC 实体被定义为是单向的，而确认模式下 RLC 实体被定义为双向的。对于所有的 RLC 模式，CRC 校验过程是在物理层完成的，而 CRC 校验的结果连同实际数据会被传递到 RLC[6]。

在透明模式下没有协议开销会被添加到高层的数据中。出错的协议数据单元(Protocol Data Unit，PDU)可以被丢弃或被标记为错误。传输过程可以采用数据流类型，在这种情况下高层的数据不用分段(尽管在某些特殊情况下有限的分段/重组传输能力也应该可以被实现)。如果使用了分段/重组，那么必须在无线承载建立过程中进行协商。

在非确认模式下并不使用任何重传协议，因此不能确保数据的可靠传输。依据配置方式，接收到的错误数据可以标记为错误或者被丢弃。在发送端，采用了一个基于定时器从而不用明确信令的丢弃功能；因此没有在规定时间内发送的 RLC SDU 被简单地从发送缓冲器中删除。PDU 的结构中包含了序列号，因此高层 PDU 的完整性是可以观测到的。通过添加到数据前的报头域，可以提供分割和拼接的功能。在非确认模式下一个 RLC 实体被定义为是单向的，因为它并不需要相关联的上行链路和下行链路。

在确认模式下，ARQ 机制用于纠错。此时，如果 RLC 不能正确地传递数据(达到重传的最大数目或超出传输时间)，上层会收到通知，进而将 RLC SDU 丢弃。

下面是 RLC 子层支持的功能：

①上层 PDU 的传输；

②通过 ARQ 进行纠错(仅适用于 AM 数据传输)；

③RLC SDU 的拼接、分割和重组(仅适用于 UM 和 AM 数据传输)；

④RLC 数据 PDU 的重新分割(仅适用于 AM 数据传输)；

⑤RLC 数据 PDU 的重排序(仅适用于 UM 和 AM 数据传输)；

⑥重复检测(仅适用于 UM 和 AM 数据传输)；

⑦RLC SDU 丢弃(仅适用于 UM 和 AM 数据传输)；

⑧RLC 重建；

⑨协议错误检测(仅适用于 AM 数据传输)。

3.5 概要与结论

本章对 LTE 无线链路协议以及一些设计基本原理进行了全面描述。LTE 链路层的一个关键特性是:具有双层 ARQ 功能的 MAC 协议与 RLC 协议之间的紧密合作,以及在 MAC 层调度与 RLC 层分割之间的合作。这种密切的相互作用产生了一个低开销的协议头设计。其他突出的特性包括用户的先进睡眠模式特性(DRX),以及通过 eNB 间一个专用接口实现基站间的快速和无损切换机制。LTE 链路层以及整个 LTE 的设计都面向基于 IP 服务的挑战与需求进行了优化,这些业务涵盖了从低速的实时应用(如 VoIP)到具有高数据率、低延时和高可靠性的高速宽带接入(如 TCP)。

本章参考文献

[1] 3GPP TS 36.322, "Evolved Universal Terrestrial Radio Access (E – UTRA) Radio Link Control (RLC) Protocol Specification," Release 9.

[2] 3GPP TS 36. 321, "Evolved Universal Terrestrial Radio Access (E – UTRA), Medium Access Control (MAC) Protocol Specification," Release 9.

[3] 3GPP TS 36. 331, "Evolved Universal Terrestrial Radio Access (E – UTRA); Radio Resource Control (RRC); Protocol Specification," Release 9.

[4] 3GPP TS 36. 323, "Evolved Universal Terrestrial Radio Access (E – UTRA), Packet Data Convergence Protocol (PDCP) Specification," Release 9.

[5] Heikki K., Ahtiainen A., Laitinen L., Naghian S., Niemi V., UMTS Networks: Architecture, Mobility and Services, Wiley, England, 2005.

[6] Harri H., AnttiToskala T., WCDMA for UMTS: Radio Access for Third Generation Mobile Communications, Wiley, England, 2000.

第 4 章　LTE 物理层

通常，在对不同蜂窝系统进行比较时，空中接口的物理层是最为重要的论据。当对终端和基站之间的单个链路进行观测时，物理层的结构自然就直接决定了可获得的性能。当然其他层的协议，例如切换协议，也会对整个系统性能有比较大的影响。由于物理层在根本上决定了容限，因此物理层自然必须具有低信干比（Signal-to-Interference Ratio，SIR）的需求以满足各种具有不同编码和分集方案的链路性能要求。本章将详细描述 LTE 的物理层，并重点论述 OFDMA[①] 技术。

4.1　LTE 物理层基本概念

LTE 的物理层是基于正交频分复用（OFDM）技术。OFDM 是符合高速数据、视频和多媒体通信的传输方案，并在许多商业宽带系统中广泛使用，例如除 LTE 外的 DSL、WiFi、手持数字视频广播（Digital Video Broadcast - Handheld，DVB - H）和 MediaFLO。OFDM 是一种在非视距或多径无线环境下进行高速数据传输的有效解决方案。本节将涵盖 OFDM 的基本知识，并对 LTE 物理层进行概述。

4.1.1　单载波调制和信道均衡

LTE 主要采用 OFDM 用于下行链路的数据发送，以及 SC - FDMA 用于上行链路的数据发送。OFDM 是一种广为人知的调制技术，但之前在蜂窝网中却应用很少。这就是为什么在本节中，我们将首先介绍单载波系统如何进行均衡，以及它们如何处理多径引起的信道失真。这为与 OFDM 系统进行对比提供了一个参考。

---

① 译者注：原文的 OFDAM 为笔误，应为 OFDMA

单载波调制系统是一种传统的数字传输方案,在这种系统中数据符号经幅度与(或)相位脉冲调制后,再调制到一个正弦载波上,最后以一个固定数据率的串行数据流的形式进行传输。线性频域均衡器(Frequency Domain Equalizer,FDE)在接收机进行频域滤波,从而将时域的符号间干扰最小化。它的功能与时域均衡器相同[1]。

图 4.1 展示了采用频域均衡和插入循环前缀(Cyclic Prefix Insertion,CPI)的单载波系统(single-carrier system with Frequency Domain Equalization,SC - FDE)的框图。在该频域系统中,数据以块的形式进行组织,其中每个数据块的长度 M 一般至少为预期的最大信道脉冲响应长度的 8 ~ 10 倍。在 SC 系统中,IFFT (Inverse FFT)操作位于接收机均衡器的输出端。每个发送数据块最后一部分的一个拷贝作为循环前缀被附加在每个块的前面。循环前缀的长度是预期的信道脉冲响应的最大长度。在单载波接收机中,接收到的循环前缀被丢弃,然后对每 M 个符号的块进行 FFT 处理。

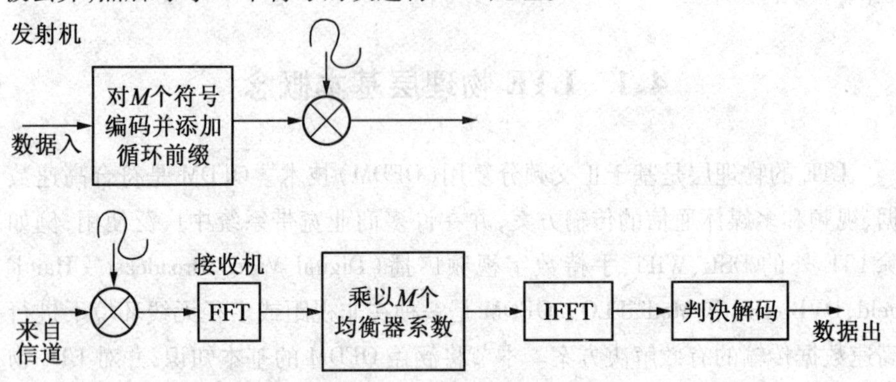

图 4.1 采用频域均衡和插入循环前缀的 SC - FDE

在每个块开始位置发送的循环前缀有两个主要功能:①它可以防止来自前一个数据块的符号间干扰(Intersymbol Interference,ISI)对该数据块的污染;②它使接收到的块看似以周期 M 周期性地出现(图 4.2),从而提供循环卷积的形式使 FFT 操作能够正常执行。对于 SC - FDE 系统,循环前缀和随之而来的开销要求可以在接收端通过使用重叠保留处理的方式进行消除,而这只会略微地增加系统的复杂性[2]。

当信息通过无线信道传输时,信号可能会由于多径效应而失真。通常在发射机与接收机之间有一条可视路径。此外,由于信号通过建筑物、车辆和其他障碍物的反射还会产生许多其他的路径，如图 4.3 所示。信号通过这些路径都能到达接收机，但根据距离差的不同，这些路径在时间上会有不同的偏移。

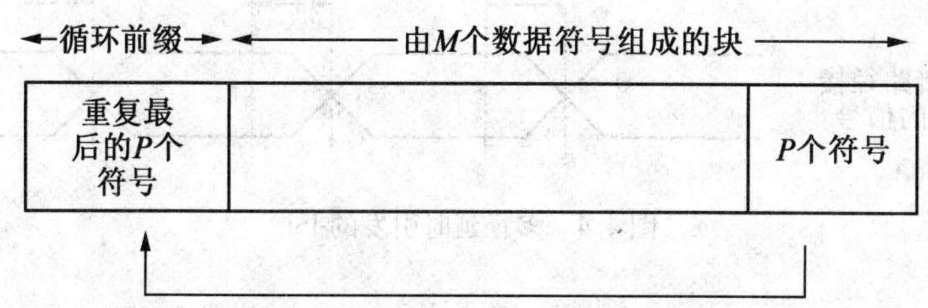

图 4.2　频域均衡的数据块处理过程

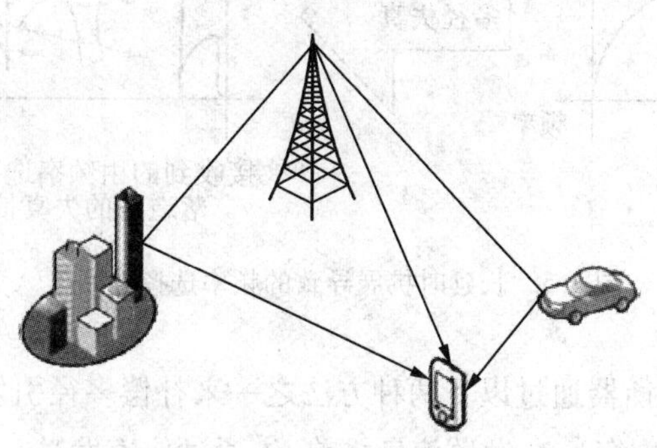

图 4.3　由反射引起的多径

延时扩展这一术语用来描述发射机发射的信号沿不同路径到达接收机的延时。在蜂窝系统中，延时扩展可能是几毫秒。由多径引起的延时会导致在延时路径上接收到的一个符号会干扰从一个更直接路径接收到的下一个符号。图 4.4 和图 4.5 示例了这种影响，而这种影响就是所谓的符号间干扰。在一个传统的单载波系统中，符号周期会随着数据速率增加而减小。当数据率非常高时（对应较短的符号周期），ISI 很有可能超过一个完整的符号周期，进而影响第二或第三个后续符号。

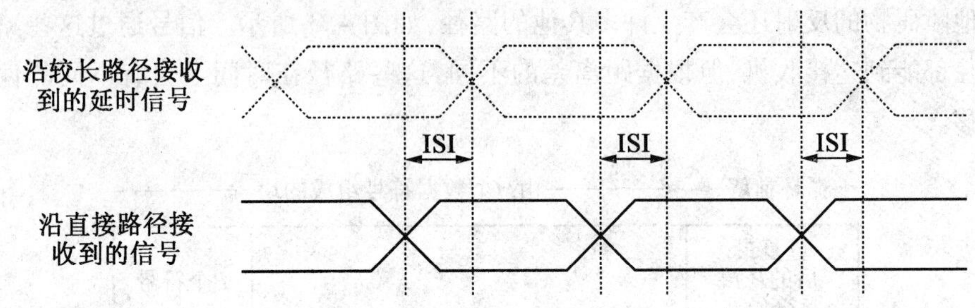

图 4.4 多径延时引发的 ISI

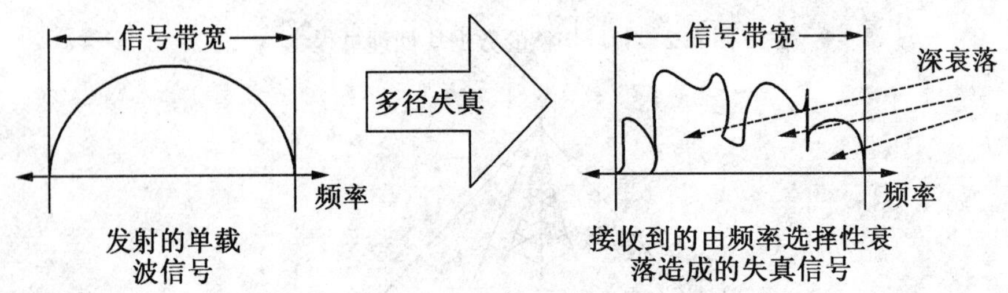

图 4.5 长延时扩展导致的频率选择性衰落

通常,时域均衡器通过以下两种方法之一来补偿多径引发的失真:

(1)逆信道(均衡):在发送信息之前,先通过信道发送一个已知序列。因为原始信号在接收机是已知的,一个信道均衡器能够确定信道响应,然后将后续承载数据的信号与该信道响应的逆相乘,从而消除多径的影响。

(2)CDMA 系统可以采用 RAKE 均衡器来处理各个路径的信号,然后将接收到信号的数字化副本进行时间偏移合并,从而提高接收机信噪比(Signal - to - Noise Ratio, SNR)。当数据率提升时,这两种方法均会增加信道均衡器实现的复杂度。符号周期变得更短,并且接收机采样时钟必须相应地变得更快。ISI 也会变得更加严重,甚至有可能会影响到后续的数个符号周期。

有限冲激响应横向滤波器(图 4.6)是一种常见的均衡器结构。随着接收机采样时钟周期(τ)的减小,需要更多样本来补偿给定数量的延时扩展。随着这个自适应算法的速度和复杂性的增加,抽头数量也会随之增加。对于 LTE 数据传输速率(高达 100 Mbps)和延时扩展(接近 17 μs),采用这种方法进行信道均衡变得不切实际。正如将在下面讨论的,OFDM 能在时域消除 ISI,从而极大地简化了信道补偿的任务。

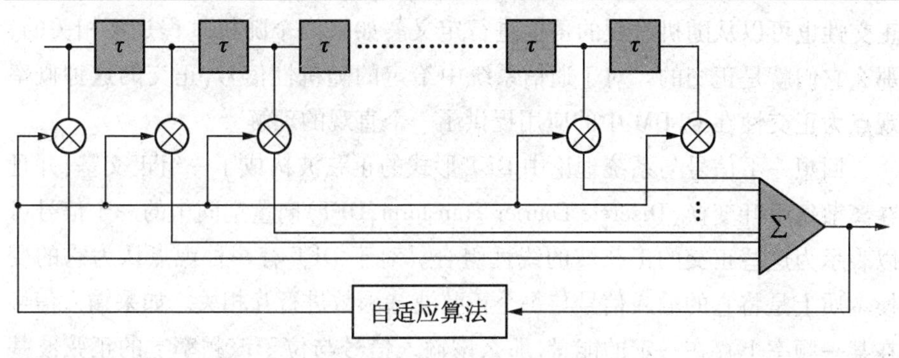

图 4.6 横向滤波器

4.1.2 频分复用

通过在相同的信道下使用多个子载波,频分复用(Frequency Division Multiplexing,FDM)扩展了单载波调制的概念。在信道上传输的总的数据率被分解到了各个子载波上。这些数据不必被均匀地划分,并且也不需要来自同一个信息源。它的优点包括可以对特定类型的数据使用独立的调制/解调,或者使用多种(可能是不同的)调制方案将不相似的数据块最佳地发送出去。

FDM 在抵御窄带频率干扰方面要优于单载波调制,这是因为这种干扰只会影响某个子频带,而其他的子载波不会受到干扰的影响。由于每个子载波具有较低的信息速率,因此相应的数字系统中的符号周期会比较长,同时它还进一步提供了对脉冲噪声和反射的免疫能力。

FDM 系统通常需要在子载波之间留有保护频带以防止子载波的频谱相互干扰。与采用相似调制方式的单载波系统相比,这些保护频带降低了系统的有效信息速率。

4.1.3 OFDM

如果上面所述的 FDM 系统能够使用一组相互正交的子载波,那么就可以实现较高的频谱效率。FDM 系统中用来保证子载波独立解调的保护频带将不再是必要的。使用正交子载波可以允许子载波频谱互相重叠,从而提高了频谱效率。即使频谱是相互重叠的,只要能够保证子载波间的正交性,那么仍旧可以恢复出各个子载波信号。

如果两个确定信号的内积等于零,这两个信号就被称为是彼此正交的。

正交性也可以从随机过程的角度进行定义。如果两个随机过程是不相关的，那么它们就是正交的。对于通信系统中给定的随机性信号，正交的这种概率观点为正交性在 OFDM 中的应用提供了一个直观的理解[3]。

回想一下信号与系统理论中 DFT 形式的正弦波构成了一组正交基，并且在离散傅里叶变换(Discrete Fourier Transform，DFT)向量空间中的一个信号可以表示为这些正交的正弦波的线性组合。对于 DFT 有一种观点认为它的变换本质上是将它的输入信号与每个正弦波基函数进行互相关。如果输入信号在某一频率上存在一定的能量，那么该输入信号与位于该频率上的正弦波基函数的互相关就会出现一个峰值。OFDM 发射机就利用了这一变换将一个输入信号映射为一组正交的载波，即 DFT 的正交基函数。类似地，OFDM 接收机再次利用该变换来处理接收到的子载波，然后将从子载波上获得的信号进行合并以形成对发射机发送的原始信号的估计。子载波的正交性和不相关性导致了 OFDM 拥有强大的能力。因为 DFT 的基函数是不相关的，在 DFT 中对于一个给定的子载波进行互相关操作时将只能看到其对应子载波上的能量。其他子载波由于与该子载波是不相关的，因此来自其他子载波的能量在这一过程中将不会产生任何影响。信号能量的这种分离性是 OFDM 子载波频谱可以重叠而不会造成干扰的原因。

为了理解 OFDM 是如何处理由多径引起的 ISI 的，可以考虑如图 4.7 所示的一个 OFDM 符号的时域表达。一个 OFDM 符号由两个主要部分组成：CP 和一个 FFT 周期(T_{FFT})。CP 的持续时间由目标应用的最高预期延时扩展决定。当发射信号通过两个不同长度的路径到达接收器时，它们在时间上会有交错，如图 4.7 所示。

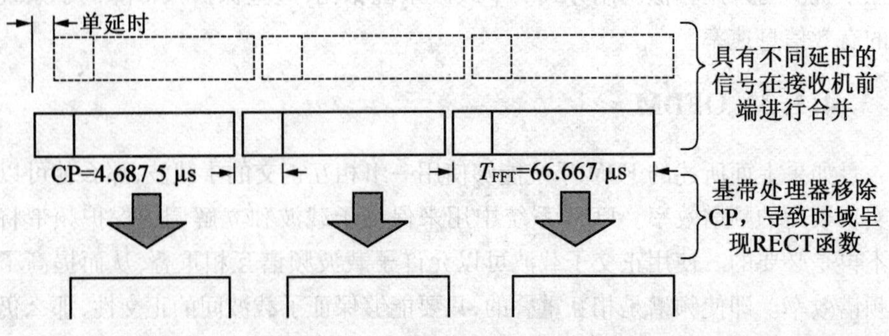

图 4.7　横向滤波信道均衡器

在 CP 时间段内，很有可能会有来自于前面符号的失真。但是，只要 CP 的周期足够长，前面的符号就不会进入到 CP 后面的 FFT 周期；能造成的影响只有当前符号副本所造成的时间交错。既然信道的脉冲响应是已知的（通过周期性地发送已知的参考信号），通过逐载波地进行幅度和相位偏移就可以纠正失真。需要注意，接收机接收到的所有相关信息都被包含在 FFT 周期内。一旦该信号被接收和数字化，接收器只需扔掉 CP 即可。因此得到的结果就是一个矩形脉冲，即每一个载波在 FFT 周期内具有恒定的幅度。

抽取 CP 而得到的矩形脉冲是使得频率上子载波紧紧相邻而不会产生 ICI 的重要原因。读者可能还记得，时域中一个均匀的矩形脉冲（RECT 函数）在频域中是一个 sinc 函数（$\sin(x)/x$），如图 4.8 所示。在 LTE 中 FFT 的周期为 67.77 μs。注意到这正是载波间隔的倒数（$1/\Delta f$）。这也就会导致在频域以15 kHz为间隔并以 sinc 函数的方式均匀地出现过零点，这些过零点恰好位于相邻子载波的中心位置。因此，可以做到在每个载波的中心频率进行采样从而不会受到相邻载波的干扰（zero - ICI）[4]。

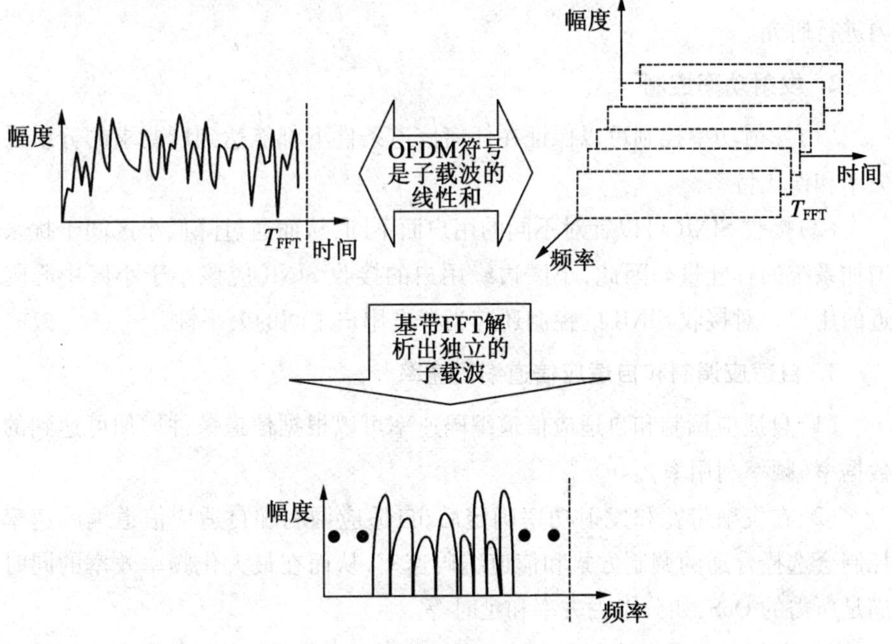

图 4.8 OFDM 符号的 FFT 揭示了不同的子载波

4.1.4 链路自适应

上行链路自适应技术用于保证每个UE所要求的最小传输性能,如用户数据速率、丢包率和延时等,同时最大限度地提高系统的吞吐量。为了实现这一目的,上行链路自适应技术应该有效地利用自适应传输带宽与信道调度、发送功率控制、自适应调制和自适应信道编码速率的组合。根据信道条件、UE能力(例如最大发射功率和最大发射带宽)和所需的QoS(例如数据率、延时和丢包率),有三种类型的链路自适应技术可以被使用。特别地,这三种作为链路自适应技术方案间的切换由信道条件的变化来控制。三种链路自适应技术的基本特征如下:

1. 自适应发射带宽

除了UE能力和所需的数据率外,每个UE的发射带宽至少要基于平均信道条件来决定,例如路径损耗和阴影变化。此外,与频域信道调度相关的基于快速频率选择性衰落的自适应发射带宽技术应该在其研究阶段(Study Item)内进行研究。

2. 发射功率控制

(1)发射功率控制可以保证在任何信道条件下都能达到所要求的分组丢失率和误比特率。

(2)接收SINR可以针对不同的用户而不同,从而通过降低小区间干扰来增加系统的吞吐量。因此,小区边缘用户的接收SINR应该小于小区中心附近的用户。对接收SINR的控制还应当考虑用户之间的公平性。

3. 自适应调制和自适应信道编码速率

(1)自适应调制和自适应信道编码速率可以根据信道条件增加可达到的数据率(频率利用率)。

(2)在发射带宽和发射功率确定后,自适应调制和自适应信道编码速率控制会选择合适的调制方式和信道编码速率,从而在最大化频率效率的同时满足所需的QoS,如分组丢失率和延时等。

(3)相同的编码和调制方式被应用于指派给相同L2 PDU的所有资源单元上,其中的L2 PDU是被映射在一个TTI内调度给某个用户的共享数据信道上。这同时适用于集中式和分布式发射。全面的编码和调制如图4.9所示。

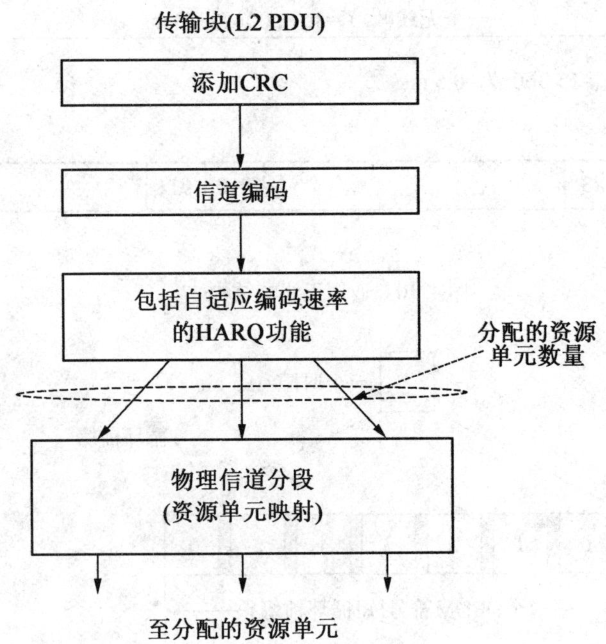

图 4.9 资源单元通用自适应调制和资源单元通用信道编码速率

4.1.5 通用无线帧结构

LTE 的帧结构如图 4.10 所示,其中一个 10 ms 的无线帧由 10 个 1 ms 的子帧组成。对于 FDD,上行链路和下行链路的发射是在频域隔开的。对于 TDD,一个子帧要么用于下行链路发射,要么用于上行链路发射。需要注意,对于 TDD,子帧 0 和子帧 5 总是用于下行链路发射。

在每个时隙上发射的信号可以由子载波和可用 OFDM 符号的资源网格来描述。在资源网格中的每个单元格被称为资源单元,而每个资源单元对应于一个复值的调制符号。每个时隙[①]在时域上有 7 个 OFDM 符号(常规循环前缀)或 6 个 OFDM 符号(扩展循环前缀),如图 4.11 所示。

① 译者注:原书此处的"子帧"为笔误,应该为"时隙"

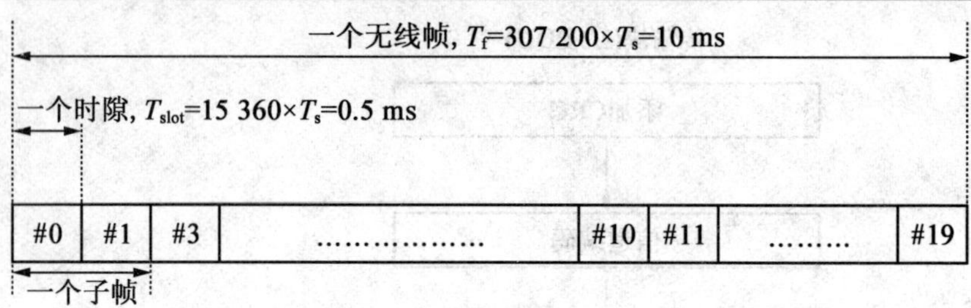

图 4.10 通用无线帧结构

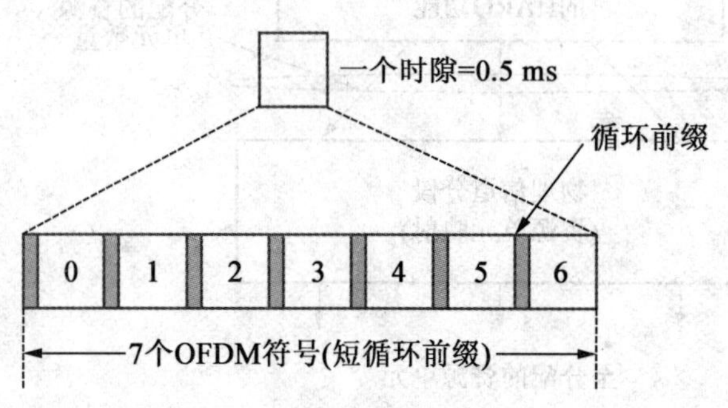

图 4.11 时隙结构

可用的子载波总数取决于整个系统的发射带宽。在 LTE 规范中定义的系统带宽为 1.25 ~ 20 MHz,见表 4.1。一个物理资源块(Physical Resource Block,PRB)被定义为由一个时隙周期内(0.5 ms)连续的 12 个子载波组成(180 kHz)。一个 PRB 是可由基站调度器分配的最小资源单位。

表 4.1 下行链路 OFDM 调制参数

参数	1.4	3	5	10	15	20
子帧持续时间/ms	1.0					
子载波间隔/kHz	15					
采样频率/MHz	1.92	3.84	7.68	15.36	23.04	30.72
FFT 尺寸	128	256	512	1 024	1 536	2 048
所占有的子载波数	72	180	300	600	900	1 200
标准 CP 长度/μs	4.69 ×6,5.21 ×1					
扩展 CP 长度/μs	6.16					

发射的下行链路信号由 N_{symb} 个 OFDM 符号持续时间内的 N_{BW} 个子载波组成，它可以由一个如图 4.12 所示的资源网格来描述。网格中的每个方格代表一个符号周期内的单个子载波，也就是上面所说的资源单元。

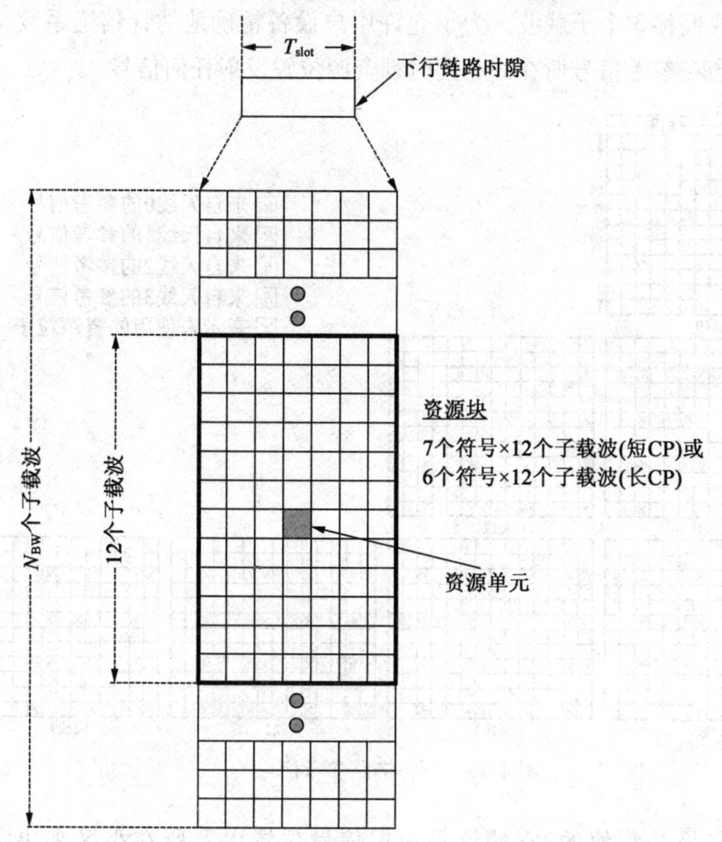

图 4.12　下行链路物理块资源(网格)

4.1.6　下行链路参考信号

为了使用户设备可以进行相干解调，参考符号(或导频符号)被插入到 OFDM 时频网格中，以便用户进行信道估计。下行链路参考信号被插入到在频域间隔 6 个子载波的每个时隙的第 1 至倒数第 3 个 OFDM 符号(这分别对应于标准 CP 模式和扩展 CP 模式的第 5 和第 4 个 OFDM 符号)间。对于采用单天线和标准 CP 模式的 LTE 系统，其下行链路参考信号如图 4.13 所示。此外,第 1 和第 2 参考信号在频域上交错 3 个子载波。因此,在每个资源块内有四个参考信号。用户设备将会内插更多的参考信号来估计信道。在有 2 个发射天线的情况下,每一个天线都插入参考信号,并且第 2 个天线上的参考信号在频域上要偏移 3 个子载波。为了允许用户设备精确地估计信道系数,其他天线将不会在参考信号所在的相同时频资源位置发射任何信号。

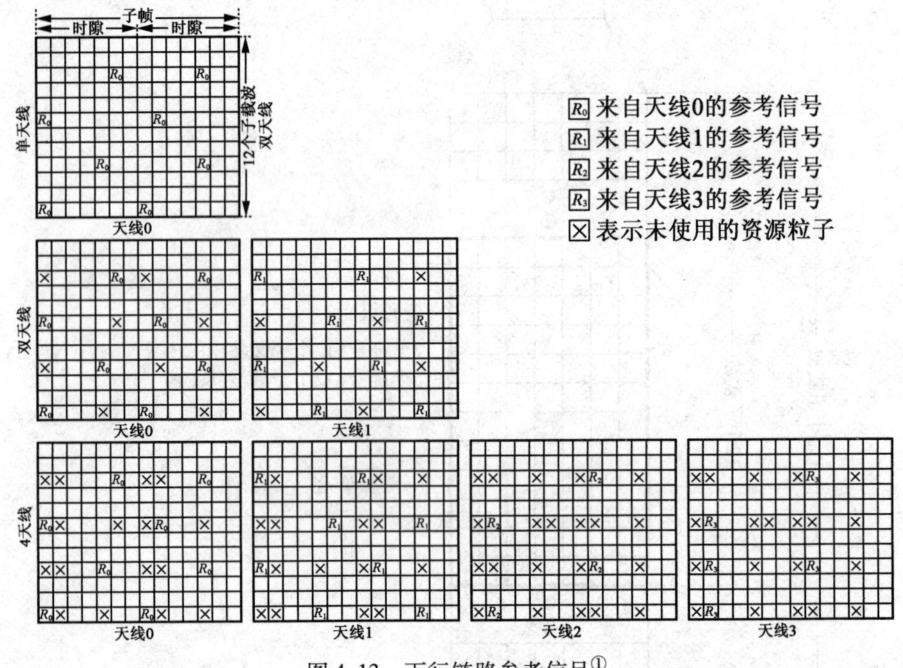

图 4.13 下行链路参考信号[①]

参考信号是复值的,它的值是根据信号位置以及所在小区来决定的。LTE 规范将此规定为一个二维参考信号序列,这个序列可以用来表明 LTE 的小区识别码。共有 510 种参考信号序列对应于 510 个不同的小区识别码。参考信号是由一个二维的伪随机序列和一个二维的正交序列的乘积得到的。共有 170 种不同的伪随机序列(对应于 170 个小区识别码组)和 3 个正交序列(每一个对应于小区识别码组中一个特定的小区识别码)。

---

① 译者注:该图右上角的文字标注存在以下错误:
a. R_2 应为天线 2 的参考信号,而不是天线 0 的参考信号;
b. R_3 应为天线 3 的参考信号,而不是天线 1 的参考信号

参考信号是由一个正交序列和一个伪随机数值(Pseudo-Random Numerical,PRN)序列的乘积产生的。总体来说,有 510 种互不相同的参考信号。每个特定的参考信号被分配给网络中的每个小区,并作为特定小区的识别码。

如图 4.13 所示,参考信号在等间隔的子载波的每个时隙的第 1 至倒数第 3 个 OFDM 符号间发送。UE 必须从每个发送天线上得到准确的 CIR。因此,当参考信号从一个天线端口发送时,小区中其他的天线端口都应处于闲置状态。参考信号在每隔 6 个载波发送。对没有承载参考信号的子载波的 CIR 估计通过内插计算来完成。当前,也正在考虑通过伪随机跳频来更改承载参考信号的载波。

4.1.7 上行链路参考信号

在 LTE 的上行链路有两种类型的参考信号。第一种是用来使 eNodeB 进行相干信号解调的解调参考信号(Demodulation Reference Signal,DMRS)。这些信号与上行链路数据在时间上复用,并且在使用与数据相同带宽的情况下,分别在标准或扩展 CP 的一个上行时隙的第 4 或第 3 个 SC - FDMA 符号上发射。

当分配给 DMRS 的带宽超过了一个 UE 的带宽时,DMRS 就不能实现与信道有关的(即频率选择)上行链路调度,此时为了实现这一目的就要采用第二种参考信号,即探测参考信号(Sounding Reference Signal,SRS)。SRS 被作为一个宽带参考信号引入,它通常在一个 1 ms 子帧的最后一个 SC - FDMA 符号中被发射,如图 4.14 所示。用户数据不允许在此块中传输,这导致在上行链路中会有 7% 左右的容量损失。SRS 是一个可选特性,并且在控制开销方面是高度可配置的——它可以在一个小区中被关闭。具有不同发射带宽的用户在频域中共享此探测信道。

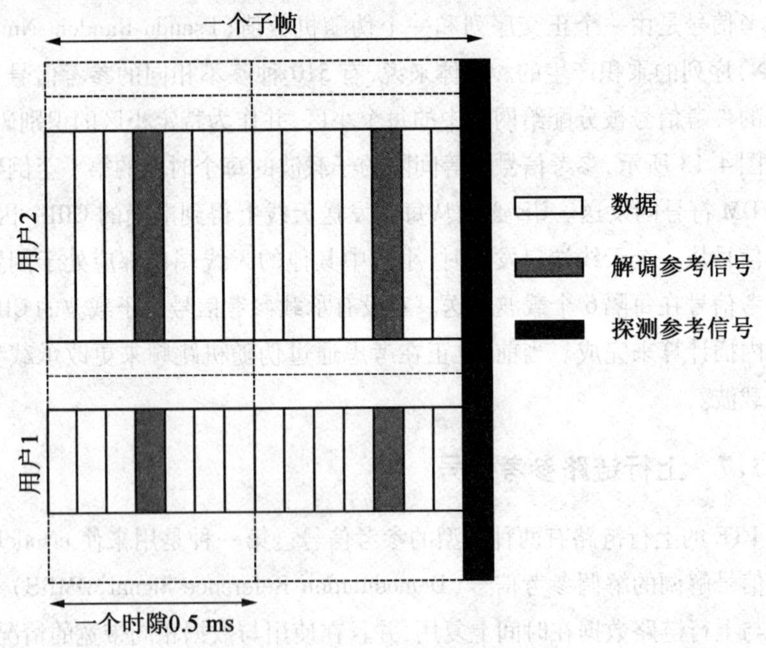

图 4.14 上行链路参考信号

4.1.8 下行链路控制信道

在每个下行链路子帧内，下行链路控制信令位于前 n 个 OFDM 符号($n \leqslant 3$)中。在一个 OFDM 符号中不存在控制信令和共享数据的混合。下行链路控制信令由格式指示、调度控制信息(下行链路分配和上行链路调度许可)和与上行链路数据发送相关的下行链路 ACK/NACK 组成，其中格式指示用以指示该子帧中用于控制功能的 OFDM 符号数量。

在调度许可中的信息域可以按照如下方式分为不同的类型：包含资源指示相关信息(如分配的资源块和分配持续时间)的控制域；包含传输格式信息(如多天线信息、调制方式和有效载荷大小)的控制域；包含 H－ARQ 支持信息(如进程号、冗余版本和新数据指示器)的控制域。对于 DL/UL 分配，每个用户使用每个子帧中的多个控制信道来作为自己的控制信道。每个控制信道为一个 MAC ID 承载下行链路或上行链路调度信息，其中的 ID 默认采用了 CRC 编码。

为了获得良好的控制信道性能，需要使用不同的编码方案。因此，每个调度许可都被定义为基于固定大小的控制信道单元(Control Channel Elements, CCE),而这些 CCE 通过预定义的方式进行组合从而实现不同的编码速率。这时,只有 QPSK 调制方式被采用,从而使得只需定义少量的编码格式。因为多个控制信道单元可以被组合在一起,所以可以明显减少有效编码速率。随后,一个用户的控制信道分配将会根据信道质量信息报告来完成。然后,该用户将监视一组可以利用高层信令进行配置的候选控制信道。为了尽量减少盲解码尝试,1、2、4 和 8 个 CCE 可以被合并,它们将会分别产生约 2/3、1/3、1/6 和 1/12 的编码速率。

下行链路确认信息由与上行链路数据发送相关的 1 bit 的控制信息组成,用于确认信道的资源被以半静态的方式进行配置,并独立于许可信道。因为只发送一个信息比特,所以已经有人提出在确认信息中采用 CDM 复用。CDM 允许在不同用户的确认信息之间进行功率控制,并提供良好的干扰平均。然而,对于宽带发射的频率选择性信道,正交性不能被保持。因此,实际采用的是一个 CDM/FDM 混合方案(即局部的 CDM 与不同频率范围内的重复)。

4.1.9 上行链路控制信道

在 E-UTRA 中,上行链路控制信令包括 ACK/NACK、CQI、调度请求指示和 MIMO 码字的反馈。当用户有并发的上行链路数据和控制信息发射时,控制信令会在 DFT 之前与数据进行复用,从而保持上行链路发射的单载波特性。在没有上行链路数据发射时,控制信令是在一个频带边缘的保留区域上进行发射的,如图 4.15 所示。需要指出,如果需要附加的控制区域,那么可以如文献[5]所示进行定义。

在保证上行链路波形的单载波特性的前提下,通过为控制信道分配载波边带资源块并占据少量的带宽,可以减少由分配到内部资源块上的数据发射所引起的带外辐射,并可以最大化频率分集从而使频分控制信道分配受益。这种将控制信道分配到外部载波边带上的 FDM 方式可以增加最大信号功率等级。此外,既然将连续子载波的控制区域插入到一个载波频带的中部需要为不同的 UE 在控制区域的某一侧分配时频资源,那么这种 FDM 分配方式也可以最大化分配的上行链路数据率。

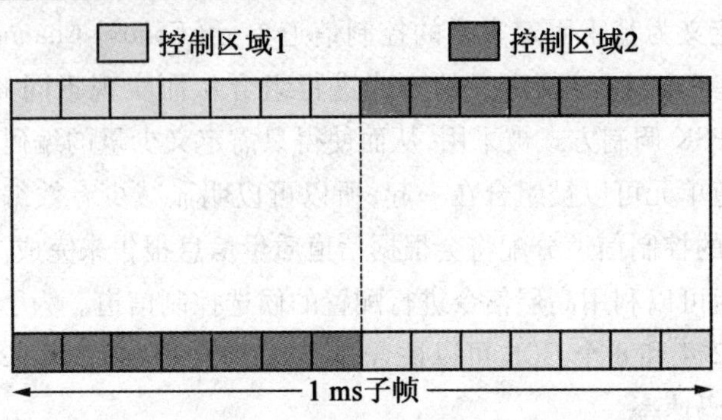

图 4.15 上行链路控制信号

4.2 MIMO 与 LTE

LTE Release 8(Rel - 8)支持在下行链路发射时使用 1 个、2 个或 4 个小区特定天线端口,并且这三种方式分别对应于 1 个、2 个或 4 个小区特定参考信号,而这其中的每个参考信号又对应于一个天线端口。另外,还有一个与 UE 特定参考信号相关的额外的可用天线端口。这个天线端口可用于传统的波束成型,特别是在 TDD 系统中。一个包括 UE 部分的多天线处理过程如图 4.16 所示。对于在一个特定子帧内的 $n^t h$ 个传输块的所有比特级处理(即包括并直至加扰模块)记作码字 n。最多两个传输块可以被同时发射,而对于等级 4 的情况下最多 $Q = 4$ 层可以被发射,所以有必要将码字(传输块)映射到相应层上。因为与 HARQ 相关的信令开销非常巨大,所以需要使用比层数更少的传输块以节省信令开销。这些层形成了一个 $Q \times 1$ 的符号向量序列:

$$\boldsymbol{S}_n = [S_{n,1} S_{n,2} \cdots S_{n,Q}]^{\mathrm{T}} \tag{4.1}$$

该序列被输入到一个预编码器中,而该预编码器通常被建模成线性色散编码器的形式。从一个标准的观点来看,只有当 PDSCH(Physical Downlink Shared CHannel)被配置为使用小区特定参考信号的方式,预编码器才会存在。此时,由于参考信号是在预编码之后才被加入的,因此这些参考信号没有经历任何预编码过程。如果 PDSCH 被配置为使用用户特定的参考信号,那么参考信号就要经历与数据资源粒子相同的预编码操作。由于预编码的操作是对标准透明的,因此这纯粹是一个 eNB 的实现问题。

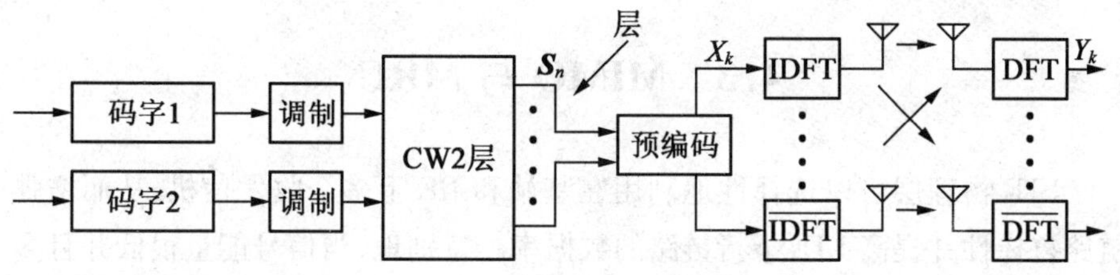

图4.16 LTE多天线处理概览

预编码是基于块的操作并为每一个符号向量 S_n 输出一个预编码后的 $N_{T\times1}$ 向量块，即

$$X_n=[x_{nL}x_{nL+1}\cdots x_{nL+L-1}] \tag{4.2}$$

如果PDSCH被配置为使用小区特定参考信号，那么参数 N_T 对应于天线端口数量。如果配置了一个使用UE特定参考信号的发射模式，那么与上面所述类似，N_T 是标准透明的，并完全由eNB的实现方式决定。但一般它都对应于宽带实现中假设的发射天线数量。

向量 x_k 遍布在属于分配给PDSCH的资源块的资源粒子网格中。令 k 表示资源粒子索引。在UE侧经过DFT操作后对应接收到的 $N_R\times1$ 向量 y_k 可以被建模为

$$y_k=H_kx_k+e_k \tag{4.3}$$

其中 H_k 为用于表示MIMO信道的一个 $N_R\times N_T$ 矩阵，而 e_k 是代表噪声和干扰的一个 $N_R\times1$ 向量。对于属于预编码输出的某个块 X_n，并合理地假设信道对于该块是恒定的（块尺寸 L 很小，并且所使用的资源粒子是在资源粒子网格中局部优化的），那么可以得到如下的基于块的接收数据模型：

$$\begin{aligned}Y_n&=[y_{nL}y_{nL+1}\cdots y_{nL+L-1}]\\&=H_{nL}[x_{nL}x_{nL+1}\cdots x_{nL+L-1}]+[e_{nL}e_{nL+1}\cdots e_{nL+L-1}]\\&=H_{nL}X_n+E_n\end{aligned} \tag{4.4}$$

其中所引入的新符号是比较明显的。发射等级是依据每个资源粒子复值符号的平均数量而事先定义的。由于在 L 个资源粒子上发射了 Q 个符号，因此可知发射等级 r 为 $r=\dfrac{Q}{L}$。

4.3 MIMO与MRC

LTE物理层可以选择性地利用在基站和UE上多个收发信机,从而增强链路鲁棒性并提高LTE下行链路的数据率。特别地,当信号能量很低并且多径条件极具挑战时,最大比合并(Maximal Ratio Combining,MRC)被用来提高在富有挑战性的传播条件下的链路可靠性。MIMO是一个用来提高系统数据率的相关技术。

图4.17(a)示例了一个具有天线分集的传统单信道接收机。该接收机结构使用了多个天线,但它不能支持MRC/MIMO。具备MRC和MIMO的基本接收机拓扑结构如图4.17(b)所示。MRC与MIMO有时被称为“多天线”技术,但是这种说法并不是很准确。需要注意的是图中所示的接收机之间的显著差别不是多个天线,而是多个收发信机。

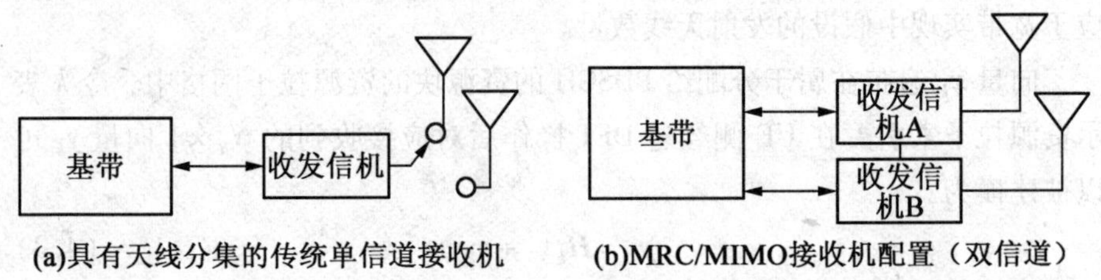

图4.17 MRC/MIMO操作需要多个收发信机

通过采用MRC,一个信号通过两个(或更多)分离的天线/收发信机对。需要指出,天线是物理上分离的,因此它们具有不同的信道脉冲响应。在进行线性合并从而产生一个单一的复合接收信号前,基带处理器需要对每个接收信号进行信道补偿。

当以这种方式进行合并时,所接收的信号在基带处理器内部进行相干叠加,但来自于每个收发信机的热噪声是不相关的。因此,在基带处理器对信道补偿后信号进行线性合并时,就会在噪声受限的环境下对于一个双信道MRC接收机增加平均3 dB的SNR。

除了由于合并所产生的SNR提升外,MRC接收机在频率选择性衰落条件下同样十分可靠。上面提到过,由于接收天线在物理上是分离的,因此每个接收机信道都具有不同的信道脉冲响应。当频率选择性衰落存在时,一个给定的子载波在两个接收机信道上都经历深衰落在概率上是不太可能发生的。因此，在复合信号中深频率选择性衰落出现的可能性会显著降低。

MRC 增强了链路的可靠性，但它并不能增加所谓的系统数据率。在 MRC 模式中，数据是由一个单天线发射的，并在接收端被两个或多个接收机接收并处理。因此，MRC 是一种接收分集的形式而不是更传统的天线分集。在另一方面，通过在发射端和接收端同时使用多个天线，MIMO 确实增加了系统的数据传输速率。

为了成功接收一次 MIMO 发射，接收机必须知道来自各个发射天线的信道脉冲响应。在 LTE 中，信道脉冲响应是通过从每个发射天线顺序地发射已知参考信号的方式来获知的，如图 4.18 所示[①]。

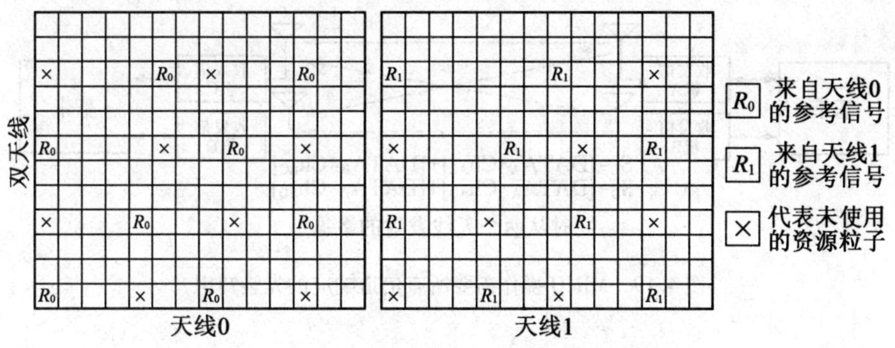

图 4.18　为 MIMO 计算信道响应而顺序发送的参考信号

在图 4.19 中示例的 2×2 MIMO 系统共有 4 个信道脉冲响应（C1、C2、C3 和 C4）。需要指出，当一个发射天线正在发送参考信号时，其他天线处于闲置状态。一旦信道脉冲响应已知，数据就可以同时通过两个天线发射。这两个数据流在两个接收天线处的线性合并可以组成有两个未知数和两个方程的方程组，它们的解即为两个原始的数据流。

① 译者注：该图最右侧从上向下数的第 2 个 R_0 为笔误，应该为 R_1

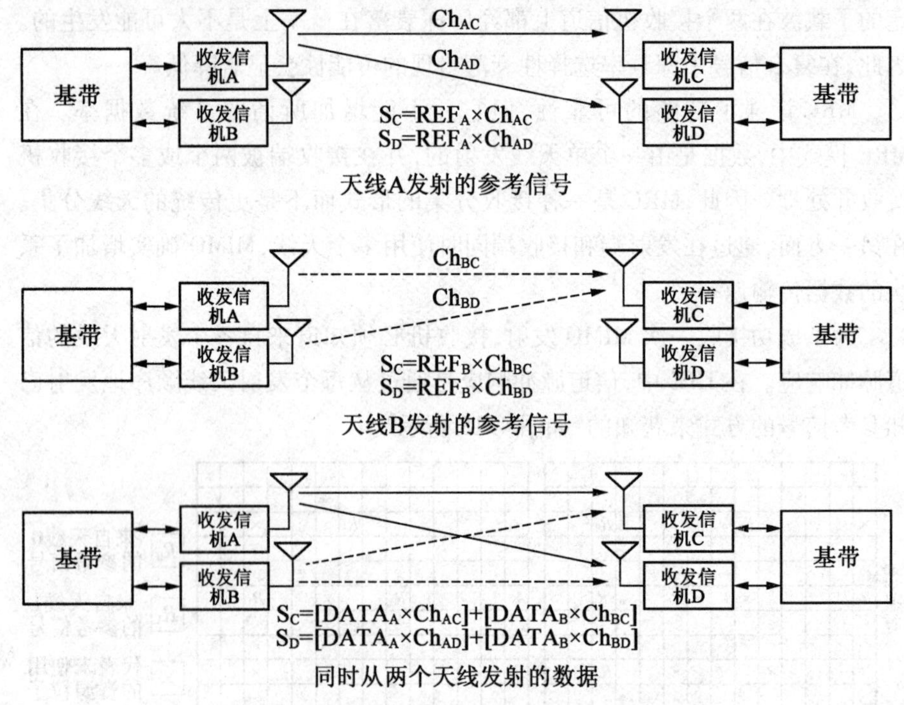

图 4.19　MIMO 操作需要所有信道响应的先验知识

4.4　概要与结论

本章讨论了 LTE 的先进射频特性,包括以下内容:

①LTE 在下行链路发射中使用了正交频分多址(OFDMA)和多输入多输出(MIMO)技术,有效消除了小区内的多用户干扰,并最大限度地减少了小区间的多用户干扰,从而最大限度地提高了系统性能。类似地,上行链路发射所采用的单载波频分多址(SC－FDMA)技术允许用户设备发射低功率的信号,而不需要昂贵的功率放大器。

②在 UE 上电池功耗的改进是覆盖范围和由 LTE 提供的多径/功率性能优势的副产品。

③提供执行二维资源调度的能力(在时间和频率上),允许在一个时隙上对多个用户的支持。

④使用基于信道条件的自适应调制编码(AMC)方案保护数据抵抗信道

误码。

⑤通过为 UE 强制配置两个接收天线和一个发射天线来支持 UE 的多天线功能。

本章参考文献

[1] 3GPP TS 25.814: Physical Layer Aspects for Evolved Universal Terrestrial Radio Access (UTRA).

[2] 3GPP TS 36.302: Evolved Universal Terrestrial Radio Access (E – UTRA); Services Provided by the Physical Layer.

[3] Zyren J., Overview of the 3GPP Long Term Evolution Physical Layer, Freescale Semiconductor, Inc., 2007.

[4] Freescale Semiconductor, Inc., Long Term Evolution Protocol Overview, White Paper, 2008.

[5] Motorola, Long Term Evolution (LTE): Overview of LTE Air – Interface Technical White Paper, 2007.

第二篇　LTE 关键特性

第5章 QoS

QoS(Quality of Service)是用来描述一个用户或者应用通过网络能够接收到的全部体验的一个宽泛的术语。QoS 涉及一系列广泛的技术、体系结构和协议。由于业务流横穿整个网络,所以网络运营商通过确保网络元件对业务流采用一致的处理方式来获得端到端的 QoS。

LTE 承诺在同一平台上支持高吞吐量、低延时、即插即用、FDD 和 TDD。这将为用户提供更好和更丰富的体验,并且它也可以提供诸如 VoIP、高清视频流、移动游戏和对等文件交换等更复杂的业务和应用。在回程网络中的技术必须有效地支持这些带宽密集型服务对质量的保证,同时还要遵守端到端的服务等级协议(Service Level Agreement,SLA)。该技术也必须在每比特成本最低的情况下,支持在任意级别和任意两点间进行任意服务的传输。LTE 被设计成支持不同的 QoS 框架和方法,从而使其能够承载不断发展的交互网应用。QoS(特别是对于不断发展的 Internet 应用)是为用户提供满意服务传递和管理网络资源的基本要求。

网络通常同时承载来自于许多用户的服务和服务请求,而这些服务中的任何一个都有它自己的要求。由于网络资源是有限的,因此资源利用的目标是为每一个请求分配刚好够用的资源——既不能分配太多也不能分配太少。在 LTE 中引入了一个由不同业务类别组成的相对简单的 QoS 概念,同时它也引入了用于定义这些业务类别特征的一些 QoS 属性。当业务具有不同的延时要求并且网络负载较高时,区分 QoS 就会对网络的有效性十分有用。如果无线网络知道不同服务的延时要求,那么可以相应地为服务划分优先级并提高网络使用的有效性。

5.1 QoS 机制

控制平面和用户平面都需要一些机制来提供端到端的 QoS。控制平面的机制是允许用户与网络协商并对所要求的 QoS 规格达成一致,从而确定哪些用户和应用程序可享有哪种类型的 QoS,进而令网络为每个服务分配合理的资源。用户平面的机制通过控制每个应用或用户能够占用的网络资源数量,从而达成所需的 QoS 要求。

(1)服务数据流级 QoS 控制。

在 PCEF 中,进行基于每个服务数据流的 QoS 控制是可以实现的。每个服务数据流的 QoS 控制允许 PCC 体系结构去为 PCEF 提供对每个特定服务数据流的授权 QoS。诸如 QoS 订阅信息等准则可以与诸如基于服务的、基于订阅的或预定义的 PCRF 内部策略共同使用,从而获得对每一个服务数据流的授权 QoS。在没有提供应用信息的情况下,在一个单一的 IP CAN 会话内和已订阅 QoS 属性的限制内,可以利用多个 PCC 规则从而使用不同的授权 QoS。

(2)承载级 QoS 控制。

对于 PCC 体系结构,为 IP CAN 提供 QoS 预留过程(UE 发起或网络发起)控制是可行的,其中的 IP CAN 是指在策略与计费执行功能(PCEF)或承载绑定和事件报告功能(Bearer Binding and Event Reporting Function,BBERF)中支持这些 IP CAN 承载过程的可用 IP CAN。基于可应用于 IP CAN 承载的服务数据流授权 QoS 和基于诸如 QoS 订阅信息、基于服务的策略和(或)预定义的 PCRF 内部策略,决定应用于 QoS 保留过程(QoS 控制)的 QoS 是可行的。

(3)控制平面 QoS 控制。

在网络中的策略和对资源计费功能决定了每个用户的每一个分组流如何依据它们的 QoS 参数而进行处理。策略控制器能够向网关提出策略和计费控制(Policy and Charging Control,PCC)规则,该规则进而被作为一个触发器来建立一个新的承载或调整一个现有的承载,其中这两个承载分别对应于处理一个特定的分组流或者调整一个分组流的处理方式。分组流是通过 UL/DL 分组过滤器描述的。

(4)用户平面 QoS 控制。

用户平面的 QoS 功能是通过 3GPP 指定的信令过程和运行维护系统(Operation and Maintenance,O & M),由网络节点的配置来执行的。这些功能被分类为运行在分组流级、承载级(图 5.1)或 DSCP 级的各项功能。分组流级的功能使用深度分组检测技术来识别分组流和用于调整比特率的速率实现策略。

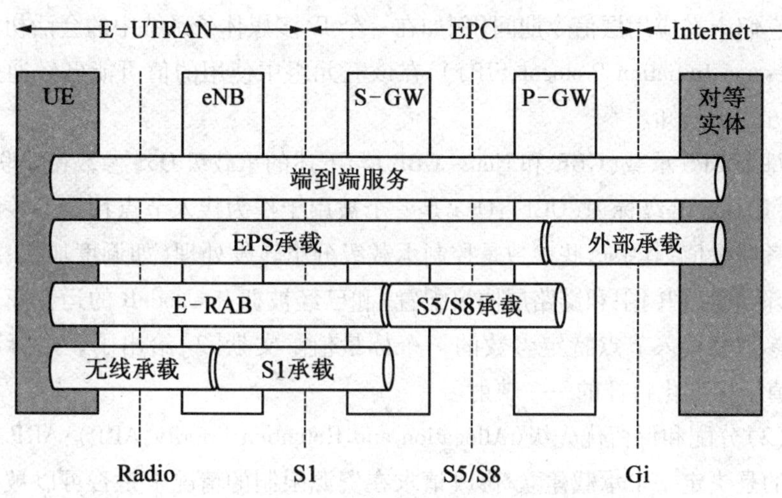

图 5.1 EPS 承载服务体系结构

5.2 承载级 QoS 控制

“承载”是 EPS QoS 概念的核心要素,它是对承载级 QoS 进行控制的粒度级别。它是一个在分组数据网络网关(PDN - GW)和用户终端(UE 或 MS)之间建立的分组流。在一个特定的客户端应用和服务之间运行的业务可以被区分为分离的服务数据流(Service Data Flow,SDF)。

所有映射到相同承载上的分组流会受到同样的分组转发处理(例如,调度策略、队列管理策略、速率成型策略和链路层配置)。不同的分组转发处理功能需要分离的载体[1]。LTE 支持两种类型的承载:

①保证比特率(Guaranteed Bit Rate,GBR):当一个承载建立或修改时,会永久地分配与该承载相关联的对应于一个 GBR 值的专用网络资源。

②不保证比特率(Non - Guaranteed Bit Rate,Non - GBR):不保证比特率承载是一种默认的承载方式,它也被用于建立 IP 连接。任何额外的承载被称为专用承载,并且可以是 GBR 或 Non - GBR。

运营商可以控制将哪些分组流映射到专用的承载上,并通过策略资源计费功能(PCRF)的策略来控制专用承载的 QoS 级别。PCRF 定义了将特定的分组流映射到一个专用承载的方式,并且它通常使用一个 IP 五元组的方式来定义它们。在应用层信令期间(例如在一个 IP 多媒体子系统中的会话初始协议(Session Initiation Protocol,SIP)),在该五元组中使用的值可能已经通过信号的方式被告知。

每个 EPS 承载(GBR 和 Non - GBR)与下述的承载级 QoS 参数相关联:

(1)QoS 等级标识(QCI):QCI 是一个被用于作为接入节点特定参数的一个参考标量值,其中这些参数是控制承载级分组转发处理(如调度加权、准入门限、队列管理门限和链路层协议配置)和已经被拥有 eNodeB 的运营商预配置的参数。接入节点特定参数的一个标量值。文献[2]给出了一个标准化 QCI 值至标准化特征的一一映射。

(2)分配和保留优先级(Allocation and Retention Priority,ARP):ARP 的主要目的是决定一个承载建立/修改请求在资源限制的情况下是否可以被接受或需要被拒绝。此外,eNodeB 可以使用 ARP 来决定在经历异常资源限制时(例如切换)哪个承载需要被丢弃。

(3)最大比特率(MBR):承载不可以超过的最大可支持业务速率,其仅适用于 GBR 承载。

(4)保证比特率(GBR):网络可以保证的最小保留业务速率,其仅适用于 GBR 承载。

(5)最大比特率总值(AMBR):一组 Non - GBR 承载的比特率总值。在 3GPP Release 8 中,MBR 必须等于 GBR;但是对于未来 3GPP Release,一个 MBR 可以大于一个 GBR。通过为高优先级客户分配比低优先级的客户更高 AMBR 值的方式,AMBR 可以帮助运营商来区分不同的用户。

同样,3GPP 已经一致同意定义两种不同的 AMBR 参数:

(1)APN 最大比特率总值(APN - AMBR):APN - AMBR 是一个在 HSS 中每个接入点名称所储存的订阅参数(该 APN 是系统连接终端至某 IP 网络的一个参考)。这个参数限制了所有 Non - GBR 承载和具有相同 APN 的所有

PDN 连接所期待能提供的比特率总和，例如超出流量的业务可能被速率成型功能丢弃。当其他 Non－GBR 承载不携带任何业务时，这些 Non－GBR 承载中的每一个都可以潜在地利用整个 APN－AMBR。GBR 承载不在 APN－AMBR 范围之内。P－GW 强制在下行链路执行 APN－AMBR。上行链路的 APN－AMBR 是在 UE 以及 P－GW 中被强制执行的。

（2）UE 最大比特率总值（UE－AMBR）：UE－AMBR 由在 HSS 中储存的订阅参数所限制。MME 应设置 UE－AMBR 为当前所有活跃 APN 的 APN－AMBR 总和，并最大不超过预定的 UE－AMBR 值。UE－AMBR 限制了一个 UE 所有 Non－GBR 承载所能提供的比特率总和，例如超出流量的业务可能被速率成型功能丢弃。当其他 Non－GBR 承载不携带任何业务时，这些 Non－GBR 承载中的每一个都可以潜在地利用整个 UE－AMBR。GBR 承载不在 UE－AMBR 范围之内。E－UTRAN 在上行链路和下行链路中强制执行 UE－AMBR。

5.2.1 QoS 参数

LTE 详细说明了具有标准化特征的许多标准化的 QCI 值，并且这些 QCI 值对于网络元件是事先定义好的。这种方式可以确保多厂商设备布设的兼容性并实现漫游。将标准化 QCI 值映射为标准化特征的方式见表 5.1。

表 5.1 标准化 QCI 特征

QCI	资源类型	优先级	预计分组延时/ms	分组错误丢失率	服务示例
1	GBR	2	100	10^{-2}	语音会话
2	GBR	4	15	10^{-3}	视频会话（实时流）
3	GBR	3	50	10^{-3}	实时游戏
4	GBR	5	300	10^{-6}	非视频会话（缓冲）
5	Non－GBR	1	100	10^{-6}	IMS 信令
6	Non－GBR	6	300	10^{-6}	缓冲视频、TCP 应用
7	Non－GBR	7	100	10^{-3}	语音、视频、互动游戏
8	Non－GBR	8	300	10^{-6}	缓冲视频、TCP 应用
9	Non－GBR	9	300	10^{-6}	缓冲视频、TCP 应用

表 5.1 给出了与标准化 QCI 值相关联的标准化特征。这些特征描述了依

据以下性能特点的分组转发处理方式：

资源类型确定了是否与一个服务或承载级 GBR 有关的专用网络资源被永久分配(例如，通过无线基站中的准入控制功能)。通常，保证比特率的 SDF 汇聚以“按需”的方式被授权，因此需要动态的策略和计费控制。非保证比特率的 SDF 汇聚可以通过静态的策略和计费控制方式被预授权[3]。

分组延时预算(Packet Delay Budget，PDB)定义了一个分组可以在 UE 和 PCEF 间被延时的时间上界。对于某个 QCI，PDB 在上行链路和下行链路的值是相同的。PDB 的作用是支持调度配置和链路层功能(例如，调度的优先级加权设置和 HARQ 的操作点)。PDB 应该被解释为置信度为 98% 的最大延时。

如果服务使用了非保证比特率的 QCI，那么应准备其经历与拥塞相关的分组丢失。即使在拥塞的影响下，98% 的分组不应该经历超过 QCI 分组延时预算的延时。例如，这种情况可能发生在业务负载峰值时刻或者当 UE 处于覆盖的边缘位置时。

如果服务使用了保证比特率的 QCI 并且发送速率不大于 GBR，那么通常可以假设其与拥塞有关的分组丢失不会出现并且 98% 的分组不会经历超过 QCI 分组延时预算的延时。在无线接入系统中，异常情况(例如，短暂链路故障)总是可能发生，此时即使服务使用保证比特率的 QCI 并且发送速率不大于 GBR，那么仍旧可能引起与拥塞有关的分组丢失。没有因拥塞而丢弃的分组可能仍然会受到与拥塞无关的分组丢失(如下面的 PELR 所示)。

每一个 QCI(保证比特率和不保证比特率)都与一个优先级相关联。优先级 1 是最高优先级。优先级应该被用于区分同一 UE 的 SDF 汇聚，并且它也应当用来区分不同 UE 终端的 SDF 汇聚。一个 SDF 汇聚通过它的 QCI 与一个优先级和一个 PDB 相关联。不同 SDF 汇聚间的调度应该主要基于 PDB。如果通过 PDB 建立的目标集不再能够适应穿过所有具有充足信道质量的 UE 的一个或多个 SDF 汇聚要求，那么优先级应该采用以下方法来使用：在这种情况下，调度器应该满足优先级为 N 的 SDF 汇聚的 PDB，而不是满足优先级为 $N+1$ 的 SDF 汇聚的 PDB。

分组错误丢失率(PELR)定义为已由链路层协议的发射器处理(如在 E-UTRAN 中的 RLC)但没有成功地被相应接收器的上层(如在 E-UTRA 中的 PDCP)接收到的 SDU(如 IP 分组)比率的上界。因此，PELR 定义了一个与非拥塞有关的分组丢失率的上界。该 PELR 的目的是允许适当的链路层协议配置（如在 E－UTRAN 中的 RLC 和 HARQ）。对于某个 QCI，PELR 的值在上行链路和下行链路是相同的。

分组基于业务流模板（Traffic Flow Template，TFT）从而决定进入不同的承载。TFT 使用诸如源 IP 地址和目的 IP 地址等 IP 头信息和传输控制协议（TCP）端口号来过滤来自于网页浏览的业务（如 VoIP），从而使得每个分组都可以分别向下发送给具有合适 QoS 的承载上。在 UE 中与每一个承载关联的上行 TFT（UL TFT）过滤在上行方向发送给 EPS 的 IP 分组。在 P－GW 中的下行 TFT（DL TFT）是一组与下行相类似的分组过滤器。

5.2.2　网络发起的 QoS

利用以上章节中介绍的各功能模块，本节描述一个跨越网络节点的典型端到端专用承载的建立过程，如图 5.2 所示。当一个专用承载被建立时，跨越上述每一个接口的承载会被建立。

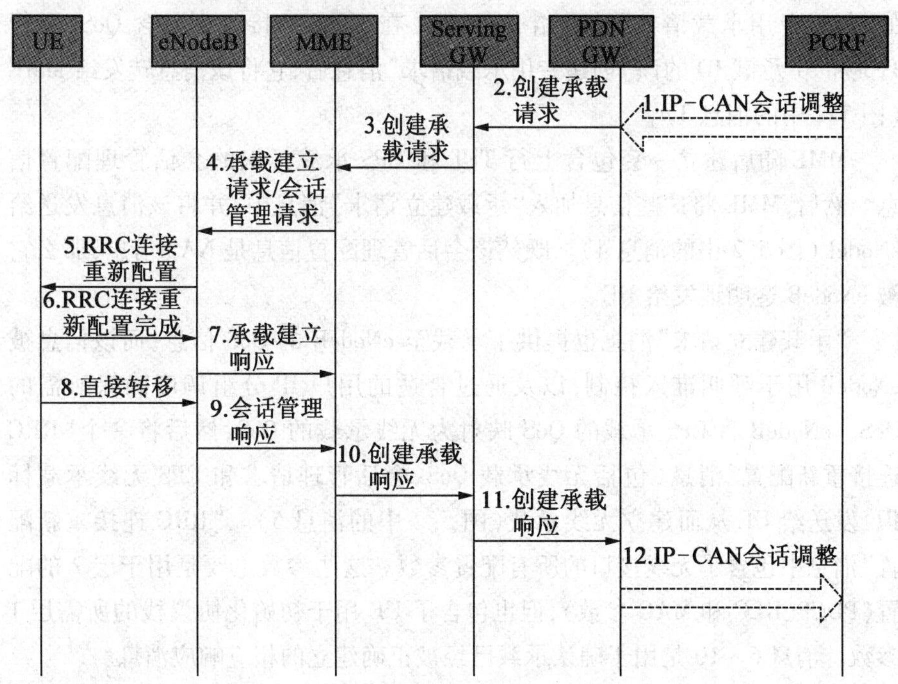

图 5.2　专用承载建立过程

通常，可以采用两种不同的方法在 EPS 中建立一个具有特定 QoS 的专用承载[4]:(i) 终端发起的 QoS 控制方法和(ii) 网络发起的 QoS 控制方法。如果利用网络发起的 QoS 控制,那么网络初始化信号来建立其至终端和 RAN 的具有特定 QoS 的专用承载。这一过程通过应用功能(AF)或深度分组检测(Deep Packet Inspection,DPI)功能来触发。然而,如果使用终端发起的 QoS 控制方法,那么终端初始化信号来建立其至网络的具有特定 QoS 的专用承载(这会随后触发一个至 RAN 的命令)。这一信号是转到一个终端供应商特定的 QoS 应用程序编程接口(API)而触发的。需要注意的是,网络发起的 QoS 控制最小化了终端参与 QoS 和策略控制。这就是它作为默认的活跃承载而被 3GPP 采纳为 LTE 的专用承载的原因,也是本节只介绍如图 5.2 所示的网络发起的 QoS 专用承载的原因。

策略与计费规则功能(PCRF)发送一个策略控制与计费(PCC)决策来提供指示承载到 P – GW 所需的 QoS 消息。P – GW 使用此 QoS 策略来分配承载级的 QoS 参数。P – GW 接着发送一个在 UE 中使用的包括 QoS 和上行 TFT 的“创建专用承载请求”消息给 S – GW。在 S – GW 接收到包含 QoS、上行 TFT 和 S1 承载 ID 的该“创建专用承载请求”消息后,它将该消息转发给 MME(图 5.2 中的消息 3)。

MME 随后建立一套包含上行 TFT 和 EPS 承载标识的会话管理配置信息。然后,MME 将这些信息加入“承载建立请求”消息中,并将该消息发送给 eNodeB(图 5.2 中的消息 4)。既然该会话管理配置信息是 NAS 信息,那么它被 eNodeB 透明地发给 UE。

“承载建立请求”消息也提供了承载至 eNodeB 的 QoS 信息;而该信息被 eNodeB 用于呼叫准入控制,以及通过合适的用户 IP 分组调度确保所需的 QoS。eNodeB 将 EPS 承载的 QoS 映射为无线承载的 QoS,然后将一个“RRC 连接重新配置”消息(包括无线承载 QoS、会话管理请求和 EPS 无线承载标识)发送给 UE 从而建立无线承载(图 5.2 中的消息 5)。“RRC 连接重新配置”消息中包含了无线接口的所有配置参数。这些参数主要是用于层 2 的配置(PDCP、RLC 和 MAC 参数),但也包含了 UE 用于初始化协议栈的所需层 1 参数。消息 6 ~ 10 是用于确认承载已经被正确建立的相应响应消息。

5.3 服务数据流级的 QoS 控制

由于 LTE 中包括语音在内的所有业务均运行在 IP 网络上,因此 LTE 为实现 QoS 带来了挑战。用户需求可以明显地变化,以至于对于某个业务的 QoS 命令都会出现显著的改变。因此,不同的服务等级协议(SLA)和计费模式能够响应各自的需求,从而成为每个计费层 QoS 的必要元素。

每一次 QoS 的改变都需要计费和记账系统选择一个能确保及时、动态和精确计费处理的相应计费模式。运营商都渴望获得感知各种各样服务的能力,从而来保持他们的价值链优势。内容感知和深度分组检测技术能够促进服务流和内容识别,而所有计费模式应当充分灵活从而满足每个业务供应者的各种不同需求。

在会话层的顶部,LTE 能够利用丰富的策略管理体系结构,而该体系结构可以为运营商提供对用户和服务的精细控制。通过标准接口,这一功能被综合到了在线和离线计费系统上,因此提供了货币化的机会。这是通过在 3GPP 中引入策略与计费控制 PCC 实现的,其中 PCC 主要由策略与计费执行功能(PCEF)、承载绑定和事件报告功能(BBERF)、策略与计费规则功能(PCRF)、应用功能(AF)、在线计费系统、离线计费系统和用户配置文件存储器组成。该策略体系结构如图 5.3 所示。在一个基本级别,PCEF 与 PCRF 相互作用从而为用户提供一个服务类别。

AF 是提供应用的一个基本元素,其中这些应用是指需要通过用户平面行为的动态策略和(或)计费控制。AF 应通过 Rx 参考点与 PCRF 通信,从而传送用于 PCRF 决策的动态会话信息,同时也便于接收关于承载级事件的特定信息和通知。

PCRF 包括策略控制决策功能。它实现了在 PCEF 上基于服务流的检测、接入控制、QoS 授权和基于流的计费。PCRF 检测 AF 服务信息是否与运营商预定义的策略以及从用户配置文件存储器 SPR 获得的用户描述信息一致,其中该 SPR 包含基于描述的策略所需的所有用户信息或与描述相关的信息。PCRF 随后生成依据这些信息的规则,然后将它们发送给 PCEF。PCRF 也应该为 AF 业务信息提供 QoS 授权。

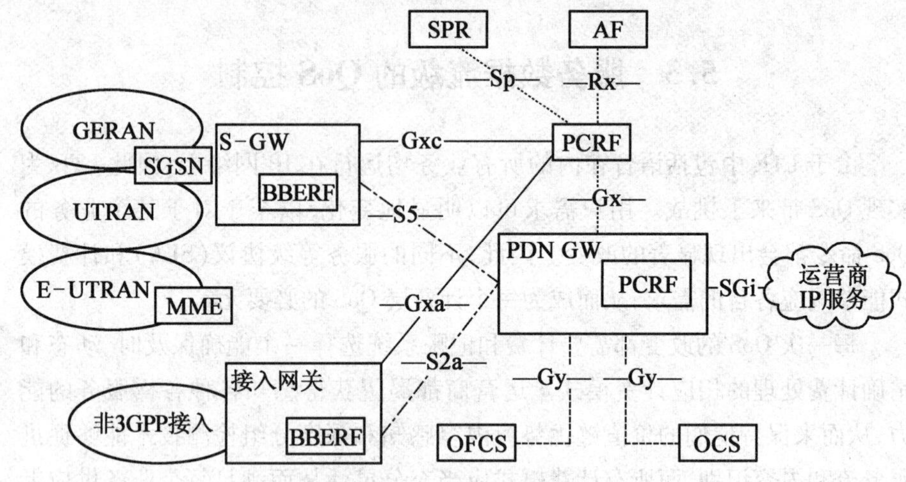

图 5.3 PCC 整体逻辑体系结构(非漫游)

位于 PDN - GW 中的 PCEF 使系统具备了策略执行功能。PCEF 控制用户平面的业务和 QoS,检测和测量业务数据流,并与在线计费系统(OCS)相互作用。其中的 OCS 是一个用于预付费计费方法和报告离线计费系统(OFCS)资源使用的一个信用管理系统。依据 PCC 规则,PCEF 执行业务数据流的 QoS 和接入控制,同时还报告至 PCRF 的业务数据流变化。

BBERF 的执行过程类似于 PCEF,但是 BBERF 并不执行计费过程。BBERF 还执行任何与接入系统特定 QoS 管理所需的协作过程。BBERF 控制提供给业务数据流的 QoS 组合集。BBERF 还确保被一组授权的业务数据流组所使用的资源是在“授权资源”内。

策略控制与计费(PCC)规则包含了以下信息:使用户平面能够检测策略控制的信息和对于服务数据流的合适计费信息。通过应用某个 PCC 规则的业务数据流模板而检测到的分组被指派一个服务数据流。

有两种不同类型的 PCC 规则:动态规则和预定义规则。动态 PCC 规则由 PCRF 通过 Gx 参考点提供;而预定义 PCC 规则是直接在 PCEF 内部定义的且只被 PCRF 作为参考使用。在一个 IP - CAN 会话期内,如果 BBF 保持在 PCEF 中,那么对于 QoS 控制是有可能使用预定义 PCC 规则的。此外,如果预定义的 PCC 规则可以保证对应的预先定义 QoS 规则可以在 BBF 内进行配置,并且该 QoS 规则可以连同预定义 PCC 规则一起被激活,那么预定义 PCC 规则可以在非漫游的情况下使用。

5.4 多媒体会话管理

IP 多媒体系统(IMS)[5]代表了当前的全球服务传送平台。IMS 是一个完整的信令框架,并使用会话初始协议(SIP)作为信令协议[6]。从用户的角度看,IMS 能够以同样的方式综合不同类型的服务。IMS 的结构也允许使用不同接入网的设备能够以同样的方式进行连接,从而减少了运营商部署多种类型接入技术的成本。由于 IMS 能够像应用服务器一样综合多种服务,它可以使各种不同的服务以一种快速和灵活的方式进行定义和部署。

3GPP IMS 已经对 QoS 供应采用了一种基于策略的方法[5]。基于策略的组网方式允许由运营商来进行网络资源的动态和自动控制,其中的资源分配决策是基于会话信息和本地策略(定义了网络的预期行为)完成的。高级策略是在没有 IP - CAN 特定管理的干预下规定的。

在 LTE 网络中,QoS 供应需求是通过在 IMS 域中基于服务的本地策略功能(Service-Based Local Policy,SBLP)来解决的[5],这就提供了承载级的 QoS 控制和服务级的接入控制。SBLP 的体系结构被互联网工程任务组(Internet Engineering Task Force,IETF)定义的策略控制框架所影响[7],并且它有效地连接了 IMS 和通用分组无线服务 GPRS 域。

5.4.1 会话初始协议

SIP 代表会话初始协议[6]。这是一个在 IETF 内部开发和设计的应用层控制协议。该协议用于处理交互网内的多媒体会话,并在设计时始终坚持容易实现、良好可扩展性和灵活性的原则。在一个基于 SIP 的典型网络基础设施中,涉及了下述的网络元素(图 5.4)。

(1)用户代理:用户代理(User Agent,UA)代表用户终端。用户代理客户端(User Agent Client,UAC)负责创建请求,而用户代理服务器(User Agent Server,UAS)处理和响应由 UAC 产生的每个请求。

(2)注册服务器:UA 联系注册商服务器以在网络中宣告他们的存在。SIP 注册商服务器是一个数据库,该数据库包含了位置和由 UA 指示的用户喜好。

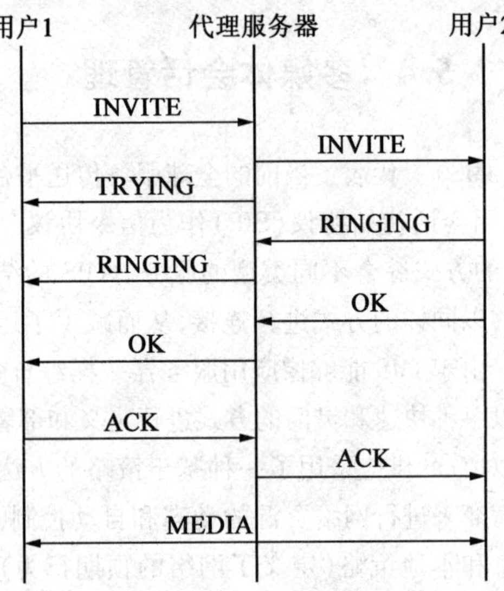

图 5.4 在 SIP 中呼叫一个用户

(3)代理服务器:代理服务器接收请求,并将请求向当前呼叫者的位置进行转发。这种转发可以是直接发给呼叫者,也可以转发给具有呼叫者更理想位置信息的另一台服务器。

(4)重定向:重定向服务器接收到一个请求,并通知呼叫者 UA 的有关下一跳服务器的信息。呼叫者 UA 随后直接联系下一跳服务器。

各种类型基于文本的消息依照 HTTP 消息结构被引入了 SIP 中[8]。SIP 消息也必须识别出对应于一个唯一地址的所请求资源。SIP 地址(SIP URI)与 HTTP 寻址方案的通用形式是一致的,即"地址_方案:资源"形式。因此,一个用户可以通过形如 sip:user@ domain 的一个 SIP URI 来进行识别。例如,URI 的 sip:zintan@ real. com 是一个有效的 SIP 地址。此地址可以通过负责用户域的 SIP 代理来进行解析。对于使用基于 SIP 服务的某个用户,第一步是按照 IP 地址识别出他的真实位置。然后,用户需要在负责该域的 SIP 服务商处注册他的 SIP 地址和当前 IP 地址。

当邀请一个用户参与一个呼叫时,呼叫方(呼叫者)向对应的 SIP 代理服务器发送一个 SIP INVITE 消息。其中该 SIP 代理服务器检查在注册商数据库或在域名服务器(Domain Name Server,DNS)中的被呼叫者位置,然后该 SIP 代理向被呼叫者转发邀请。被呼叫者可以接受或拒绝该邀请。在信息交换过程中,呼叫者与被呼叫者交换他们愿意接收媒体的地址/端口号,以及他们能够接受的媒体类型(如视频和语音)。在会话建立完成后,终端系统可以在没有任何 SIP 代理服务器参与的情况下,直接交换媒体数据。这一过程如图5.5所示。

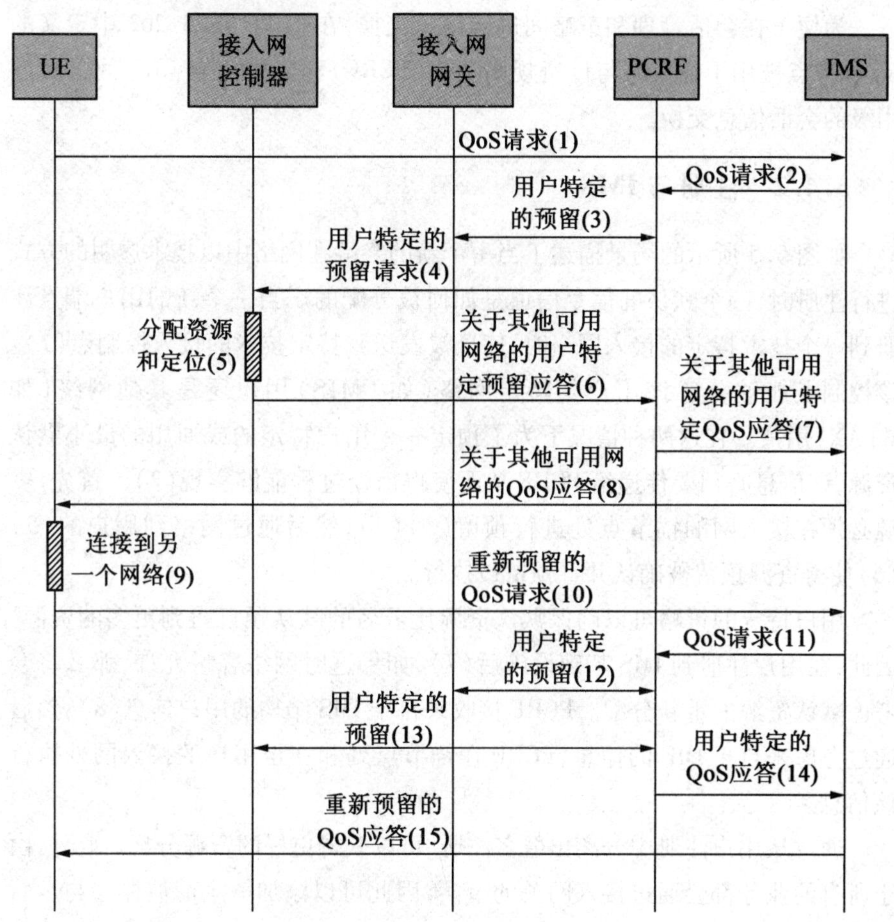

图 5.5 在 SIP 中呼叫一个用户

然而,在某些情况下,由于相应的代理服务器可能临时不可用(例如过载或者因为软件更新),因此上述的过程是不可行的。在这样的情况下,一个重定向服务器的调节是必需的,以便通知呼叫者(用户 1)获得请求的 URI 的备选位置。一旦呼叫者接收到这个信息,那么他对备选位置中的一个生成一个新的请求。

由于 SIP 对会话管理的大力支持，它缺乏设置底层网络 QoS 参数的能力，或缺乏对运营商所需的提供区分服务商业规则的支持能力，或缺乏满足监管需要的能力。通过同时使用策略管理和 SIP，这些问题正在逐渐被解决[9]。

为便于在会话管理和策略间进行信息交换，在 3GPP TS23.203 中定义的 Rx 参考点被用于在策略与计费规则功能（PCRF）和应用功能（AF）间进行应用级的会话信息交换。

5.4.2 注册与 IMS

如图 5.5 所示的场景描述了当一个新的终端在网络中以技术透明的方式进行注册时，一个默认的信令信道是如何被分配的。当一个新的用户端点注册到一个技术特定的接入网络时，信息被发送到特定技术的接入控制点（1）。该控制点能够分辨该用户是特定网络（如 UMTS）用户还是其他网络（如 WLAN）用户。在这两种情况下为了预定一个用户特定的或通用的最小默认资源，该信息必须要传递给 PCRF 从而使得信令过程能够实现（2）。首先，资源必须在接入网的锚节点处进行预留（3）（4），然后通过网络到用户的（5）（6）使得资源预留被确认并且预留被执行。

用户特定的策略可以确保默认资源比匿名的默认预订得到更多的资源。因此，在用户注册到 IMS 基础设施后（7），如果这时网络容量允许，那么将会考虑默认资源的重新分配。PCRF 接收来自于 IMS 结构的用户信息（8）；然后通过考虑来自于 QIF 的信息，PCRF 在锚节点处和在至用户的接入网处执行该信息。

通过从用户注册中分离出匿名注册，可以获得更好的资源分配。此外，由于所有的业务都会通过接入网关的事实，因此可以添加一个滤波器。与运营商控制的域相比，这种方式可以帮助限制匿名用户接入到其他域中。因此，服务提供商可以保护网络不被未登记的人使用。

未来，如果默认资源分配被决定用作第三方服务数据的承载，那么资源分配可以利用插入注册信息并被 PCRF 评估的属性来进行动态分配。例如，在用户注册到 IMS 基础设施后，如果运营商决定为该用户提供非信令业务的特定可用带宽，那么该服务可以通过使用重新分配机制来提供。此外，这个资源可以通过后续的注册请求来动态调整。

5.4.3 QoS 提供与 IMS

在接入网中,一个典型的资源预留场景使用了相同的面向网络的 QoS 提供。当资源分配请求(例如,SIP INVITE 请求)从一个用户端点到达时(1),IMS 信令基础设施发出一个至 PCRF 的请求(2)。在将用户信息、策略集合和从 QIF 接收到的瞬时网络负载合并后,PCRF 决定一个特定的资源类型,然后令它进入接入网关(3)。此外,如果需要,该执行请求还被发送给接入网控制器(4),从而表明所预留的资源小于用户的需求。

接入网控制器为在接入网的终端分配资源;此外,如果用户有使用其他的接口的可能并且这些接口处于非活跃状态,那么接入网控制器依照端点的跟踪区域来创建一个终端可以发现的接口列表(5)。可用的网络通过 QIF 的滤波器(6),以便仅保留那些所需资源能以很高的可能性被维持的网络,然后这些过滤后的网络被发送给 IMS 基础设施(7)。被预留的低级别的 QoS 确认信息和能够增强服务质量的关于其他网络的信息被传回用户端点(8)。此时该服务能够以较低的资源分配开始运行。

与此同时,利用在 QoS 请求中接收到的关于附近可用的免费网络信息,端点按照先前描述的方法连接到另一个网络、认证和接收一个默认的预留(9)。此用户端点的决策不仅要考虑接收到的信息,还应该考虑它想要连接网络的信号强度和用户端点的移动性。当连接到辅助网络后,UE 为相同的服务会话发送一个新的 QoS 请求(10)。该请求随后被 PCRF 和 QIF 处理,然后在从用户端点到接入网关的完整数据路径上执行。

5.5 概要与结论

LTE 体系结构支持端到端的服务质量和对无线承载保证比特率 GBR 的严格 QoS。本章介绍了具有不同 QoS 的不同承载。因为无线承载被提供了不同适用性的 QoS,所以运营商能够提供混合业务。这可以包括与 3G 电路交换无线承载相关联的具有竞争力的 QoS,例如有保障的吞吐量和低延时。

EPS QoS 的概念基于两个基本原则——网络发起的 QoS 控制和基于类的运营商服务到用户平面分组转发处理方式的映射。这两个原则为接入网运营商和服务运营商提供了一套区分服务和用户的工具。其中区分服务包括公共交互网、企业 VPN、点对点(P2P)文件共享、视频流、IMS 和 Non - IMS 语音以及移动电视,而区分用户包括预付费/后付费、商务/标准以及漫游。

本章参考文献

[1] 3GPP TS 23.207: "End - to - End Quality of Service (QoS) Concept and Architecture."

[2] 3GPP TS 23.107: "Quality of Service (QoS) Concept and Architecture."

[3] 3GPP TS 23.401: "Technical Specification Group Services and System Aspects; GPRS Enhancements for E - UTRAN Access," Release 9.

[4] Ekström H., "QoS Control in the 3GPP Evolved Packet System," IEEE Communications Magazine, vol. 47, no. 2, pp. 76 - 83, 2009.

[5] 3GPP TS 23.228: "IP Multimedia Subsystem (IMS)," December 2006.

[6] Rosenberg J. et al., "SIP: Session Initiated Protocol", RFC 3261, June 2002.

[7] 3GPP TS 29.213: "Policy and Charging Control Signalling Flows and QoS Parameter Mapping," Release 9.

[8] Fielding R. et al., "Hypertext Transfer Protocol - HTTP/1.1," RFC 2616, June 1999.

[9] Geneiatakis D. et al., "Survey of Security Vulnerabilities in Session Initiation Protocol," IEEE Communications Surveys & Tutorials, vol. 8, no. 3, pp. 68 - 81, 2006.

第 6 章　面向 LTE 融合的交互设计

未来无线网络的目标是通过多模移动节点(Mobile Node,MN)利用不同的无线电技术实现通用的、泛在的覆盖,并可以在任何时间、任何地点提供不同带宽和服务质量(QoS)的多样化服务。这些特性要求采用不同无线技术的多种网络、不同地理区域、不同类型的服务之间具有能够交互的能力。这种交互的能力将由 4G 体系结构保证,因而要求其具有高度的灵活性和对不同无线电技术整合的适应性,以支撑在这些环境中的无缝交互[1]。

部署这种允许用户在不同类型网络间无缝切换的体系结构,对于用户和服务供应商而言都大有裨益。通过提供综合的网络服务,可以使用户从这种综合业务中同时获得增强的性能和高数据速率。对于服务供应商而言,这能够使其投资得到充分利用,吸引广泛的用户群,并最终促进这一高速无线数据服务的普遍认同。每个所需接入的网络都可能属于不同的团体,因而需要建立合适的规则,同时为了在商业和漫游协议间进行平滑交互,需要在不同运营商之间建立服务等级协议(SLA)。

垂直切换的决定和执行过程与水平切换有很大的区别。垂直切换中使得平滑交互复杂化的挑战主要来自以下几个方面:(1) 各种网络技术所支持的数据速率可能有很大的差别。(2) 功率消耗差异很大。(3) 大多数接入技术在 QoS 支持上差异显著。因此在不同类型的网络和 QoS 策略间进行切换时,很难保证对所有类型的应用都保持相同的 QoS 水平和度量标准[2]。(4) 不同的网络可能对不同的 QoS 等级采用不同的计费策略,并影响切换选择。最后,不同网络之间的认证过程可能彼此不同,这取决于服务供应商所部署的认证协议。

6.1 交互架构的一般设计原理

交互架构只用来支持设备在不同类型无线接入网络之间的移动。特别地,LTE 标准机构 3GPP 定义了两种交互架构:Inter - RAT 移动性,是指在 LTE 和早期的 3GPP 技术之间的移动性;Inter - Technology 移动性,是指在 LTE 和非 3GPP 技术之间的移动性。

然而,以往任何交互架构的发展都遵循了一些设计原则,其中大多数都基于 3GPP 和 3GPP2,并且工作在松耦合或紧耦合的架构上。一些指导交互架构发展的重要设计原理至少应当涵盖以下内容:

(1)功能性分解:交互架构应当遵循功能性分解原则,即要求将特性分解为若干个功能性实体。

(2)模块化和灵活化的部署:交互架构应当具有充分的模块化和灵活性以便涵盖广泛的实现和部署选项。两种网络的接入网可以采用不同的方式分解,并且在一个单一的接入网络内也可以共存多种类型的分解拓扑。架构应该可以从一个最简单的情况,即只具有一个单基站的单运营商,扩展为具有漫游协议的多运营商的大规模部署。

(3)支持多样的使用模式:交互架构应当支持包括 IEEE 802.16e 和 IEEE 802.11 所有版本在内的固定、游动、便携以及移动使用的共存。同时交互架构也要支持不同移动性等级、不同端到端 QoS 和安全等级的无缝切换。

(4)IETF 协议的扩展使用:跨越架构的网络层过程和协议应当基于适当的 IETF RFC。端到端安全、QoS、移动性、管理、供应及其他功能都应尽可能地遵循现有的 IETF 协议。如果必要,可以对现有的 RFC 进行扩展。

6.2 交互架构的设计方案

根据所需集成水平和必要性,可以采用多种方法来实现可用无线接入技术(Radio Access Technology,RAT)之间的有效交互工作。交互所需考虑的主要要求如下:

①移动性支持:切换过程中,用户应当得到服务减损通知。

②LTE 网络运营商与其他任意网络之间的合作或漫游协议:运营商应当

为用户提供相同的收益,从而使互操作就像在同一个网络运营商内部处理一样。

③漫游伙伴之间的用户资费和账单信息必须得到处理。

④用户身份鉴别应当能够在单纯的 LTE 和 WiMAX 环境中同时使用。

⑤对于两个网络而言,用户数据库既可以共享也可以分立存在,但用户的安全关联应当是共享的。用户数据库既可以是一个 HLR/HSS(3GPP 术语)也可以是一个 AAA 服务器(IETF 术语)。

如果不同技术之间的集成是紧密的,那么服务的供应将更有效,并且寻找最佳无线接入和切换过程的模式选择是最快的。然而高集成度需要在接口和机制定义上付出相当大的努力,以支持在不同无线接入网络之间进行数据和信令的必要交换。基于这些折中考虑,不同类型的耦合以及由此产生的不同集成方法可以被分类为:开耦合(Open Coupling)、松耦合(Loose Coupling)、紧耦合(Tight Coupling)及超紧耦合(Very Tight Coupling)。

开耦合意味着在两个及两个以上的无线接入技术之间基本不存在有效的集成。如文献[3]所述,在一个开耦合场景中,以 WiMAX 和 LTE 之间的交互架构为例,两个接入网分别独立存在,彼此之间只有计费系统是共享的。每个接入网采用分立的认证过程,并且没有垂直切换发生。此时,每种网络仅有计费管理系统之间存在互操作,而与 QoS 和移动管理相关的控制进程则没有互操作。

松耦合是对没有任何用户平面 Iu 接口的 3G 接入网络的一般 RAT 网络的补充集成,因而不需要 SGSN 和 GGSN 节点。运营商仍旧能够使用现存的用于 3G 客户和一般 RAT 客户的用户数据库,进而允许对不同技术进行集中式的计费和维护。这类耦合产生的主要结果是,当在两个 RAT 之间进行转换时,由于终止了正在进行的服务,因而用户无法得到无缝的垂直交换。此时,在各运营商之间存在计费管理系统的互操作。此外,对于认证过程,运营商之间的控制平面也存在互操作。

在紧耦合交互架构中,一个系统将使用网关作为两个网络的接口,并尝试仿效另一个系统,前者的数据业务被注入后者的核心网。很明显,尽管紧耦合提供了统一的用户管理和数据接入,但它对核心网和终端都提出了非常高的要求。

6.3 LTE 与 IEEE 的交互

6.3.1 移动 WiMAX 与 LTE 的交互架构

目前,采用 IEEE 802.16e 标准的移动 WiMAX 因其对高数据速率的支持、内在的服务质量、移动能力和因更广泛覆盖范围所产生的泛在连接而广受关注[4]。而第三代伙伴计划(3GPP)为了满足日益增长的移动宽带对性能的需求最近制定了通用的 LTE[5]。通用 LTE 包括了一个具有低开销的灵活而高频谱效率的无线链路协议,从而适应了在不同网络部署中确保具有良好服务性能这一具有挑战性的目标。面向 4G 的实现场景,两种技术之间的交互是值得考虑的可行选择。

由于移动 WiMAX 和 LTE 网络拥有不同的协议架构和 QoS 支持机制,因此为了实现它们的交互需要采用协议自适应。例如采用层 2 的方式,那么 WiMAX 基站(Base Station,BS)和 LTE eNodeB 需要在 MAC 层采用自适应。如果采用层 3 的方式,那么应该在 IP 层执行自适应,并且 LTE 用户只需与相应的 LTE 服务网关 S-GW 进行交互。由于 LTE S-GW 能够充分控制 LTE 用户之间的带宽分配,所以层 3 的方式更适合于 WiMAX/LTE 的网络集成。由于 LTE S-GW 负责向 IP 层提供协议自适应,因此不需要对 LTE 用户设备和 WiMAX 基站进行软件或者硬件的调整。

部署这种允许用户在两种网络间无缝切换的架构,对用户和服务供应商而言都是有利的[6]。通过提供集成的 LTE/WiMAX 服务,用户可以从增强的性能和由联合服务带来的高数据速率中获益。而服务供应商能够使其投资得到充分利用,吸引广泛的用户群,并将最终促进这一高速无线数据服务的普遍认同。所需的 LTE 接入网络可能由 WiMAX 运营商或其他任何团体拥有,而后就需要建立合适的规则和服务层协议,以便在 LTE 和移动 WiMAX 运营商之间实现基于商业和漫游协议的平滑交互。IEEE 802.21 工作组正努力通过引入“媒体独立切换”以整合不同类型的网络,而媒体独立切换(Media Independent Handover,MIH)的目标则是实现一种忽略具体技术类型的不同无线网络间的无缝切换[7]。

1. 移动 WiMAX 参考模型

WiMAX 论坛规定了一个端到端的由三种主要功能聚合而成的系统架构：移动台、接入服务网(Access Service Network,ASN)和连接服务网(Connectivity Service Network,CSN)。图 6.1 和图 6.2 分别描述了移动 WiMAX 和 LTE 网络的端到端网络参考模型(Network Reference Model,NRM)。

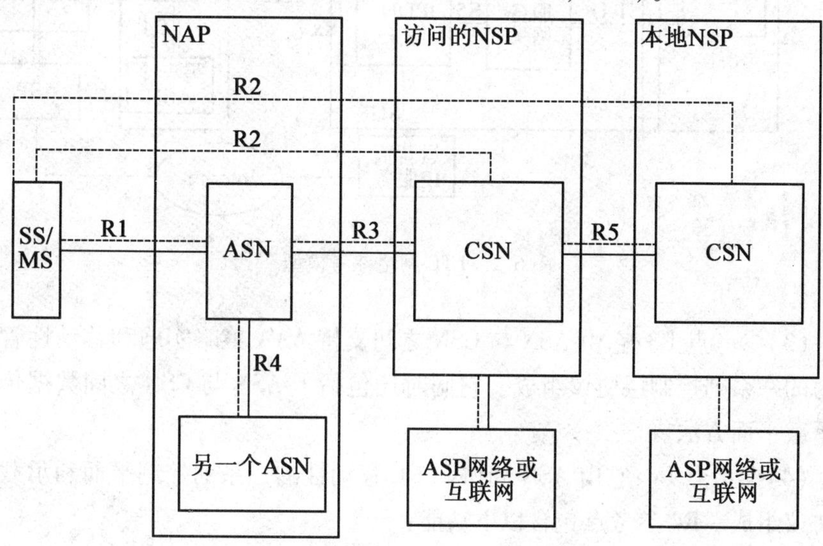

图 6.1　WiMAX 网络参考模型

ASN 是一个被描述为基站和 ASN 网关(ASN Gateway,ASN－GW)的功能集合,它可以由一个或更多的 ASN 配置描述。CSN 是由诸如用户数据库、AAA 代理/服务器和 MIP HA 等网络元素组成。

(1)网络接入提供商(Network Access Provider,NAP):NAP 是为 WiMAX 无线接入基础设施提供一个或多个 WiMAX 网络服务提供商(Network Service Provider,NSP)的商业实体。NAP 利用一个或多个 ASN 实现这一基础设施。MS 通过扫描和解码检测信道上的 ASN 下行映射(Downlink MAP,DL－MAP)来检测可用的 NAP。“基站 ID”中最高的 24 bit 位代表了 NAP 标识。NAP 发现是基于 IEEE 802.16 规范中定义的流程[5]。

(2)网络服务提供商(Network Service Provider,NSP):NSP 是向遵循服务协议的 WiMAX 用户提供 IP 连接和 WiMAX 服务的商业实体。NSP 可以与一个或多个 NAP 签订承包协议。除 NAP ID 外,还需要一个或多个 NSP 标识的列表,以便全面地识别网络并为 UE 进行网络选择决策提供充分的信息。

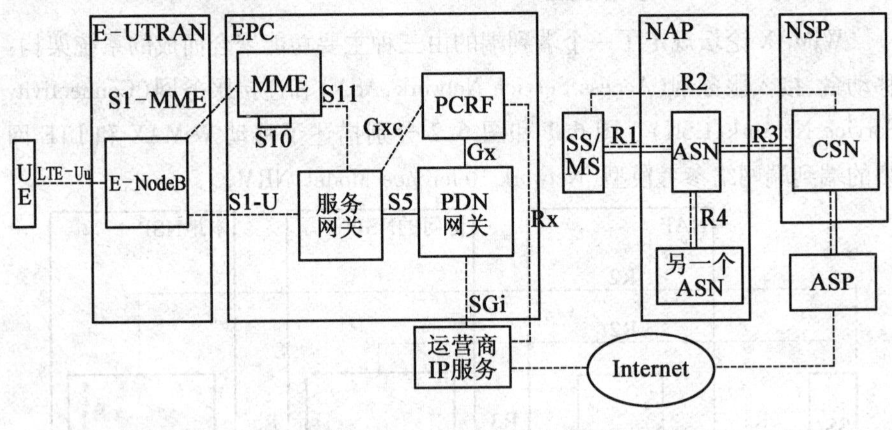

图 6.2　LTE 网络参考模型

(3)参考点 R3:它由 ASN 与 CSN 之间支持 AAA 策略实施和移动性管理能力的一系列控制层协议组成。它同时还包括了 ASN 与 CSN 之间数据传递的承载平面方法。

(4)参考点 R4:它由 ASN 间协调 UE 移动性的一系列控制平面和承载平面协议组成。R4 参考点包含以下功能:

①切换控制与锁定:这些功能控制与切换有关的全部切换决策过程和信令过程。

②语境传递:这些功能帮助传递网络元素间的任意状态信息。

③承载路径设置:这些功能管理数据路径建立,并包括在功能实体间进行数据分组传递的过程。

如文献[7]所述,移动 WiMAX 的空中接口是基于 OFDMA 和 TDD 的。对于 E－UTRAN 和 WiMAX 网络间移动性的研究,可以参考典型的移动 WiMAX 系统模型,其物理层参数见表 1.1。在研究中,这一参考设计并不排斥使用其他的物理层配置。

2. 移动 WiMAX 和 LTE 的交互架构

这里提出并考虑的移动 WiMAX 与 LTE 交互架构如图 6.3 所示。遵循文献[3]的提案,交互架构采用松耦合方式。由于将在 IP 层进行系统的整合,并依赖 IP 协议来处理接入网之间的移动性,因此 LTE 和移动 WiMAX 所需做出的必要改变十分有限。这一架构的主要特点在于假设了彼此相互重叠的一个 WiMAX 小区和一个 LTE 小区,并且这两个小区分别由一个基站 BS 和一个 eNodeB 提供服务。

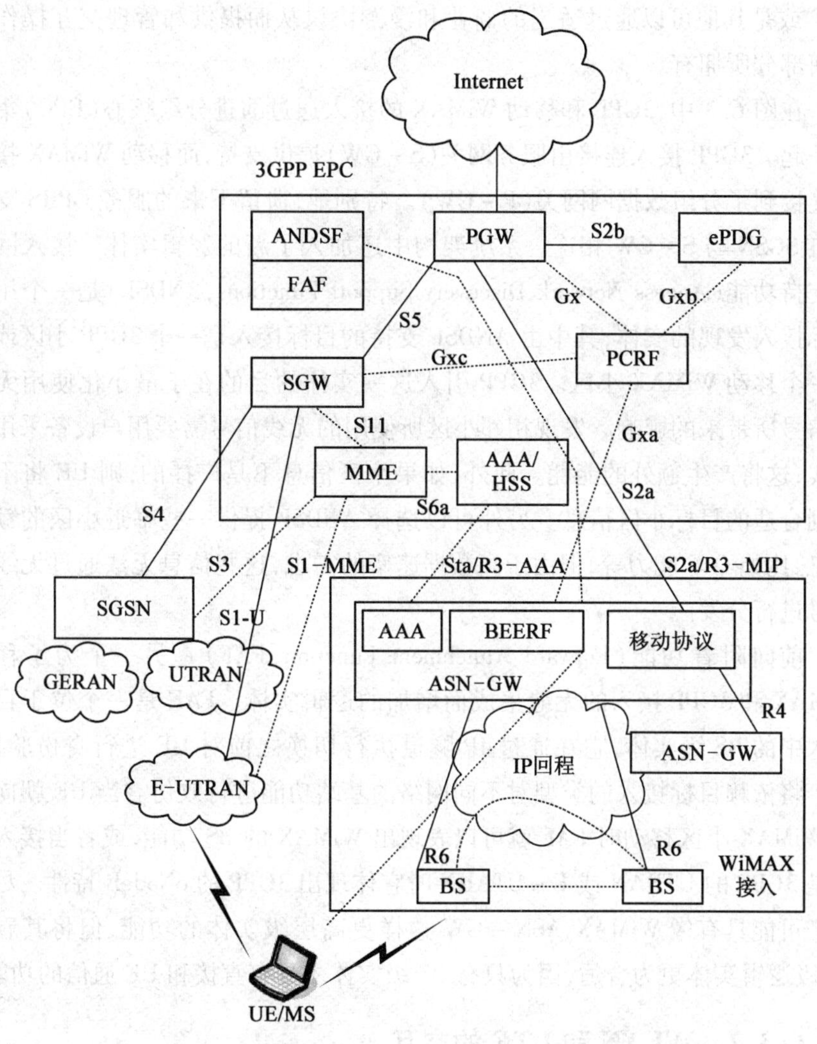

图 6.3　移动 WiMAX 与 LTE 交互架构

如图 6.3 所示,移动 WiMAX 通过其被称为接入服务网络(ASN)的无线接入技术来支持接入多样的 IP 多媒体服务[8]。ASN 由一个网络接入供应商(NAP)所拥有,并且由形成无线接入网的一个或多个 BS 以及一个或多个 ASN - GW 组成。移动 WiMAX 中移动站(Mobile Station,MS)的接入控制和业务路由完全由连接服务网络(Connectivity Service Network,CSN)处理,而 CSN 由一个 NSP 所拥有并提供 IP 连接和所有的 IP 核心网功能。LTE 网络可能由 NAP 或是其他可以通过适当的商业和漫游协议从而提供和管理交互操作的任何部分所拥有。

在图 6.3 中,3GPP 和移动 WiMAX 的接入通过演进分组核心(EPC)集成在一起。3GPP 接入连接由服务网关(S-GW)提供支持,而移动 WiMAX 接入则连接到了分组数据网网关(P-GW)。特别地,遗留下来的服务 GPRS 支持节点 SGSN 与 S-GW 相连。系统架构中还加入了新的逻辑实体。接入网发现支持功能(Access Network Discovery Support Functions,ANDSF)是一个用于目标接入发现的实体,其中由 ANDSF 支持的目标接入是一个 3GPP 小区或者是一个移动 WiMAX 小区。3GPP 引入这一实体的目的在于最小化使用无线电信号所带来的影响。发现相邻小区所使用的无线信号需要用户设备采用多天线,这将产生额外的能耗。此外,如果小区信息不是广播的,则 UE 将不能得到合适的目标小区信息。另外可以选择 ANDSF 提供一些临近小区的额外信息,比如 QoS 能力等,但由于高数据速率的需求,这些信息无法通过无线电信号进行分发。

前向附着功能(Forward Attachment Function,FAF)是另一个为了移动 WiMAX 和 3GPP 接入的无缝集成而增加的逻辑实体。FAF 是一个位于目标接入中的 BS 级实体,它在通过 IP 隧道执行切换之前对 UE 进行身份验证。FAF 将依赖目标接入的类型对不同网络的基站功能进行效仿。当 UE 朝向一个 WiMAX 小区移动时 FAF 就可以表现出 WiMAX 的 BS 功能,或者当接入目标是 3GPP 的 UTRAN 或 E-UTARN 时它体现出 3GPP 的 eNodeB 特性。尽管 FAF 可能具有像 WiMAX ASN-GW 这样更高层级实体的功能,但将其看作 BS 级逻辑实体更为合适,因为只有 BS 级实体才具有直接和 UE 通信的功能。

6.3.2 WLAN 和 LTE 的交互

为了让更多的人得到无线多媒体和其他高数据速率服务的愿望成为现实,LTE 与 WLAN 的整合是尤为重要的(图 6.4)。一个多媒体 LTE/WLAN 终端可以在 WLAN 的覆盖区域内接入高带宽数据服务,而在其他地方采用 LTE 接入广域网。为了让这种多接入解决方案行之有效,需要一个接入技术间的整合方案来实现它们之间的无缝移动性,以保证现存会话的连续性。LTE 与

WLAN 的整合保证无缝地提供这些能力。

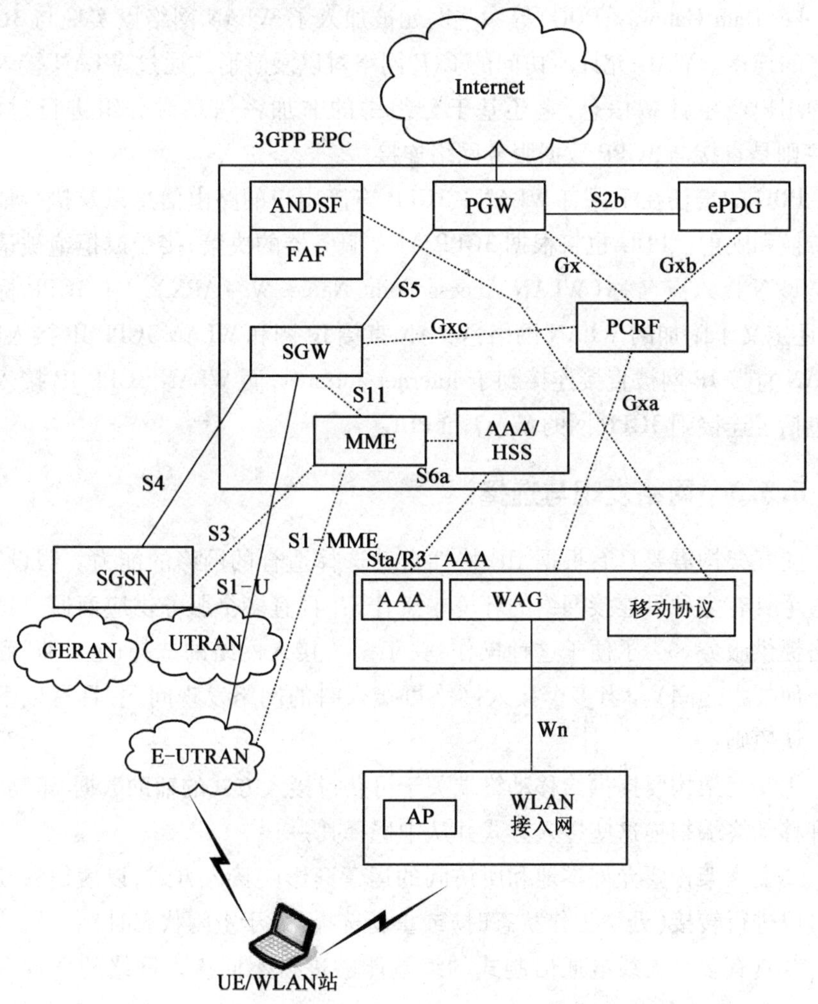

图 6.4　WLAN 和 LTE 的交互架构

3GPP 已经定义了 LTE 与非 3GPP 网络之间的一种交互架构，其中非 3GPP 网络被分为可信网络和非可信网络两种。在 WLAN 与 LTE 整合的背景下，由于 WLAN 使用的是无需授权的无线频谱，因而 3GPP 将 WLAN 认为是一种非可信网络。这也是为什么当这两种技术整合时，需要增加更多的功能实体以增强二者之间的安全机制。

因此，在这个网络架构中，WLAN 与基于 LTE 网络的 3GPP 网络之间实现了交互。如 WLAN 接入网关(WLAN Access Gateway,WAG)和分组数据网关(Packet Data Gateway,PDG)等一些网元被加入了 WLAN 网络以实现与 3GPP 网络的连接。WAG 允许所访问的 LTE 网络对以漫游形式通过 WLAN 接入网络的用户产生计费信息,它还基于分组中的非加密信息对分组进行过滤。PDG 则是直接与 3GPP 数据服务网络连接。

PDG 的责任在于保有 WLAN - 3GPP 连接用户的路由信息以及执行地址的转换和映射。PDG 也将根据 3GPP AAA 服务器的决策,接受或拒绝被请求的 WLAN 接入点名称(WLAN Access Point Name,W - APN)。在 3GPP 标准中,还定义了附加的 WLAN 网络:WLAN 直接 IP 网和 WLAN 3GPP IP 接入网。WLAN 直接 IP 网被直接连接到了 internet/intranet,而 WLAN 3GPP IP 接入网则包括了连接到 3GPP 网的 WAG 和 PDG[4]。

6.3.3　网络发现与选择

交互架构需要具有根据 UE 特性自动选择适合的网络的能力。假设 UE 在一个具有多种可连接网络的环境中工作,并且有多个服务供应商通过这些网络提供服务。为了便于这种操作,关于多个接入网络的选择(在 LTE 和其他任何技术之间)和当多个接入网络可接入时的网络发现问题,具有以下这些公认原则:

①交互架构要提供给移动终端关于可获得接入方式的辅助数据/策略,以允许移动终端扫描这些接入方式并从中选择其一。

②交互架构要允许本地和所访问的运营商影响接入方式,以使得移动终端可以进行转接(处于工作状态时)或重新选择(处于空闲状态时)。

③具有多个无线电通信制式的终端能够进行不同接入网络的发现和选择。

④在初始网络附着上进行网络选择不会对架构产生可预见的影响。

图 6.5 说明了 ANDSF 的体系架构可以用于接入网络的发现和选择[6]。ANDSF 包含的数据管理和控制功能对于提供网络发现和选择辅助数据是必需的,其中辅助数据将视每个运营商的策略而定。ANDSF 能够基于网络触发而开始向 UE 传递数据,并且它也可以响应来自 UE 的请求。

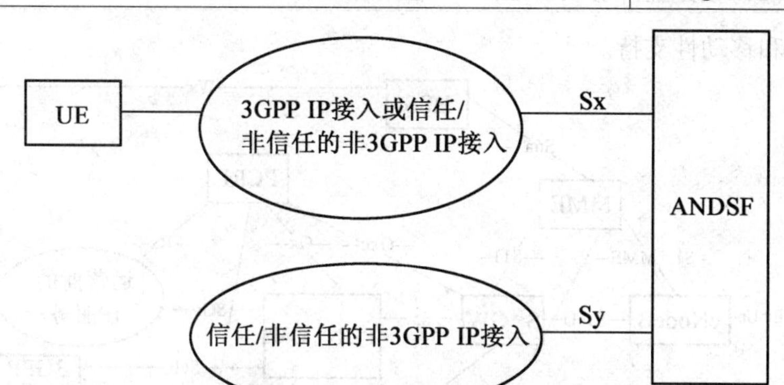

图 6.5 网络发现架构

网络选择过程中有一部分是当移动终端从一个网络移动到另一个网络时的 IP 地址分配。通常,动态主机控制协议(DHCP)是将一个动态附着点 PoA 的 IP 地址分配给移动终端的基本方法。DHCP[①] 服务器可以位于网络的任何一个部分。

6.4 LTE 与 3GPP2 的交互

在图 6.6 所示的体系架构中,引入了包括 S101、S103 和 S2a 在内的新接口以实现 CDMA2000 HRPD 和 LTE 之间的交互。与 LTE 系统架构对应,分组数据服务节点(Packer Data Serving Node, PDSN)被分解成 HRPD S - GW (HS - GW)和 PDN - GW,而关于新接口的描述如下面的接入网/分组所示。

①S103:它是 EPC S - GW 与 HS - GW 之间的一个承载接口。它用于转发下行数据,并在从 LTE 至 HRDP 的数据传递期间最小化分组丢失率。

②S101:它是 MME 和 HPRD AN 之间的一个信令接口。它允许 UE 以隧道的方式将 HRPD 空中接口的信令在 LTE 系统内传递,从而在真实切换发生前实现预注册以及与目标系统交换切换信令信息。因此,它能够在两个系统之间实现无缝快速切换。

③S2a:它是 PDN - GW 与 HS - GW 之间的一个接口。它为用户层面提

① 原文为 DCHP,译者更正为 DHCP

供控制和移动性支持。

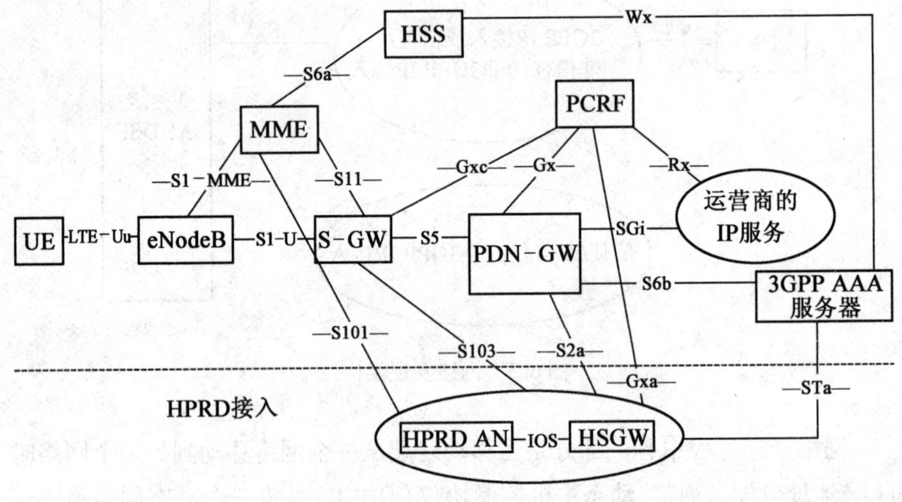

图 6.6 LTE 和 HPRD 交互架构

6.5 IEEE 802.21

IEEE 802.21 框架或称作媒体独立切换 MIH,其设计是为了促成包括 802 和非 802 网络在内的异构网络类型之间的无缝切换和互操作。这是通过引入一个由媒体独立切换功能(Media Independent Handover Function,MIHF)所指定的新层来实现的。MIHF 提供三种主要功能:媒体独立事件服务(Media Independent Events Service,MIES)、媒体独立命令服务(Media Independent Command Service,MICS)和媒体独立信息服务(Media Independent Information Service,MIIS)。

图 6.7 给出了一个 802.21 网络中不同节点的一般架构逻辑框图。它显示了一个具有 802 接口和 3GPP 接口的移动节点,当前通过 802 接口连接到网络上。图中分别显示了移动节点的内部架构、802 网络、3GPP 网络和核心网络。

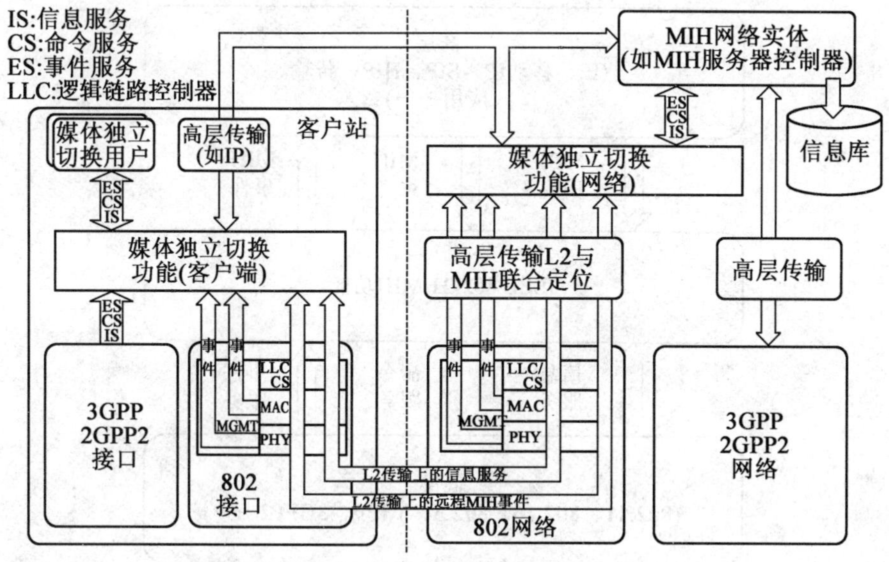

图 6.7 IEEE 802.21 SPA

正如图 6.7 中所能观察到的,所有服从 802.21 标准的节点都有一个环绕中心 MIHF 的共有结构。MIHF 起到上层与下层之间中间层的作用,其主要功能是在不同设备之间协调和交换信息和指令,包括切换的决策和切换的执行。从 MIHF 方面来说,每一个节点有一组 MIHF 使用者,典型的如移动性管理协议,这些使用者利用 MIHF 功能来控制并获取与切换相关的信息。MIHF 与诸如 MIHF 使用者和 MIHF 以下层这样的其他功能实体之间的通信是基于若干已定义的服务原语,而这些服务原语在服务接入点 SAP 中进行了分类。

IEEE 802.21 框架的核心是 MIHF,它通过一个统一的接口向更高层提供抽象的服务。这个统一的接口会展现那些独立于接入技术并被称作 SAP 的服务原语。图 6.8 的例子说明了 MIHF 是如何通过底层接口与接入特定的低层 MAC 和 PHY 组件进行通信,这些组件包括 802.16、802.11 及蜂窝网;该例子还说明了 MIHF 是如何与高层实体进行通信的。MIHF 所提供的服务描述如下:

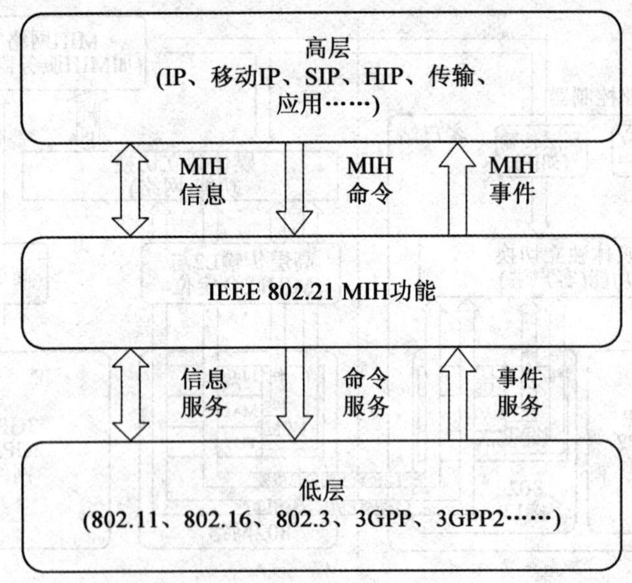

图 6.8　IEEE 802.21 框架

①媒体独立事件服务 MIES:事件服务被用于切换检测。事件会报告现有网络条件、数据链路的传输行为和无线资源管理等。已定义的事件包括预触发(即将发生的 L2 切换)、链路可用、链路连接、链路参数改变、链路正在连接、链路断开和链路正在断开。

②媒体独立命令服务 MICS:上层采用 MICS 原语来控制下层的功能。MICS 用来收集关于已连接链路的状态信息,还用来执行上层移动性和关于下层的连接决策。MIH 命令既可以是本地的,也可以是远程的,包含了从上层到 MIH 和从 MIH 到下层的命令。

③媒体独立信息服务 MIIS:当移动节点将要移出其当前网络,它需要发现可用的临近网络并与这些网络中的元素进行通信以实现切换最优化。MIIS 提供一个框架和相应的机制,这样一个 MIHF 实体就可以发现并获得一个地理区域内的网络信息。MIIS 主要提供一系列信息元素、信息结构及其表示方式,以及询问和响应类型机制。信息服务提供对静态和动态信息的接入。

6.6 概要与结论

本章描述了 LTE 如何通过不同的交互方法向 4G 融合。正如所见,LTE 提供与不同技术进行交互的很多选项。当考虑到这些选项与数量众多的方法以及这些方法的各种变形(在 LTE 标准内的可用技术间的移动性)进行组合时,那么将会有成千上万的这种可能的移动性场景。

交互为运营商提供了可以从其接入网络中提取更多价值的希望,并且交互为运营商提供了一系列强大的工具从而使网络资源与应用需求相匹配。交互是 LTE 网络推广实施的关键促进者。它能够作为最大化现有接入资源价值的强有力工具,并帮助快速地实现从部署新的无线宽带技术中获得收益。交互架构能够帮助拥有多种接入网络技术的运营商合理化他们现有的应用组合,也能够帮助他们缩短从引入新应用中获得收益的时间。

本章参考文献

[1] Fodor G. , Eriksson A. , Tuoriniemi A. , "Providing Quality of Service in Always Best Connected Networks," IEEE Communications Magazine, vol. 41, no. 7, pp. 154 – 163, 2003.

[2] Akyildiz I. , Xie J. , Mohanty S. , "A survey of Mobility Management in Next-Generation All – IP based Wireless Systems," IEEE Wireless Communications, vol. 11, no. 4, pp. 16 – 28, 2004.

[3] Friderikos V. , Shah Jahan A. , Chaouchi H. , Pujolle G. , Aghvami H. , "QoS Challenges in All – IP based Core and Synergetic Wireless Access Networks," IEC Annual Review of Communications, vol. 56, November 2003.

[4] Ahmavaara K. , Haverinen H. , Pichna R. , Nokia Corporation, "Interworking Architecture Between 3GPP and WLAN Systems," IEEE Communications Magazine, vol. 41, no. 11, pp. 74 – 81, 2003.

[5] Andrews J. G. , Ghosh A. , Muhamed R. , Fundamentals of WiMAX Understanding Broadband Wireless Networking, Pearson Education, Inc. , 2007.

[6] Salkintzis A. K. , "Interworking Techniques and Architectures for WLAN/3G

Integration Toward 4G Mobile Data Networks," IEEE Wireless Communications, vol. 11, no. 3, pp. 50-61, 2004.

[7] IEEE Standard 802.16e, IEEE Standard for Local and Metropolitan Area Networks—Part 16: Air Interface for Fixed and Mobile Broadband Wireless Access Systems, February 2006.

[8] Härri J., Bonnet C., "Security in Mobile Telecommunication Networks," ISTE book chapter, in Security in Mobile and Wireless Networks, Wiley, England, 2009.

[9] McNair J., Zhu F., "Vertical Handoffs in Fourth-Generation Multinetwork Environments," IEEE Wireless Communications, vol. 11, no. 3, pp. 8-15, 2004.

[10] Khan F., LTE for 4G Mobile Broadband—Air Interface Technologies and Performance, Cambridge University Press, USA, 2009.

[11] IEEE Standard P802.21/D02.00, IEEE Standard for Local and Metropolitan Area Networks: Media Independent Handover Services, September 2006.

第7章　移动性

在世界范围内的B3G蜂窝网络中,移动性还仍旧是通信网络所关注的问题。理解移动性的本质使得移动网络的设计有别于固定通信的设计(尽管也更加复杂),而且创造了许多为终端用户提供完全新式服务的潜能。LTE或者就此而言任何的无线系统,其主要目标之一就是提供从一个小区(源小区)到另一个小区(目标小区)的快速无缝切换。对于LTE尤其是这样,这源自LTE无线接入网络架构自身的分布式特性,即LTE网络架构中仅含有一种类型的节点——基站,在LTE中被称作eNodeB。

为了这个目标,LTE 3GPP专门定义了一个框架用以支持包括位置和切换管理在内的移动性管理。该标准特别定义了用于跟踪UE的信令机制,当UE处于工作状态时该机制可以跟踪它们从一个eNodeB覆盖区域到另一个覆盖区域,或者当UE处于空闲状态时跟踪它们从一个寻呼组到另一个寻呼组。标准中的协议还能够使得从一个eNodeB到另一个eNodeB的移动过程中做到连接不中断的无缝切换。此外,该系统的LTE变体具有支持延时容忍全移动性应用的安全无缝切换机制,比如说对VoIP的支持。系统还内建有对于节能机制的支持,以延长手持用户设备的电池寿命。

7.1　移动性管理

允许UE在移动中从不同位置进行通信需要两个主要机制:①任何时候,为了将进来的数据包传递给UE,需要一个无论UE位于网络中的哪个位置都能对其进行定位的机制。这一辨识并跟踪UE在该网络中当前附着点的过程被称作位置管理。②为了在UE从一个eNodeB覆盖范围进入另一个eNodeB覆盖范围时保持会话不间断,就需要一个使得会话无缝转移或切换的机制,而负责处理这些的一系列过程被称作切换管理。位置管理和切换管理共同构成了移动性管理。

7.1.1 位置管理

位置管理包括两个过程。第一个过程被称作位置注册或位置更新，而在该过程中 UE 周期性地告知网络它的当前位置，以引导网络认证该用户并在数据库中更新该用户的位置属性。该数据库通常置于网络中一个或多个集中的位置。位置通常以区域的形式定义，并包含一个或更多基站。位置更新用于告知网络一个移动设备的位置。这需要设备在当前基站注册其新位置，以允许来电接入[1]。

当移动设备根据其位置更新方案执行更新操作时，为了使呼叫能够接入，网络需要能够精确地确定用户当前小区位置。这需要网络发送一个寻呼问询给移动设备可能位于的所有小区，以告知移动设备有呼入传输。这即是位置管理的第二个过程，称作寻呼。为了减小网络中每个连续寻呼信息的开销，就需要最小化寻呼区域[2]。理想的寻呼区域应当限定为一组已知的小区，比如目前执行的位置区域方案[2]。最优寻呼区域大小的计算涉及位置更新开销和寻呼开销的折中。这一技术被很多位置管理方案采用以减少位置管理开销。

7.1.2 切换管理

移动性管理中的第二个过程是切换管理。切换是保证移动通信网中用户移动性的基本技术之一，它的角色是在切换功能的帮助下保持一个移动 UE 的业务连接。其基本概念很简单：当 UE 从一个小区的覆盖区域移动到另一个小区时，必须建立与目标小区的新连接，同时释放与旧小区的连接。

一般来说，任何移动网络中采用切换的原因有三点。第一个原因是附着点接收信号强度恶化。这源于用户移动出服务网络区域而进入了另一个新的覆盖网络。第二个可能产生切换过程的场景是负载平衡。当 UE 所处的当前网络负载增加，或者 UE 与当前接入点的连接不能满足正在进行的会话所需的服务质量要求时，UE 会被切换出服务区。或者即便从当前附着点接收到的信号足够好，为了更好地在整个网络中分配负载，最好也进行切换。期待在最终所访问网络中拥有更好的 QoS、开销和带宽等特性，则是第三个将 UE 切换出服务区的潜在场景。如果新网络能够比当前网络提供更好的服务，切换就有可能发生。根据附着类型，切换可以分为两种：水平切换和垂直切换。在水平切换中，即便当 UE 从一个附着点移动到另一个附着点（例如，当 UE 从一个 eNodeB 交换到另一个 eNodeB,但始终都在同一个 LTE 网络中)时,UE 也不会改变其连接所采用的技术。而在垂直切换中,当 UE 从一个附着点移动到另一个附着点(例如,当 UE 从 LTE 网络切换到 WiMAX 网络)时,UE 将会改变所采用的技术。

一般而言,切换过程可以分为三个主要步骤,即切换测量阶段、切换决策阶段和切换执行阶段(图 7.1)。从系统性能的观点来看,切换测量是一项关键的任务:首先,无线信道的信号强度可能由于小区环境和用户移动性所导致的衰落和信号路径损耗而变化剧烈;其次,过多的来自用户的测量报告或来自网络的切换执行操作都会增加整体信令,这是不可取的。

决策阶段可能依赖包括可用带宽、延时、抖动、接入开销、发射功率、移动设备的当前电池状态及用户偏好等在内的不同参数。在切换执行阶段,连接需要在现有网络和新网络之间以无缝方式重新路由。这个阶段还包括了认证、授权以及用户背景信息的传递。

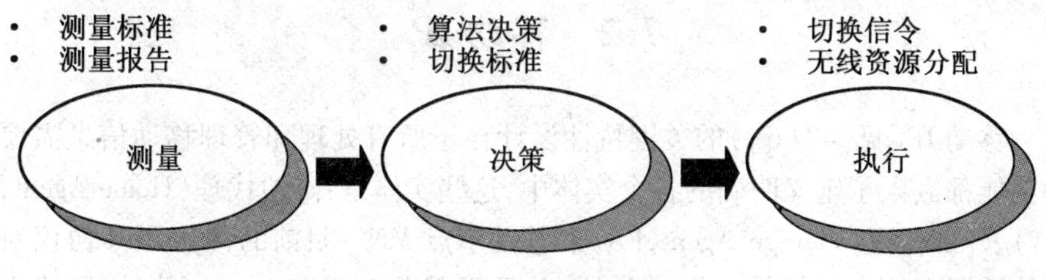

图 7.1 切换阶段

移动性管理还可以根据源小区和目标小区所采用的无线技术以及 UE 的移动状态进行分类。从移动性的观点来看,UE 可能处于以下三种状态中的一种:LTE 解附着状态(LTE_DETACHED)、LTE 空闲状态(LTE_IDLE)和 LTE 工作状态(LTE_ACTIVE),如图 7.2 所示。LTE 解附着状态通常是一种暂态,此时 UE 上电后处于搜索和注册网络的过程中。在 LTE 工作状态中,UE 在网络中注册并与 eNodeB 有一个 RRC 连接,因此网络知道 UE 所属的小区并可以与 UE 进行数据收发通信。LTE 空闲状态对 UE 来说是一种节能状态,UE 此时一般不发送或接收任何分组,并且 eNodeB 也不保留任何 UE 的背景信息。在 LTE 空闲状态中,UE 的位置只有 MME 知晓,并且其位置颗粒度表示为由多个 eNodeB 构成的跟踪区域(Tracking Area,TA)。MME 知道 UE 最后所注册的 TA,而寻呼则必须将 UE 定位在一个小区内。

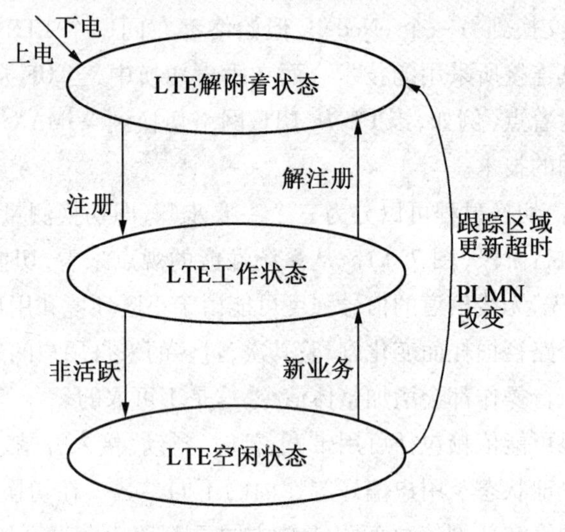

图 7.2 UE 的三种状态

7.2 移动 IP

移动 IP(见[4][6])的关键特性设计在于所有处理和管理移动信息需要的功能都嵌入了定义明确的各个实体中,这些实体是:本地代理(Home Agent, HA)、外部代理(Foreign Agent,FA)和移动节点 MN。目前的移动 IPv4 协议对于传输层和更高层都是完全透明的,并且不需要对现有 Internet 主机和路由器做任何改变。

移动 IP 协议允许 MN 保持其 IP 地址,而不管它们是从哪个网路附着点连接网络,这可以通过允许 MN 使用两个 IP 地址来实现。第一个称作本地地址,它是静态的并主要用于识别如 TCP 这样更高层连接的地址。MN 使用的第二个 IP 地址是转交地址(Care of Address,COA)。当移动设备在不同网络中漫游时转交地址会改变,这是因为转交地址必须根据网络拓扑识别移动设备新的附着点。在移动 IPv4 中,转交地址的管理由一个称作外部代理的实体实现。

使用本地地址的移动节点能够通过本地代理接收数据,在其漫游到一个外部区域的情形下,它会从外部代理得到一个新的转交地址。需要注意的是,在这种情形中通过与动态主机控制协议 DHCP [RFC1541]或点对点协议(Point-to-Point Protocol)[RFC1661]联络,MN 也能够得到新的转交地址。新的转交地址会注册到 MN 的本地代理,一旦本地代理(图 7.3)收到必须发送给该移动设备的分组,本地代理就会将分组从本地网络分发到移动设备的转交地址。分发仅仅发生在分组被重新定向或隧道传送时,从而使得转交地址可以作为目的 IP 地址出现。本地代理通过隧道方式将分组传递给外部代理。接收到分组后,外部代理必须用反转换对分组解封,以便使该分组看起来好像是用移动节点的本地地址作为目的 IP 地址。经过解封后,分组就被发送给移动节点。当分组到达移动节点时,由于它是按照本地地址进行寻址的,因此它就能被诸如 TCP 这样的高层协议进行恰当的处理。移动节点所发送的 IP 分组通过标准 IP 路由规程被分发到各个 IP 分组的目的地。当移动 IP 分组流遵循与图 7.3 所示相似的路由时,这种路由情形一般被称作三角形路由(图 7.4)。

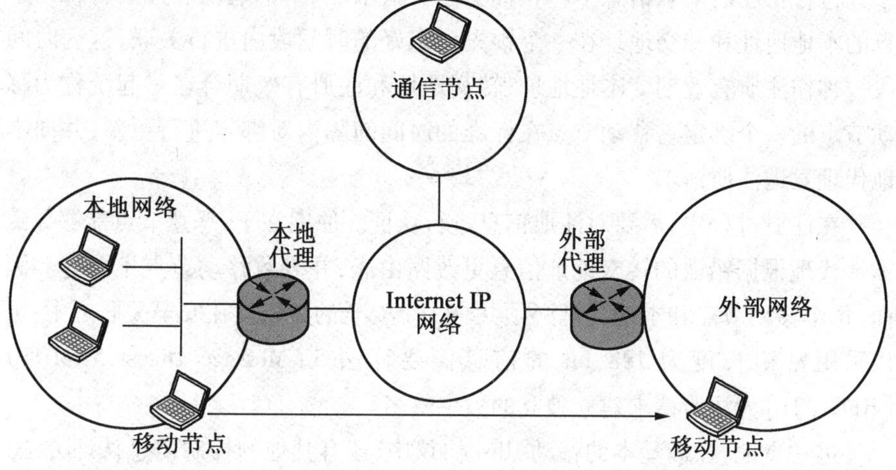

图 7.3 移动 IP 架构

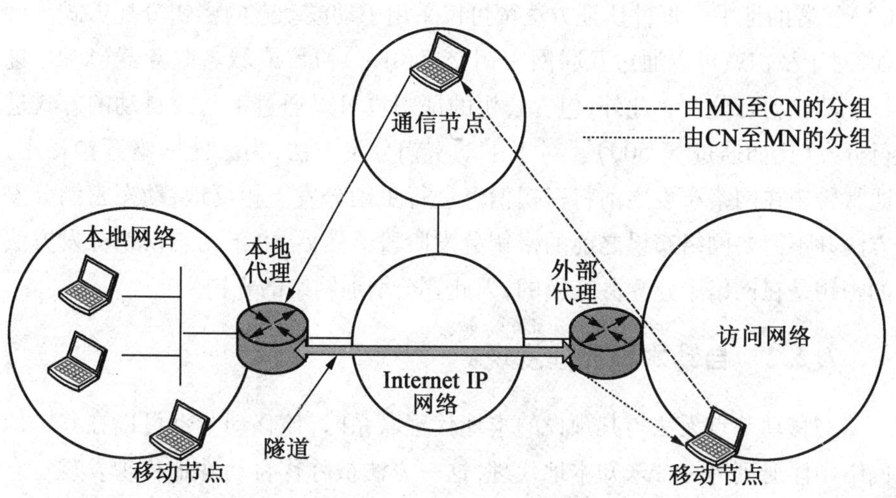

图 7.4 移动 IP 隧道

7.2.1 注册转交地址

在移动节点得到了转交地址之后,它会将此告知本地代理。在移动 IP 中,这可以由注册过程完成(图 7.4)。移动节点将带有转交地址信息的注册请求通过 UDP 发送,并由本地代理接收这一信息。通常如果请求被许可则本地代理会在其路由表中增加必要的信息,并向移动节点返回一个注册应答。

本地代理通过隧道向转交地址发送分组,而描述隧道特征所需的标识和参数包含在注册请求信息中。在接受注册请求之后,本地代理开始将移动节点的本地地址和转交地址在一个预先设定好的时间段内进行关联,这一时间段被称作注册有效期。本地地址、转交地址和注册有效期合在一起统称为移动节点的一个绑定。移动节点在标准的时间间隔内对绑定进行更新,并向本地代理发送注册请求。

在注册过程中,需要对注册信息进行认证。原因在于,恶意节点能够导致本地代理根据错误的转交地址信息更改路由表,并导致移动节点不可达。因而,每个移动节点和本地代理必须共享一个安全的关联。在安全关联之中,可以采用密钥长度为 128 bit 的信息摘要算法 5(Message Digest 5, MD5)[RFC1321]为注册请求建立独立的数字签名。

进一步地,在最基本的移动 IPv4 协议中,还有其他的控制信息认证方法,比如私钥、公钥、自签名证书,以及由公钥和认证授权(Certification Authority, CA)签署的证书。每种认证方法都可以采用手动或动态的密钥分配方式。例如,对于私钥就可以通过互联网密钥交换(IKE)协议或域名服务器(DNS)进行手动或动态分发。此外,包含公钥的证书也可以通过手动或自动的方式进行分发(比如通过 X.500)。对于手动密钥分发方法,为了使网络开销最小,通常希望在网络布设之前将密钥信息进行手动分发。相反地,动态密钥分发方法并不需要网络布设之前的密钥分发阶段。然后,由于动态密钥分发方法的密钥是在网络中建立并交换的,因此它会增加网络的开销。

7.2.2 自动本地代理发现

当移动节点无法与其预设的本地代理联系时,该移动节点可以在其本地网络中注册到另一个未知本地代理,这一方法被称作自动本地代理发现。它的实现方式是通过一个直接的广播 IP 地址而不是通过本地代理的 IP 地址,来与本地网络中的 IP 节点通信。本地网络中可以作为本地代理的 IP 节点会收到直接广播的 IP 分组,并会发送一个拒绝信息给移动节点,而这一拒绝信息除了包含其他信息外最重要的是包含了源节点的 IP 地址。移动节点随后会在一个新尝试的注册消息中使用这一 IP 地址。

7.2.3 转交地址隧道

转交地址的隧道采用封装机制完成。包括本地代理和外部代理在内的所有使用移动 IPv4 协议的移动代理,必须能够使用在 IP 协议[RFC2003]中默认的封装机制。通过使用这一协议,隧道的源头(如本地代理)在寻址到移动节点本地地址的任何原始 IP 分组报头之前插入一个 IP 隧道报头。隧道的目的地址是移动节点的转交地址。在 IP[RFC2003]中,有一种表明下一个协议头仍旧是 IP 头的方式。这是通过在隧道报头中的更高层协议号为"4"的方式实现的。原始 IP 报头作为分组负载的第一部分被完整保留。通过删除隧道报头就可以恢复出原始分组。隧道通信的过程也可以由其他类型的封装机制实现。这些机制包含在不同的封装协议,如最小封装协议 [RFC2004]和通用路由封装(Generic Routing Encapsulation,GRE)协议[RFC1702]中。在 GRE 封装协议中,隧道报头里包含了一个源路由条目(Source Route Entry,SRE)。利用 SRE,可以指定一个包含中间节点地址的 IP 源路由。在最小封装协议中,隧道报头包含的信息与最小封装协议头内的信息进行了合并从而重建了原始 IP 头。报头开销以这种方式被削减了,但是对于报头的处理会变得更复杂一些。

7.2.4 代理及无偿地址解析协议

位于移动节点本地网络中的 IP 节点,可以在本地网中使用针对该移动节点 ARP [RFC826]的缓存条目来实现与该移动节点的通信。当移动节点移向另一个子网时,本地代理将不得不通知本地网络中所有 IP 节点:该移动节点已经离开。

7.3 IPv4 与 IPv6 的区别

MIPv4[3] 和 MIPv6[4] 协议之间的主要差别如下所述[5]：

①MIPv4 允许使用外部代理发送业务，因此需要多个移动基站共用一个转交地址或者使用联合转交地址。与此不同，MIPv6 仅支持联合转交地址。

②路由优化在 MIPv4 中是一种可选的附加组件，而在 MIPv6 中则是规范中的必要组成部分。

③MIPv4 路由优化仍旧需要通信节点（CN）和移动基站之间利用隧道进行业务传输；在 MIPv6 中分组可以不使用隧道技术进行转发，即仅需增加一个路由头即可。

④MIPv4 中本地代理必须参与到优化路由的设置中；在 MIPv6 中，移动基站能够直接创建一个通向 CN 的优化路由而无需本地代理的参与，因而更加快速和有效。

⑤在 MIPv4 中转交地址是通过外部代理或者 DHCPv4 获得的；在 MIPv6 中则可以通过 IPv6 的无状态或全状态地址自动配置机制获得转交地址。

⑥MIPv4 需要分离的移动 IP 特定信息与外部代理、本地代理和通信主机（当采用路由优化时）进行通信；MIPv6 中则能够将移动 IP 的具体信息加载到分组中。

⑦MIPv4 有能力提供平滑切换，但这只是路由优化协议中的一个附加特性；而 MIPv6 则将其作为 MIPv6 规范的必要组成部分。

⑧在 MIPv4 中，由于发送的分组采用本地地址作为源地址，因此需要反向隧道来避免入口过滤问题（即防火墙丢弃移动设备发出的分组）；MIPv6 中发送的分组可以使用转交地址作为源地址，因此不存在任何入口过滤问题。

⑨MIPv4 有自己的安全机制，而 MIPv6 采用了 IPsec 协议组。

为了更充分地评估应用于 UMTS 网络时 MIPv4 与 MIPv6 之间的演进和兼容性问题，以下将详述这些差异的解决方案。此外，也将针对在准备部署 IPv4 和 IPv6 网络及在二者之间迁移时可能遇到的其他问题进行一般性的介绍[5]。

7.3.1 反向隧道

在 IPv4 中，为了远程网络的安全接入，同时也为了避免由于入口过滤造成的分组丢失问题，需要从外部代理到本地代理的反向隧道。入口过滤允许对进行拒绝服务攻击尝试的恶意用户进行跟踪，而其中的拒绝服务攻击是指基于拓扑不一致的源地址欺骗。在 MIPv6 中，并不需要用反向隧道来避免入口过滤问题。然而，当移动设备（Mobile Equipment，ME）关心其位置隐私时，反向隧道仍可能是有益的。移动节点可以使用转交地址作为发送者地址，但这不是必需的。

7.3.2 路由优化的使用

路由优化减少了核心网（CN）与移动设备（ME）之间的延时，减轻了本地代理（HA）上的负荷。尽管如此，在 IPv4 中路由优化还是会增加 HA 上的复杂度，并且需要 HA 与所有通信主机（Correspond Host，CH）之间具有安全关联。此外，还需要 CN 和 FA－COA 之间的隧道进行分组传输。相比之下 MIPv6 中的路由优化去掉了对隧道分组的需求，取而代之的是在每个分组上增加了路由头。由于是由 ME 创建优化路由而不是由 HA 创建，因此 ME 对于决定何时优化路由也有更多的控制，这使得 MIPv6 的 HA 更加简单。当从 MIPv4 迁移到 MIPv6 时，需要改变 CN 以使用路由优化。相比之下，所有 IPv6 的 CN 自动支持路由优化[6]。

7.4 代理移动 IP

RFC 3344 中定义的移动 IP 需要每个移动基站都具有移动 IP 客户端或者 MN 功能。因为大多数 IP 主机和操作系统目前并不支持移动 IP 客户端，所以这是个具有挑战性的需求。应对这一问题的方法之一是在网络中设置一个作为移动 IP 客户端代理的节点。这一移动代理（Mobility Proxy Agent，MPA）能够执行注册并代表 MN 发送其他 MIP 的信令。像基于客户端的移动 IP（Client-based Mobile IP，CMIP）一样，MPA 可以包含联合 FA 功能或者利用一个外部 FA 实体进行工作。这种被称作代理移动 IP（Proxy Mobile IP，PMIP）的基于网络移动性的方案，提供了一种在不改变终端用户设备 IP 栈的情况下支持 IP

移动性的途径，并且通过削减在带宽受限空中接口上发送的 MIP 相关信令而带来了额外的好处[2]。PMIP 仅需要对传统的 CMIP 进行一些增强，且其被设计为可以与 CMIP 很好地实现兼容。

7.4.1 空闲模式移动性

在空闲模式下，UE 进入了一种节能模式并且不告知网络每个小区的变化。网络所知 UE 位置的颗粒度为几个小区，而这几个小区被称为跟踪区域(TA)，并且一个 TA 通常包含了多个 eNodeB。跟踪区域标识(Tracking Area Identity，TAI)信息表明了一个 eNodeB 属于哪个 TA，并作为系统信息的一部分被广播出去。当 UE 收到了与其当前小区不同的 TAI 时，UE 就能够发现 TA 的改变。当 UE 在 TA 之间移动时，要用新的 TA 信息更新 MME。当存在 UE 终止的呼叫时，UE 在它最后报告的 TA 中被寻呼[1]。

当 UE 通过开启电源进入空闲模式时整个过程就会开始。在开启电源之后，UE 会尝试与 E-UTRA 进行联络。UE 在 E-UTRA 中根据信号强度和信号质量搜索合适的小区，并选择该小区提供可用的服务，同时 UE 监听该小区的控制信道。这个过程便是所谓的小区驻留(camping on the cell)。

对于 UE 而言，对 PLMN 的第一个小区进行搜索一般是最困难的，这是因为 UE 不得不扫描 E-UTRA 频带并为每个载波频率辨识出最强的小区。UE 可以按照顺序搜索每个载波(“初始小区选择”，initial cell selection)，或者利用储存的信息来缩短搜索过程(“保存信息的小区选择”，stored information cell selection)。一旦 UE 获得了需要的信息，来捕获由相应的 E-UTRA 控制的 eNodeB，那么 UE 就能够请求对 E-UTRAN 的初始接入，由此从空闲模式转为连接模式。

小区重选识别出 UE 应当驻留的小区，它所遵循的小区重选标准包括对当前服务小区和邻近小区的测量[7]：

①基于小区排序进行频率内重选(intra-frequency reselection)。

②基于绝对优先级进行频率间重选(inter-frequency reselection)，即 UE 尝试在可获得的最高优先级频率上驻留。针对重选的绝对优先级仅由已登记公共陆地移动网(Registered Public Mobile Network，RPLMN)提供且仅在 RPLMN 中有效；优先级由系统信息提供并对小区中所有的 UE 有效；每个 UE 的特定优先级可以在 RRC 连接释放消息(RRC Connection Release message)中发送，

并且 UE 特定优先级具有一定的时效性。

7.4.2 工作模式移动性

工作终端移动性(也称作切换)的空闲模式完全受网络控制,对于移动以及目标小区和技术的选择(当可应用时)是由当前提供服务的 eNodeB 基于其自身和终端所进行的测量来进行决策的。

通常,在工作模式移动性中有三种类型的切换:

①LTE 内部:切换在当前 LTE 节点之中进行(MME 内部和 S - GW 内部)。

②LTE 之间:切换到其他的 LTE 节点(MME 之间和 S - GW 之间)。

③RAT 之间:在采用不同无线技术的网络间切换。

1. 切换过程

一般来说,在当前呼叫需要切换到其他被认为更合适的无线信道时会在 LTE 中执行切换。切换过程可分成以下几步。首先,执行切换初始化来表明需要切换到其他相关元素,这些元素需要采取一些行动以实现切换,具体表现为由 UE 进行的下行信号强度测量、处理测量结果以及向当前服务的 eNodeB 发送测量报告。当前服务的 eNodeB 随后基于收到的测量报告做出切换决策。然后,对切换资源进行分配,其中一些新的资源被分配和激活以支持切换之后的呼叫[8]。

随后,在切换执行的过程中,移动设备被要求转换到新的信道上。当移动设备确实改变信道后,呼叫被切换到已经在切换资源分配阶段激活的新路径上。最后,在切换完成阶段,在切换前用于支持呼叫的旧资源被释放。LTE 切换过程的消息顺序框图如图 7.5 所示。

切换过程的第一个阶段是切换准备;在这一部分,UE、当前服务 eNodeB 和目标 eNodeB 在 UE 连接到新小区之前进行准备。主要消息和过程如下所述:

①测量控制/报告:当前服务 eNodeB 配置并触发 UE 测量过程,随后 UE 向当前服务 eNodeB 发送测量报告消息。

②切换决策:当前服务 eNodeB 基于从 UE 处得到测量报告消息做出切换决策。

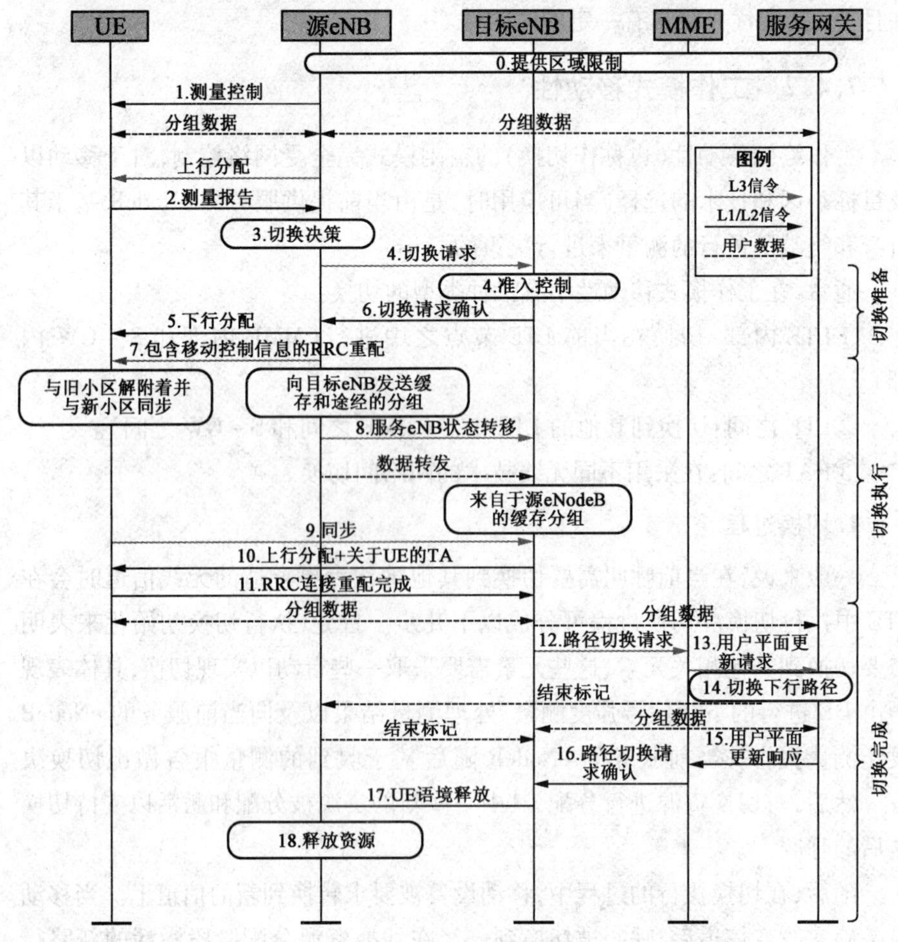

图 7.5　LTE 典型切换过程

原图中没有步骤 5 和 6 的编号，在翻译的时候添加了步骤 5 和 6 的编号

③准入控制：目标 eNodeB 根据 QoS 信息进行准入控制，并同层 1/层 2 一起准备进行切换。

④切换命令：当前服务 eNodeB 向 UE 发送切换命令。

对于切换执行阶段，其过程如下所述：

与旧小区解附着并与新小区进行同步，UE 完成和目标小区的同步并接入目标小区。

对于切换完成阶段则包含以下过程：

①切换确认和路径切换:服务网关将下行数据路径切换到目标路径。为此服务网关会与移动管理实体(MME)交换信息。

②释放资源:一旦接收到释放消息,当前服务 eNodeB 可以释放相关的无线资源和资源控制。随后,目标 eNodeB 可以发射下行分组数据。

2. 基于 X2 进行没有服务网关重配的切换

当 MME 不变并且其决定服务网关也不变时,这一过程利用 X2 将 UE 从源 eNodeB 切换到目标 eNodeB。这里假设服务网关和源 eNodeB 之间存在 IP 连接,并且服务网关和目标 eNodeB 之间也存在 IP 连接。工作状态下的 E - UTRAN 内部切换,是在 E - UTARN 中带有切换准备信令的 UE 辅助的网络控制切换。切换过程的实施没有 EPC 的参与,即准备消息直接在 eNodeB 之间交换。图 7.6 给出了一个基于 X2 切换的 E - UTRAN 内移动性实例的一般架构,而图 7.7 给出了基于 X2 切换的信令消息。

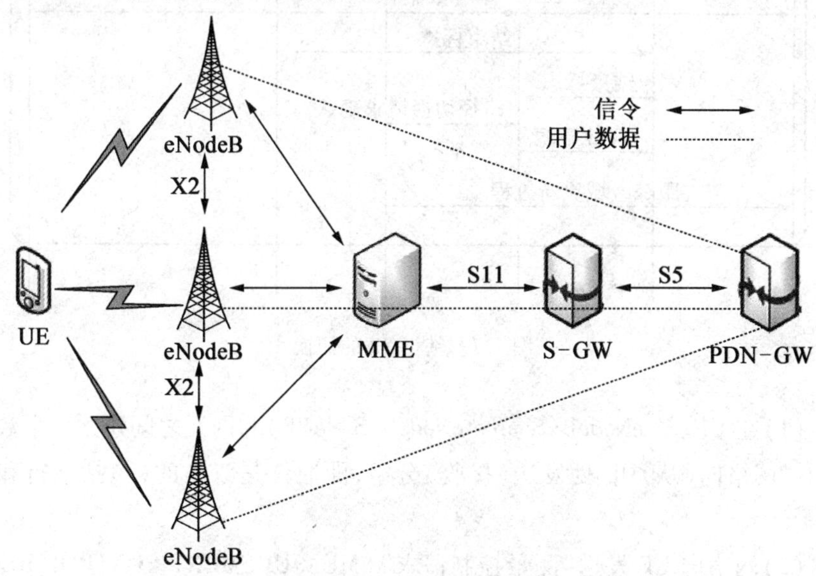

图 7.6 具有 X2 支持的 E - UTRAN 内移动性总览

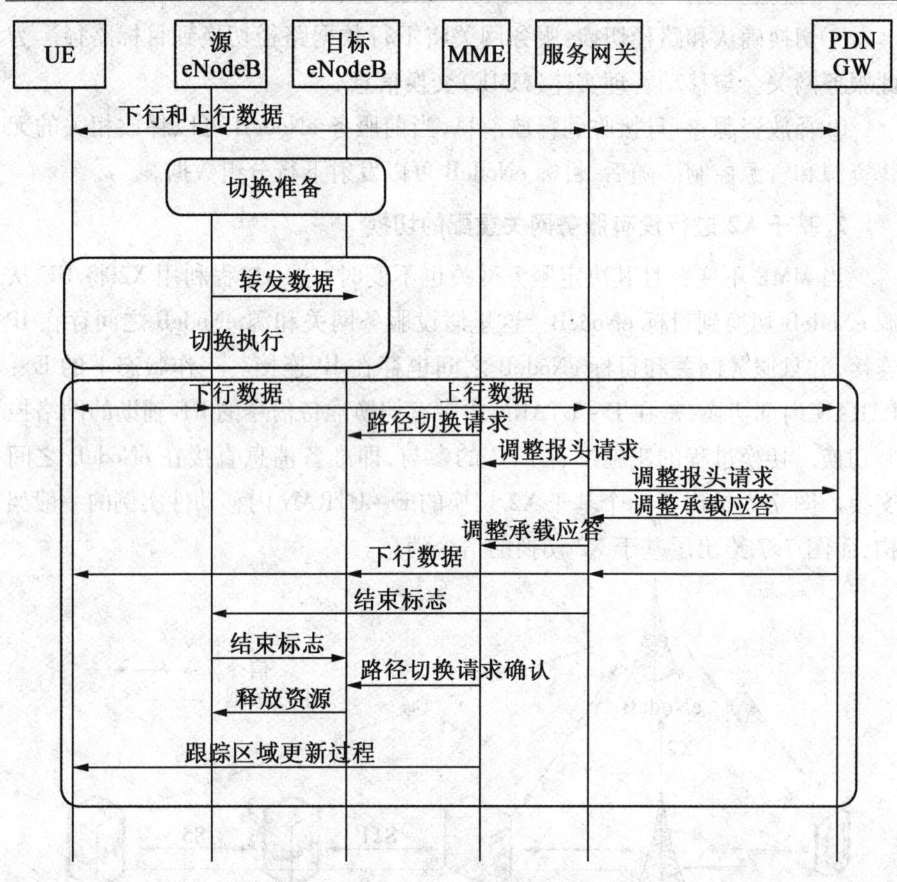

图 7.7 基于 X2 的切换

(1)在 UE、源 eNodeB(Source eNodeB,S－eNB)和网元之间建立一个数据呼叫。网络向(从)UE 处发送(接收)分组,即通信是双向的(包括下行和上行)。

(2)网络向 UE 发送“测量控制请求”(MEASUREMENT CONTROL REQ)消息以设置测量参数和其他参数的门限,其目的在于指导 UE 在检测到门限之后尽快地向网络发送一个测量报告。

(3)UE 在其满足之前传递的测量报告标准之后,向 S－eNB 发送“测量报告”(MEASUREMENT REPORT)。S－eNB 采用切换算法做出将 UE 向目标 eNodeB(Target eNodeB,T－eNB)切换的决定;每个网络运营商可以有其自己的切换算法。

(4)S－eNB 发出“资源状态请求”(RESOURCE STATUS REQUEST)消息以决定 T－eNB 上的负载(这是可选的)。基于接收到的“资源状态应答”(RESOURCE STATUS RESPONSE)消息,S－eNB 能够决定是否继续利用 X2 接口进一步地执行切换过程。

(5)为了在目标侧进行切换准备,S－eNB 需要向 T－eNB 提出“切换请求”(HANDOVER REQUEST)消息以传递必要的信息。例如,这些信息可以是 UE 背景,它又包含了安全背景、RB 背景(包括从增强无线接入承载(Enhanced－Radio Access Bear,E－RAB)到无线承载(Radio Bear,RB)的映射)和目标小区信息。

(6)T－eNB 检测资源的可用性,如果可用则保留这些资源,并返回“切换请求确认”(HANDOVER REQUEST ACKNOWLEDGE)消息,其中该消息包括作为 RRC 消息发送给该 UE 的一个透明容器,从而执行切换。该容器中包括了一个新的小区无线网络临时标识(C－RNTI)、为选择安全算法的 T－eNB 安全算法标识,并可能包含一个专用的无线接入信道(RACH)前缀和其他一些可能的参数(如接入参数和系统信息块 SIBs 等)。

(7)S－eNB 生成“RRC 连接重配”(RRC－CONNECTION RECONFIGURATION)消息以执行切换,其中该消息包括了移动性控制信息。S－eNB 执行必要的完整性保护,并将信息加密后发送给 UE。

(8)S－eNB 发送“eNB 状态转移”(eNB STATUS TRANSFER)消息给 T－eNB 以传达 PDCP 和 E－RAB 的超帧号(Hyper Frame Number,HFN)状态。

(9)S－eNB 开始为所有的数据承载进行向 T－eNB 的下行数据分组转发,其中这些数据承载是在“切换请求”消息的处理阶段在 T－eNB 处建立的。

(10)与此同时,UE 采用基于非竞争的随机接入过程尝试接入 T－eNB 小区。如果成功接入该目标小区,那么 UE 向 T－eNB 发送“RRC 连接重配完成”(RRC CONNECTION RECONFIGURATION COMPLETE)消息。

(11)T－eNB 向 MME 发送一个包含 T－eNB 的 TAI 和 E－UTRAN 小区全局标识(E－UTRAN Cell Global Identifier,ECGI)信息的“路径切换请求”(PATH SWITCH REQUEST)消息,以告知 MME 该 UE 已经切换了小区。然后 MME 确定 S－GW 能否继续为该 UE 服务。

(12)MME 向 S－GW 发送一个“承载修改请求”(MODIFY BEARER REQUEST)消息,其内容包括 eNodeB 地址和接受 EPS 承载的下行用户平面的隧道端点标识(Tunnel Endpoint Identifier,TEID)。如果PDN－GW需要UE的位置信息,则MME还要在消息中包括用户位置信息信元(Information Elements,IE)。

(13)S－GW采用最新收到的地址和TEID(下行数据路径切换到T－eNB)向T－eNB发送下行分组,并向MME发送“修改承载应答”(MODIFY BEARER RESPONSE)消息。

(14)S－GW沿旧路径向S－eNB发送一个或多个“结束标识”分组,随后就可以将指向S－eNB的所有用户平面或传输网络层(Transport Network Layer,TNL)的资源释放。

(15)MME向T－eNB发送一个“路径切换请求确认”(PATH SWITCH REQ ACK)消息以通知切换完成。

(16)T－eNB利用“X2用户语境释放”(X2 UE CONTEXT RELEASE)消息请求S－eNB释放资源,切换过程随之完成。

3. 基于X2进行服务网关重配的切换

当MME不变并且MME决定对S－GW进行重配时,这一过程利用X2将UE从S－eNB切换到T－eNB。这里分别假设源S－GW与S－eNB之间、源S－GW与T－eNB之间、目标S－GW与T－eNB之间均存在IP连接[9]。

7.4.3 采用S1接口的切换

当基于X2的切换不可用时(如没有至T－eNB的X2连接;基于X2的一次不成功切换后的错误指示;或者利用“状态转移”(STATUS TRANSFER)过程由S－eNB学习到的动态信息),将采用基于S1的切换过程。S－eNB通过在S1－MME参考点发送切换请求消息来启动切换。

S－eNB决定了直接转发路径的可用性(基于与T－eNB的连接性),并将其告知源MME。如果无法获得直接转发路径,则将采用间接转发。MME使用来自S－eNB的指示来决定是否应用间接转发。消息流程如图7.8所示,而对于过程的描述如下所示。

如前面所述,基于来自UE的“测量报告”,S－eNB决定将UE切换到另一个eNodeB(T－eNB)。除了MME在S－eNB和T－eNB之间进行切换信令的中继外,本节所描述的切换过程与上节中(采用X2接口的LTE内切换)的非常相似。主要的两点区别在于:

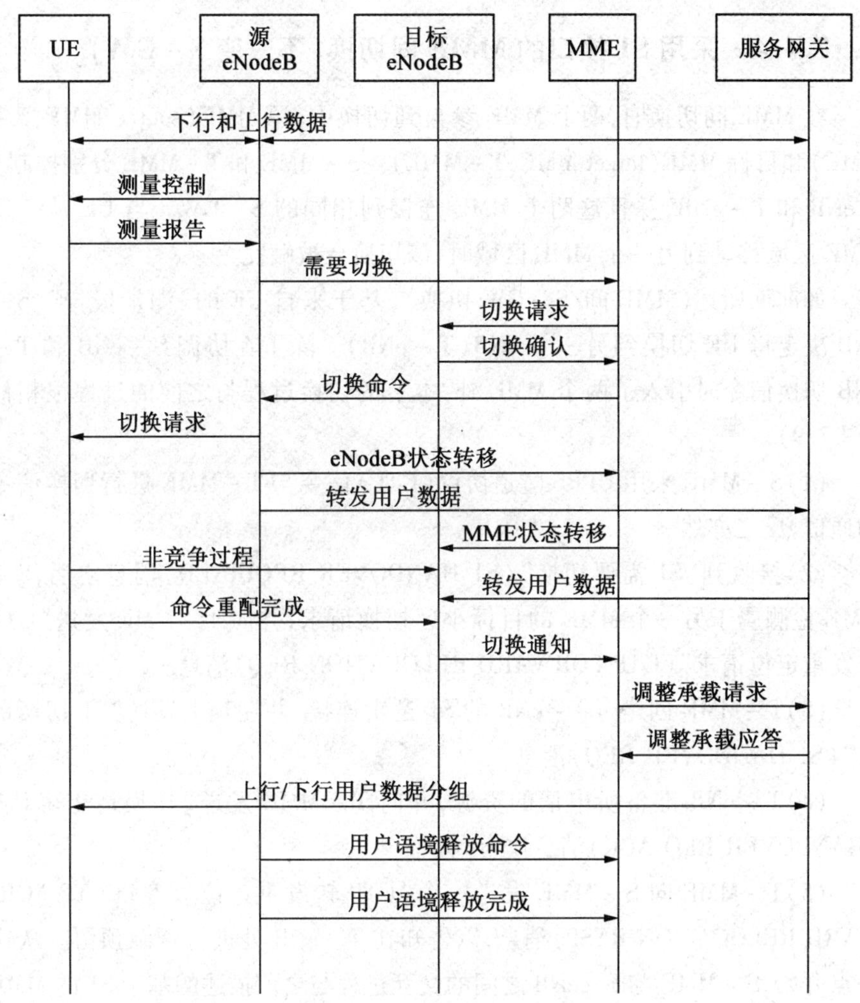

图 7.8 基于 S1 的切换

①由于 MME 知道切换的发生，因此不需要 T－eNB 与 MME 之间的路径切换（PATH SWITCH）过程。

②如果在 S－eNB 和 T－eNB 之间没有直接的转发路径，那么 S－GW 会参与下行数据转发。一旦切换完成，MME 将通过启动“用户语境释放”（UE CONTEXT RELEASE）过程来清除与 S－eNB 之间的 S1 逻辑连接。

7.4.4 采用 S1 接口的 MME 间切换(不改变 S－GW)

在 MME 间切换时,两个 MME 参与到切换中:源 MME(source MME,S－MME)和目标 MME(target MME,T－MME)。S－MME 和 T－MME 分别控制 S－eNB 和 T－eNB,并且这两个 MME 连接到相同的 S－GW。当 UE 从一个 MME 区域移动到另一个 MME 区域时,该切换会被触发[10]。

如前面所述(MME 间/S－GW 切换),基于来自 UE 的“测量报告”,S－eNB 决定将 UE 切换到另一个 eNB(T－eNB)。除了在协调 S－eNB 和 T－eNB 切换信令时引入了两个 MME 外,本节的切换过程与之前的过程很相似(图 7.9)。

(1)S－MME 采用 GPRS 隧道协议(GTP)信令与 T－MME 进行切换信令的通信,反之亦然。

(2)接收到“S1 需要切换”(S1 HANDOVER REQUIRED)消息之后,S－MME 检测属于另一个 MME 的目标小区切换请求,并向 T－MME 发送“GTP 转发重定位请求”(GTP FORWARD RELOCATION REQ)消息。

(3)T－MME 创建至 T－eNB 的 S1 逻辑连接,并在其上发送“S1 切换请求”(S1 HANDOVER REQ)消息。

(4)T－eNB 准备所申请的资源,并向 T－MME 发送“切换请求确认”(HANDOVER REQ ACK)消息作为应答。

(5)T－MME 向 S－MME 发送一个“GTP 转发重定位应答”(GTP FORWARD RELOCATION RESP)消息,以告知在 T－eNB 处进行资源预留。从这一点开始,S－MME 与 S－eNB 之间的交互过程与之前描述的基于 S1 的 MME 内/S－GW 的切换极为相似。

(6)由于 S－GW 没有改变,所以在切换期间下行分组由 S－eNB 通过 S－GW向 T－eNB 转发。

(7)一旦 T－eNB 检测到该 UE 在其区域内,它就会以一个“S1 切换通告”(S1 HANDOVER NOTIFY)消息来通知 T－MME。

(8)T－MME 用一个“GTP 转发重配完成通告”(GTP FORWARD RELOCATION COMPLETE NOTIFY)消息来通知 S－MME 切换完成。

(9)S－MME 向 T－MME 确认“GTP 转发重配完成通告”,并进行 S1 逻辑连接和相关承载资源的清理工作。

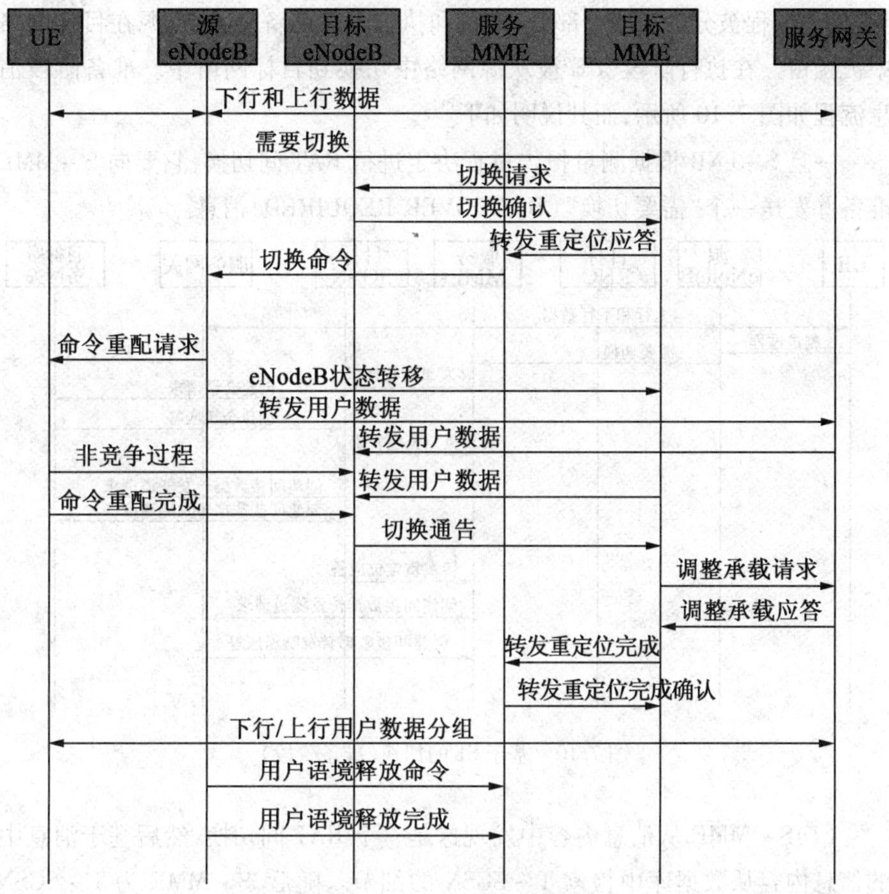

图 7.9 基于 S1 的切换

7.5 RAT 间切换:E－UTRAN 到 UTRAN Iu 模式

7.5.1 准备阶段

在 LTE 至 UMTS 的 RAT 间切换中,S－eNB 连接到 S－MME 和源服务网关(Source Serving Gateway,S－SGW),目标 RNC(Target RNC,T－RNC)连接到目标 SGSN(Target SGSN,T－SGSN)和目标服务网关(Target Serving Gateway,T－SGW),而 S－SGW 和 T－SGW 都连接到相同的 P－GW。为清楚起

见,这一过程被分为了两个部分:准备和执行。在准备阶段,资源在目标网络中被预留。在执行阶段,UE 被从源网络中切换到目标网络中。准备阶段消息流程如图 7.10 所示,而其说明如下[11]。

一旦 S－eNB 根据测量报告过程决定进行 RAT 间切换,它要向 S－MME 准备并发送一个"需要切换"(HANDOVER REQUIRED)消息。

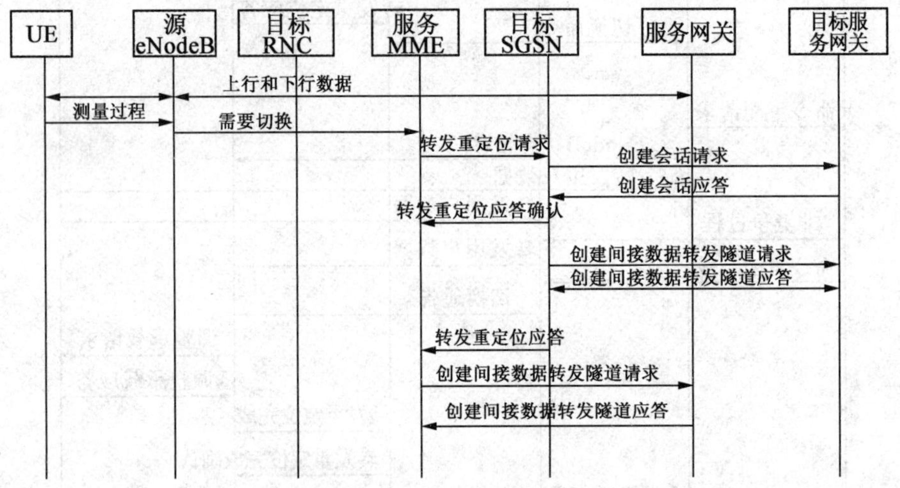

图 7.10　基于 S1 的切换(准备阶段)

(1)S－MME 从消息内容中发现这是一个 RAT 间切换,然后基于消息中的信息内容从数据库中检索 T－SGSN 的细节。随后,S－MME 为 T－SGSN 准备并发送一个"GTP－C:转发重定位请求"(FORWARD RELOCATION REQUEST,GTP－C)消息。

(2)T－SGSN 检测到 S－GW 的改变,并通过启动"GTP:创建会话"(GTP: CREATE SESSION)过程创建 T－SGW 中的承载资源。

(3)一旦 T－SGW 预留了资源,它就向 T－SGSN 发送一个"GTP:创建会话应答"(GTP: CREATE SESSION RESPONSE)消息作为应答。

(4)T－SGSN 随后通过发送一个"RANAP:重定位请求"(RANAP: RELOCATION REQUEST)消息在 T－RNC 中预留资源。

(5)T－RNC 预留无线资源,并向 T－SGSN 发送一个"RANAP:重定位请求确认"(RANAP: RELOCATION REQUEST ACK)消息作为应答。

(6)T－SGSN 在 T－SGW 中创建间接数据转发隧道,以便在切换过程中发送从 S - SGW 到 T - SGW 的下行分组。

(7)在间接数据转发隧道创建后,T - SGSN 向 S - MME 发送一个“GTP:转发重定位应答”(GTP: FORWARD RELOCATION RESPONSE)消息作为应答。

(8)由于在目标网络中已经成功地为转发下行分组至目标网络预留了资源,因此 S - MME 必须建立间接数据转发隧道,至此准备阶段完成。

7.5.2 执行阶段

(1)S - MME 向 S - eNB 发送携带有目标到源透明容器的“切换命令”(HANDOVER COMMAND)消息(即在目标处拥有预留资源的信息)。

(2)S - eNB 准备并发送一个“从 EUTRA 移动命令”(MOBILITY FROM EUTRA COMMAND)消息,为 UE 向目标网络的切换做准备。

(3)在接入目标 UMTS 小区之后,UE 向 T - RNC 发送一个“向 UTRAN 切换完成”(HO TO UTRAN COMPLETE)消息以表明切换成功。

(4)在切换期间,S - eNB 通过 S - SGW 向 T - SGW 转发下行数据分组。这个步骤可以发生在 S - eNB 接收到 S - MME 发来的“S1AP 切换命令”(S1AP HANDOVER COMMAND)消息之后的任何时刻。该步骤在无法获得与 T - RNC 的直接转发路径的情况下执行,否则 S - eNB 将向 T - RNC 直接转发下行数据分组。这两种选择在图 7.11 中都进行了描述。

(5)一旦 T - RNC 检测到 UE 在其区域内,它便向 T - SGSN 发送一个“RANAP:重定位完成”(RANAP: RELOCATION COMPLETE)消息以告知 T - SGSN 切换完成。

(6)T - SGSN 向 S - MME 发送一个“GTP:转发重定位完成通告确认”(GTP: FORWARD RELOCATION COMPLETE NOTIFICATION ACK)消息以告知 S - MME 切换完成。S - MME 确认此消息,并开始释放 S - SGW 和 S - eNB 中与这一 UE 相关的资源。

(7)T - SGSN 通过启动“GTP 调整承载”(GTP MODIFY BEARER)过程在 T - SGW 中调整 E - RAB 资源。

(8)T - SGW 通过启动“GTP 调整承载”(GTP MODIFY BEARER)过程告知 P - GW 承载参数。

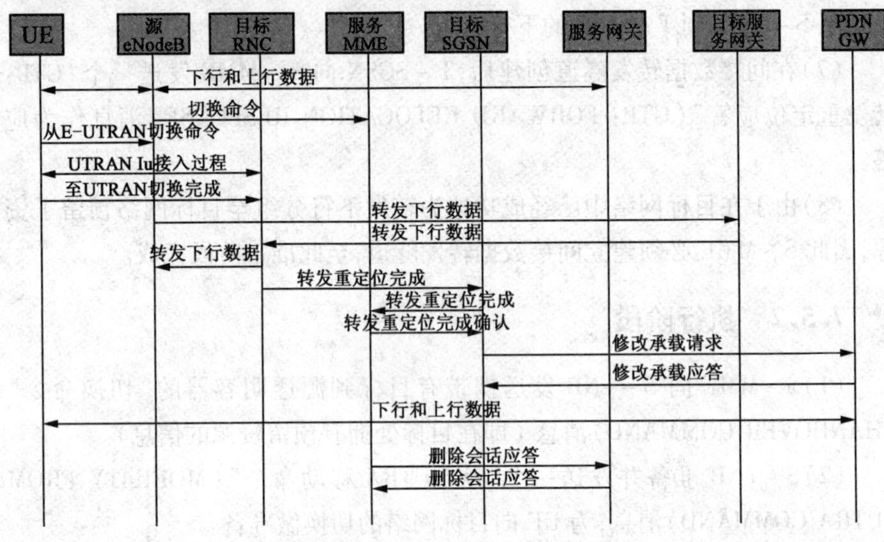

图 7.11 基于 S1 的切换(执行阶段)

7.6 概要与结论

移动性管理是 LTE 中的关键问题并体现出了 LTE 的强大特性,EPC 架构就是为了促进这一过程而设计的。本章介绍了包括切换和位置管理在内的有关移动性管理的诸多细节。该架构支持对现存移动网络的切换,从而为所有无线用户提供了无缝覆盖。LTE 内部的切换过程意在最小化中断时间,以使其小于 2G 网络中电路交换的切换时间。此外,从 LTE 到 2G/3G 系统的切换被设计成无缝式的。因而,切换所具有的主要特性可以概括如下:

①支持 EPC 架构中的不同功能的实体,以使无缝切换成为可能。

②LTE 中支持不同的连接模式以节省能源,并在切换过程中减少能耗。

③在 IP 层次上支持不同的移动协议。

④支持 LTE 网络和 3GPP、3GPP2 及 IEEE 体系网络之间的移动性。

⑤通过无缝切换和漫游支持移动性。

⑥提供健壮的安全性。

本章参考文献

[1] Okasaka S., Onoe S., Yasuda S., Maebara A., "A New Location Updating Method for Digital Cellular Systems," IEEE Vehicular Technology Conference. Gateway to the Future Technology in Motion, pp. 345 – 350, 1991.

[2] Akyildiz I. F., Xie J., Mohanty S., "A Survey of Mobility Management in Next-Generation All – IP based Wireless Systems," IEEE Wireless Communications Magazine, vol. 11, no. 4, pp. 16 – 28, 2004.

[3] 3GPP, Combined GSM and Mobile IP Mobility Handling in UMTS IP CN 3G TR 23.923 version 3.0.0, 2000 – 05.

[4] IETF RFC 2002, IP Mobility Support, C. Perkins, 1996.

[5] Gudmundson M., "Analysis of Handover Algorithm," Proceedings of the IEEE Vehicular Technology Conference, May 1991.

[6] Internet Draft, Johson and Perkins, Mobility Support in IPv6, October 1999, http://www.ietf.org/internet – drafts/draft – ietf – mobileip – ipv6 – 09.txt

[7] Heikki K., Ahtiainen A., Laitinen L., Naghian S., Niemi V., UMTS Networks: Architecture, Mobility and Services, Wiley, 2005.

[8] LTE World, http://lteworld.org/

[9] 3GPP TS 36.300, "Evolved Universal Terrestrial Radio Access (E – UTRA) and Evolved Universal Terrestrial Radio Access (E – UTRAN); Overall Description; Stage 2."

[10] Motorola, "Long Term Evolution (LTE): A Technical Overview," LTE Technical White Paper, http://www.motorola.com/

[11] Dimou K., Wang M., Yang Y., Kazmi M., Larmo A., Pettersson J., Muller W., Timner Y., "Handover within 3GPP LTE: Design Principles and Performance," IEEE Vehicular Technology Conference Fall, pp. 1 – 5, 2009.

第8章 LTE与Femtocell

LTE网络以超过100 Mbps的峰值速率、高速移动性、低延时以及对多种实时应用的支持,势必将改变移动宽带通信的局面。然而仅依靠LTE的覆盖并不能充分满足室内服务的需求,因此运营商需要针对居所和工作场所的使用更有针对性地定制和部署Femtocell,以作为宏蜂窝网络的补充。为了理解Femtocell对于LTE的重要性,分析移动用户的行为并确定这一需求的性质是十分重要的,特别是哪里会产生这种需求。传统意义上,移动运营商的任务是为移动用户在移动过程中提供连续不断的服务,而其服务主要是移动电话的语音业务。随着技术的不断涌现,如UMTS、固定与移动融合(Fixed Mobile Convergence,FMC)等,移动服务的用途正在改变,而最新的发展趋势是室内通信的重要性正在不断提升。在此背景下,高数据速率和良好覆盖是移动运营商为了保持竞争力而应该提供的两个主要要素。然而,室内用户通常无法获得运营商提供的高质量服务,有45%的家庭用户和30%的商业用户遇到过室内覆盖差的问题[1]。运营商很难使用宏蜂窝网络为室内用户提供高质量的服务和小区覆盖,甚至其几乎不可能通过在人口密集区域布置大量的室外基站来改善室内覆盖效果。上述关注的问题更强化了Femtocell作为室内解决方案的需求。

Femtocell的概念十分简单,即部署大量、廉价的、通过宽带连接到核心网的基站供住户使用。Femtocell为LTE带来的性能收益在于它们可以保证更多的用户在大多数时间内都能够达到峰值数据速率,特别是在消费绝大多数移动宽带数据的建筑物内,而这里的服务质量也会低于室外。此外,作为一种信道共享的无线电技术,OFDMA是LTE网络的基础之一。因为一个小区中用户越少则分配给每个用户的带宽就会越大,所以LTE Femtocell将会为用户提供更好的性能和更大的带宽。此外,由于小区半径更小并且用户设备更接近无线接入网,因此LTE Femtocell可以在增加吞吐量的同时减少信号的衰减。

从商业的角度,由于业务量不再通过宏蜂窝网络,Femtocell 节省了宏回程网络的运营支出(Operational Expenditure,OPEX)。因为没有增加新基站或者扩容的需求,所以也会节省资本支出(Capital Expenditure,CAPEX)。Femtocell 也使运营商可以最大化 LTE 的频谱效率。在高频段上 LTE 将会得到相当数量的新频谱,这些频谱上的信号不能有效穿透建筑,但却是 Femtocell 的理想选择。Femtocell 与低廉的话音业务联合将会增加投资收益,Femtocell 还被设计用于提供期望在 LTE 集中体现的创新服务。在无需加重移动网络的负载的前提下,LTE Femtocell 将为下载以及来自 Internet 或家庭设备之间的流媒体提供最理想的环境。在家庭内部媒体共享的情形中,Femtocell 甚至将无需宽带回程,因而也就不受网络吞吐量的约束,从而可以充分利用 LTE 的全峰值速率。此外,设想一下基于存在的应用(presence-based applications),当一个消费者被检测到进入或者离开家时,Femtocell 能够自动触发这些应用[2]。

8.1 Femtocell 兴起的背后

随着全世界近 60% 的人拥有移动电话,移动蜂窝通信已是迄今为止发展速度最快的技术之一。然而最近的研究表明,语音业务收入正在下降,而数据业务及其收入正在不断增加。出现这一情况的部分原因是第三代移动通信服务推出后,移动通信和交互网的融合。随着可以快速可靠地访问交互网,数据业务量的增速要远快于营业收入的增长,并且未来这一趋势还有望继续加速。为了保持竞争力,运营商需要充分降低传输数据的每比特信息成本,而不是限制用户对于消费数据流量的欲望。

除了语音收入逐渐减少之外,有关无线应用又有新趋势出现。约有 66% 的通话是由手持移动设备发起的,并且 90% 的数据服务发生在室内[3]。由于语音信号的数据率非常低,在 10 kbps 或更低的量级上,因而语音网络的工程设计是可以容忍较低信号质量的;然而数据网络需要更高的信号质量以提供更高的数据速率(几 Mbps)。因此,运营商需要在不增加额外宏蜂窝部署的条件下改善室内覆盖。Femtocell 则是一个有望以有限的成本解决室内覆盖问题的方案。Femtocell 能够满足用户对于高速数据率和可靠性的渴望,同时也能够满足运营商在不部署额外宏蜂窝网络的前提下增加收入的需求。

8.2 Femtocell 技术

Femtocell 也被称作 Femto 接入点(Femto Access Point,FAP)或家庭基站(Home eNodeB,HeNB),它由 3GPP 为 E - UTRAN 设计而并非一个新的概念。它最早由贝尔实验室在 1999 年率先研发,其最初的设计初衷是直接提供一个等价的 WiFi 接入点,而不是移动蜂窝网的接入点。在 2007 年巴塞罗那举办的全球移动大会上,很多主要的公司都展示了这一系统,从而使这一理念更广泛地得到了认同。为了推进在世界范围内部署 Femtocell,Femto 论坛在同年成立,它由超过 100 家的电信硬件和软件供应商、移动运营商、内容提供商及新兴公司组成[2]。

从技术的观点来看,Femtocell 是一个低功率的无线接入点,是用户为了更好的室内语音和数据接收而以即插即用的方式自行安装的。Femtocell 工作在授权频段上,并通过住宅的 DSL 或电缆宽带连接到移动运营商的网络上,如图 8.1 所示。因此,Femtocell 通过宽带通信连接到蜂窝网络上,从而使得固定与移动融合(FMC)服务成为可能。Femtocell 的辐射功率很低(小于 10 mW),并且一般能够同时支持 2 ~ 8 个移动用户。Femtocell 网络由不同的支撑网元组成:Femtocell 接入点(FAP)为授权用户提供授权频段上的覆盖;Femtocell 接入点网关(FAP Gateway,FAP - GW)被用作接收来自 FAP 所有业务的集中器;而自动配置服务器(Autoconfiguration Server,ACS)用于提供运营、管理、维护和配置(Operation Administration Maintenance and Provisioning,OAMP)的管理功能。这些网元的组合,提供了通信、安全、网络配置、网络管理和集成等功能。Femtocell 的概念可以应用于不同无线接入技术。尽管这里只讨论 LTE,但所论述的结果同样适用于现有及新兴的无线宽带技术,如 3G 和 WiMAX。

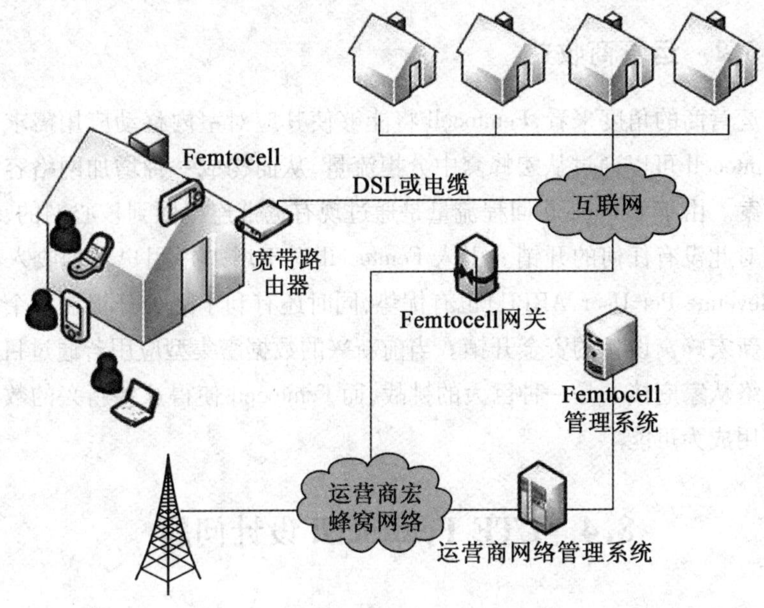

图 8.1 基本的 Femtocell 网络[2]

8.3 Femtocell 的收益

Femtocell 促成了用户与运营商双赢的局面,正如下所述,双方均能够从中获益,因而 Femtocell 在无线通信产业界引起了很大的兴趣。

8.3.1 用户收益

从用户的角度来看,Femtocell 解决了许多蜂窝技术的固有问题。Femtocell 的一个主要优势在于,在 50 ~ 200 m 的覆盖半径内有效增强了室内的覆盖效果。在家庭办公(Small Office Home Office,SOHO)环境中,Femtocell 能提供充足的覆盖,解决了建筑物内部覆盖不足的问题。Femtocell 通过以更高的数据速率在建筑物内提供更好的话音和多媒体服务质量的方式改善了用户体验。同时由于较低的功率辐射,电池寿命也得到了延长。此外,由于部署成本低,Femtocell 能够提供低廉的语音资费。对于运营商而言,采用 Femtocell 传送移动服务是更廉价的,这就有可能为家庭中的服务提供更便宜的计费策略。

8.3.2 运营商收益

从运营商的角度来看,Femtocell 将能够使其应对室内移动应用需求的增长。Femtocell 可以通过从宏蜂窝中分担流量,从而构成一种增加网络容量的解决方案。由于 Femtocell 回程流量是通过现有宽带连接回到核心网的,使得运营商对此没有任何的开销。引入 Femtocell 对于增加每用户平均收入(Average Revenue Per User,ARPU)也有优势,同时还有利于减少分担在每个用户身上的新宏蜂窝设备的资金开销。当前新兴的数据密集型应用若通过目前的蜂窝网络从家庭接入是一种巨大的挑战,而 Femtocell 使得这些新兴的数据密集型应用成为可能。

8.4 LTE Femtocell 设计问题

在扁平化架构中基站(即 eNodeB)需要承担更多的功能,这对 LTE 在无线接入网(E-UTRAN)中的演变而言是一个重要的改变。目前,Femtocell 的标准化工作正在 3GPP 中进行。围绕着 3GPP 的一些联盟,如 Femto 论坛[2]和下一代移动网络(Next Generation Mobile Network,NGMN)等,正就 LTE Femtocell 的有效发展和部署机遇进行细致的讨论[4]。

图 8.2 给出了由 3GPP 提出的 LTE Femtocell 架构,该架构中的各元素如下所述。

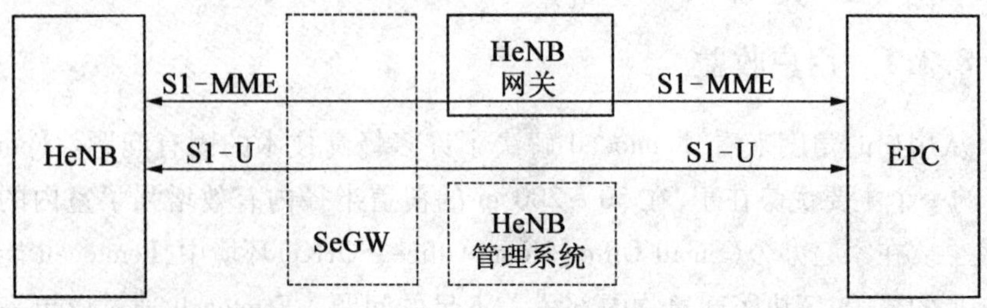

图 8.2 LTE Femtocell 逻辑架构[5]

1. 家庭基站(HeNB)或 FAP

家庭基站(HeNB)是 E-UTRAN 中 Femtocell 的通称,它是一种能够被用户在家庭或办公室环境下方便安装的即插即用用户设备。HeNB 采用用户的宽带作为回程连接到运营商的核心网。相邻 HeNB 之间不存在 X2 接口。与 eNodeB 相似,HeNB 通过 S1 接口与 LTE EPC 交互。具体来说,HeNB 通过 S1 - MME与移动管理实体(MME)相连,其中 MME 对空闲模式下的 UE 可达性和工作模式下的 UE 切换支持提供控制功能。HeNB 通过 S1 - U 接口与服务网关(S - GW)相连。

2. 家庭基站网关(HeNB GW)或 FAP - GW

家庭基站网关(HeNB GW)通过 S1 接口与 HeNB 相连,并通过同一个 S1 接口与 MME 和 S - GW 相连。HeNB GW 起到了一个集中者和分发者的角色。对于控制平面(C - Plane)层,HeNB GW 是作为一个集中器使用,具体来说就是 S1 - MME 接口位于传输网络层。HeNB GW 传输许多 S1 应用协议(S1AP)连接,并且这些连接是由在 HeNB GW 和 MME 之间的一个单一的流传输控制协议(SCTP)所关联的许多 HeNB 所产生的。SCTP 是用于信令传输的协议。作为分发者,HeNB GW 分发消息和业务给其范围内不同的 HeNB。LTE Femtocell 架构可以通过部署一个 HeNB GW 来允许 HeNB 与 EPC 之间的 S1 接口支持更多数量的 HeNB。来自于 HeNB 的 S1 - U 接口可以终止于 HeNB GW,或者可以在 HeNB 与 S - GW 之间采用一个直接的逻辑用户平面(U - Plane)连接。

3. 家庭基站管理系统(HMS)或 ACS

家庭基站管理系统(HeNB Management System,HMS)的功能基于 TR - 069 标准族[6]。它授权运营商控制和管理 HeNB 的配置。此外,它产生故障报告并收集 HeNB 之间的性能差异。通过 HMS,运营商利用额外的服务而准许接入 HeNB,同时运营商还可以应用服务使用策略。

4. 安全网关(SeGW)

在 LTE Femtocell 中,安全网关(Security Gateway,SeGW)被用于在 HeNB 与 EPC 之间提供安全的通信链路。当移动业务暴露在公共接入网络时将可能受到网络攻击,SeGW 为此及潜在的安全威胁提供保护。SeGW 是一个逻辑实体,在某些情况下它是集成在 HeNB GW 内部的,而在其他情况下 SeGW 可以作为独立的网络实体。

8.5 LTE Femtocell 的部署场景

LTE Femtocell 的部署架构还远没有被标准化。3GPP 在 Release 9 的规范中为未来 LTE Femtocell 提出了三种不同的架构场景[7]。

8.5.1 场景 1

图 8.3 根据 3GPP 设计描绘了第一种可能架构。在该架构中,HeNB 仅仅连接到一个单一的 HeNB GW,而此 HeNB GW 被认为是一个运营商设备并将会放置于运营商的网络中。HeNB GW 的存在使得 HeNB 可以被广泛部署。由于其颇为直接的部署场景,这种架构对于供应商很具有吸引力。

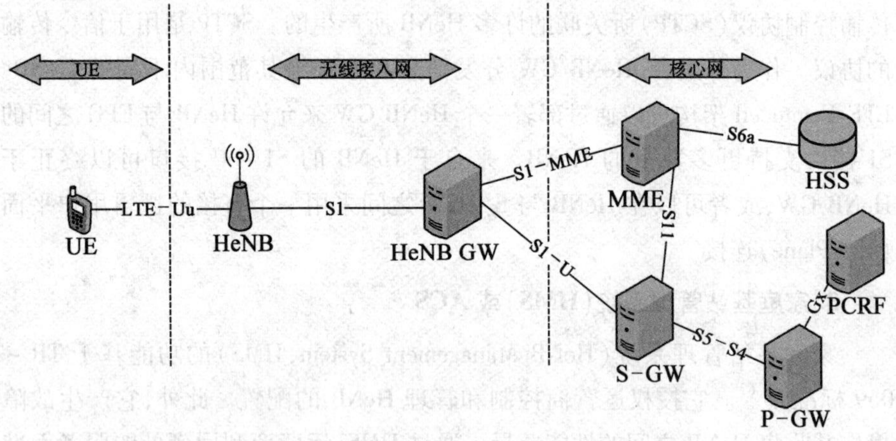

图 8.3 LTE Femtocell 部署场景 1:具有专用的 HeNB GW

8.5.2 场景 2

图 8.4 展示的是一种没有物理 HeNB GW 存在的 Femtocell 变形架构。在这一架构中,HeNB GW 的功能集成到了 HeNB 和 MME 中。这一架构遵循以下原则:为了提高系统性能和效率,不同网络设备的功能操作都集成在一个设备中,通过这种方式新部署的网络实体在一定条件下可以与其他网络实体更好地配合工作。这种架构还使得 HeNB 可以进行自配置[10]。然而,将 HeNB GW 的功能分散在 HeNB 和 CN 中可能会导致 HeNB 的性能下降。

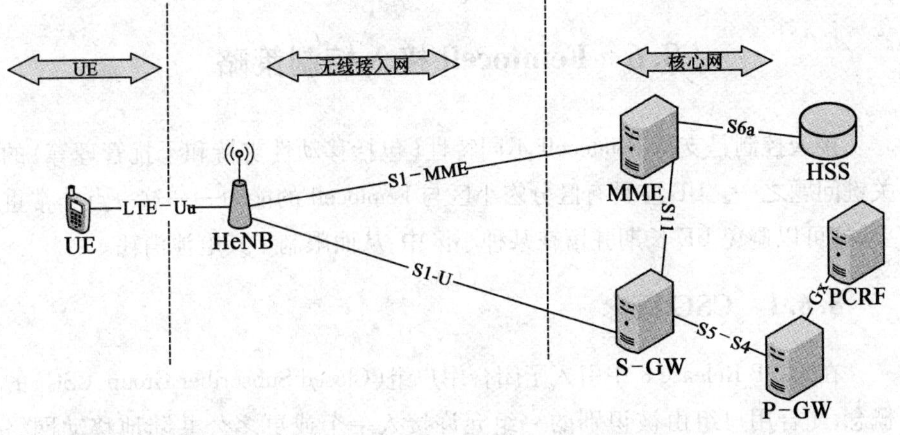

图 8.4 LTE Femtocell 部署场景 2:无 HeNB GW

8.5.3 场景 3

在这种变形架构中,HeNB GW 仅仅用于聚合控制平面信令,而 HeNB 通过一个直接的逻辑用户平面连接与 S－GW 直接相连,如图 8.5 所示。这种方式中 HeNB GW 用于传输控制平面信令,投递给 S－GW 的分组效率将会提高,并会提升整个网络的分组传送总效率。

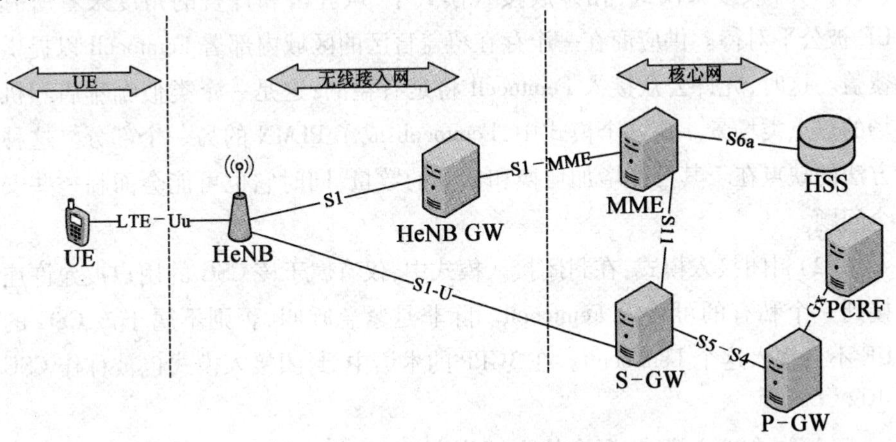

图 8.5 LTE Femtocell 部署场景 3:控制平面的 HeNB GW

8.6 Femtocell接入控制策略

接入控制是支持Femtocell不同特性(包括移动性支持和干扰管理等)的关键问题之一。UE应具有区分宏小区与Femtocell的能力——这一点非常重要,这可以避免UE长期驻留在某种小区中,从而限制了其电池消耗。

8.6.1 CSG概念

在3GPP Release 8中引入了闭合用户组(Closed Subscriber Group,CSG)的概念,闭合用户组由被识别的一组允许接入一个或更多公共陆地移动网络(PLMN)小区的用户组成。这一约束对于Femtocell而言是势在必行的,主要缘于以下原因。Femtocell通常被限定为支持少量的UE,更多的UE会导致服务质量不满足要求。而且,Femtocell的拥有者不会同意与其他用户共享其回程链路。CSG概念通过定义一个PLMN中唯一的CSG标识使得UE可以被允许使用Femtocell。CSG标识被所有支持授权UE接入的Femtocell进行广播,而每个UE应当能够储存一个授权CSG标识列表。

Femtocell可以采用三种不同的使用模式:开放、封闭和混合模式。

(1)开放接入模式:在开放接入模式中,从驻留和计费的角度来看所有UE被公平对待。供应商在一个存在覆盖盲区的区域内部署Femtocell以提供覆盖。这时,允许公众接入Femtocell将是有益的;这是一个类似咖啡店和机场的热点类场景。在这个模式中,Femtocell成了PLMN的另一个部分。这种方法的缺点在于其可能增加切换和信令的数量,同时它也可能会面临一些安全问题。

(2)封闭接入模式:在封闭接入模式中,仅有属于该CSG的用户被允许连接到一个私有的可接入Femtocell。除非是紧急呼叫,否则不属于该CSG的UE不会接入这个Femtocell。在3GPP的术语中,封闭接入模式也被称作CSG小区。

(3)混合接入模式:混合接入模式在3GPP的术语中也称为混合小区,它与封闭接入模式较为相似。其允许不属于该CSG的UE连接到Femtocell,但它们仅被允许使用优先计费并授权给签约用户的特定资源。这意味着不属于该CSG的UE服务将可能被先占或拒绝,以便让位给签约用户。

8.6.2 物理小区标识

在 3GPP 中,每个 LTE 小区广播一个特定的物理小区标识(Physical Cell Identity,PCI),PCI 通常是出于无线的目的被用来辨识小区;例如,驻留/切换过程可以通过向 UE 明确提供一个其所监控的 PCI 列表进行简化,其中该 PCI 列表即所熟知的相邻小区列表。

在整个网络中小区的 PCI 不需要是唯一的;然而,它在其本地范围内必须是唯一的,以避免与其相邻小区混淆。在 3GPP 无线接入技术中,由 Femtocell 以独占方式使用 PCI 的范围可以通过信号的方式告知[9]。这对于 Femtocell 网络来说则是一个挑战,因为在它们启动或改变位置之后必须动态选择它们的 PCI 以避免和其他宏小区或 Femtocell 发生冲突。

此外,由于 Femtocell 的大量部署以及有限的 PCI 数量(在 LTE 中有 504 个),因此将不可避免地在一个给定区域内进行 PCI 的重复使用,而这会导致 PCI 混淆的问题[10]。并且,PCI 的一个子集可以被预留并用于诸如 Femtocell 识别这样的特定目的[11]。例如,通过把一个特定范围的 PCI 归于某些 CSG 小区,可以不用读取系统信息就可使用 PCI 来进行 CSG 小区识别。这部分 PCI 将被 CSG 小区所独占,而对于接入 CSG 不感兴趣的 UE 来说可以通过不在 CSG 中驻留的方式减少对电池寿命的影响[9]。然而,如果固定数量的 PCI 被保留用于特定用途,那么当大量部署 Femtocell 时,PCI 混淆的问题可能会更加严重。为了解决这个问题,采用 PCI 动态预留方案可能是一个不错的选择[12]。

8.7 LTE Femtocell 挑战与技术问题

Femtocell 解决方案对于移动网络运营商而言有着不可抗拒的吸引力,这是因为移动网络运营商无需因部署宏蜂窝而承担额外的成本,但却能够提供广泛的可获得的宽带连接,并以此成功满足了覆盖和移动数据带宽的需要。尽管采用 Femtocell 可以提供诸多收益,但由于一些技术问题,部署 LTE Femtocell 也面临着许多挑战。

8.7.1 干扰

大量部署与现存宏蜂窝相关联的 HeNB 所形成的干扰是 Femtocell 技术

需要应对的主要挑战之一。如果干扰不能得到妥善管理,那么Femtocell的部署将对邻近小区产生严重的影响。由于Femtocell和宏蜂窝位于两个不同的层面,因此它们所组成的网络则被称为"双层"(two-tier)网络。在双层网络中,需要区分两种类型的干扰:跨层干扰和层内干扰。跨层干扰是由Femtocell层至宏蜂窝层之间的某个元素造成的,反之亦然。而层内干扰发生在同层元素之间,如相邻的Femtocell。

目前已经有一些技术被提出以克服Femtocell中的干扰问题。其中基于硬件的方法,如消除技术或使用扇区天线等,通常会增加HeNB的成本,而这又违背了Femtocell的初衷。另外的有效可选方案是基于干扰避免策略和子信道管理。这些技术常用于减轻蜂窝网络中的干扰,并且它们对于减轻Femtocell中的跨层干扰十分重要。

8.7.2 频谱分配

从OFDMA频谱资源分配的角度来看,存在很多不同的管理子信道分配的方法。其中一种可以完全消除跨层干扰的方法是将授权频谱分成两个部分,即所谓的正交信道分配(Orthogonal Channel Assignment,OCA)。这一方法中,子信道的一部分会用于宏蜂窝层,而另一部分则由Femtocell使用。在OCA中,频谱分配既可以是静态的也可以是动态的,这取决于地理区域或业务需求与用户移动性。尽管从跨层干扰的立场来说这是最优的,但这种方法在频谱复用方面却是低效的,并且还意味着UE需要支持不同的频率。

另一种子信道分配方式允许Femtocell和宏蜂窝层共享频谱,这种方式被称作同信道分配。同信道策略看起来是更有效率的,同时由于对高成本的授权频谱的有效使用,该策略为运营商带来了更多的回报。它使得eNodeB和HeNB之间的切换变得容易,频谱效率也更高。然而,Femtocell之间的传输会对宏蜂窝的服务产生跨层干扰,反之亦然。因此,同信道部署方式下的资源分配就更加至关重要。这一策略能够成功部署的关键在于,在追求尽可能高的空间信道复用的同时,要保护宏蜂窝用户服务免受Femtocell的干扰。

为减轻跨层干扰和同层干扰可以采用两种策略。在集中策略中,需要有个中心实体负责给每个小区智能地分配所使用的子信道。这个实体会从Femtocell及其用户处收集信息,并在较短时间内利用这些信息找到最优的解决方案。但由于Femtocell的一些显著特性,如用户安装及无计划部署等,这一方案受到一些难度较大的技术因素限制而不适于实际应用。

分布式或自组织策略是另一种减轻跨层干扰和同层干扰的方法,其中每个小区通过协作或非协作的方式管理它自己的子信道。在非协作方式中,每个 Femtocell 会独立地规划其自己的子信道以最大化其用户的吞吐量和 QoS,而忽略它的分配可能给邻近小区带来的影响。因此,这种子信道接入方式遵循的是机会主义原则,并且这一方法最终可能蜕变为贪婪算法。在协作方式中,每个 HeNB 收集邻近 Femtocell 的信息,并在进行分配时将其可能给邻近小区带来的影响考虑进去。此方法中,平均 Femtocell 吞吐量和 QoS,及它们的整体性能是可以局部优化的。这种方法对于资源管理和干扰削弱都是十分有益的,但它的缺点在于需要额外的开销和感知机制,以收集相邻 Femtocell 和宏蜂窝的信息。

8.7.3 接入模式影响

另一个在干扰严重性中扮演关键角色的因素是 Femtocell 之间的接入策略。在封闭接入场景中,非签约客户会收到来自邻近 Femtocell 的严重干扰信号。事实上,非签约客户将不被允许使用 Femtocell,即便 Femtocell 的导频功率比最近的宏蜂窝导频功率高。如果非签约客户以高功率进行发射,它们也可能干扰 HeNB 的上行链路。

在开放接入部署中,非签约客户也能够连接到 Femtocell,这将在很大程度上削减跨层干扰。然而,因为所有的用户都能够使用 Femtocell,所以大量的切换将使得信令消息的数量增加;因此开放式接入将可能产生中断。

8.7.4 安全与隐私挑战

像所有通信技术一样,Femtocell 也需要健壮的安全性。如图 8.6 所示,在启用 Femtocell 的移动网络中,威胁模型主要包括对 UE、HeNB 和运营商核心网之间通信链路的攻击,以及对 HeNB 完整性的攻击,而 HeNB 的完整性被认为是 Femtocell 网络中的一个易受攻击点。

1. 对通信链路的攻击

针对无线通信链路的攻击或者针对网络的第三方攻击,主要威胁 UE 与 HeNB 之间、HeNB 与 Se - GW 之间的安全性,以达到窃听、中断服务、欺诈及其他恶意行为的目的。这一类攻击包括中间人攻击、流量侦听和追踪攻击。

Femtocell 网络中的通信链路可以分为：

①UE 与 HeNB 之间通过空中接口的链路。

②HeNB 与 Se－GW 之间的公共链路。

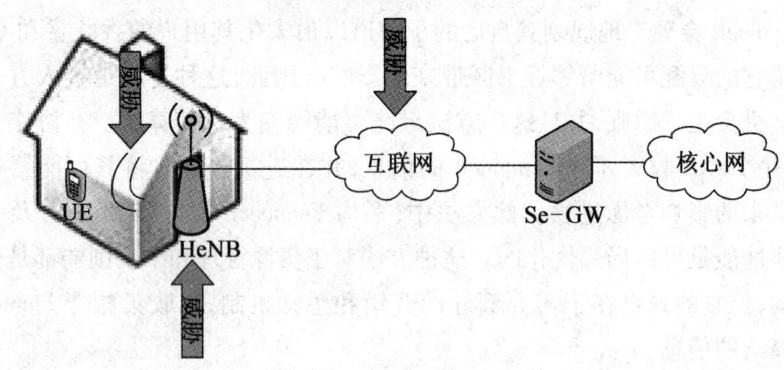

图 8.6 Femtocell 网络的威胁模型

对于空中接口的攻击可以是被动的或主动的。在被动攻击中，攻击者被动侦听通信内容；而在主动攻击中，攻击者在侦听之外还会注入或更改数据。Femtocell 中通常采用对消息加密保护的方式来应对空中接口攻击。在向全 IP 网络和 Femtocell 网络迁移时将可能产生有关用户身份保护的问题，而像 TMSIs[13] 和 GUTIs[14] 这样的传统解决方案可能并不适用[15]。随着 Femtocell 的大规模部署，使用非链接的临时标识来保护在空中接口处的移动设备身份已经不足以达到令人满意的保护水平，因为它们在一个由近 100 个相邻小区组成的给定区域内通常不做改变。而由于范围较小，Femtocell 使得跟踪能够以前所未有的精度进行。

由于 HeNB 和 HeNB GW 采用宽带 IP 作为蜂窝通信的回程，那么就有可能对移动运营商采用基于 Internet 的攻击。HeNB 和网络必须能够彼此相互认证，因而 HeNB 成了运营商网络的一部分。为了实现这一过程，HeNB、HeNB GW 以及位于公共 Internet 和移动运营商核心网之间的 Se－GW 必须能够建立一个安全通信隧道。

由交互网工作任务组（IETF）标准化的互联网密钥交换版本 2（Internet Key Exchange Version 2，IKEv2）已经用于规定 HeNB 和 HeNB GW 的地址认证需求。这是一个非常灵活的协议，可以支持许多现行的认证方法。IKEv2 中的认证可以通过公钥基础设施（Public Key Infrastructure，PKI）证书、共享密钥或 SIM 卡来实现。IKEv2 也支持可扩展认证协议(Extensible Authentication Protocol,EAP),这一特性使得 IKEv2 协议可以应用于许多现有认证机制或系统。在成功协商、身份辨别和对所有部分进行认证之后,IKEv2 产生密钥并为后续的安全通信建立连接。

当 IKEv2 用于接入点和网关之间的彼此认证时,实际的安全通信信道是由 IPsec 实现的。这是由 IETF 标准化的另一个 Internet 安全通信协议。对 IPsec 协议的支持是保护 Femtocell 系统 IP 回程的需求。在 IP 业务穿越宽带连接而回到运营商核心网的过程中,IPsec 对该 IP 业务进行了保护。这是一种可以提供数据完整性和保密性的灵活而有效的方法。然而 IPsec 是由许多协议构成的复杂协议族,Femtocell 网络的回程安全性主要关注其中的一个变形,即封装隧道载荷(Encapsulating Tunnel Payload,ETP)隧道变体。

2. 对 HeNB 完整性的攻击

HeNB 是通向运营商核心 IP 网和无线网的网关。对 HeNB 完整性最常用的威胁包括黑客、篡改/反向工程和设备克隆。考虑到物理尺寸、材料质量、低成本器件和 IP 接口等因素,HeNB 是比较容易受到攻击的。此外,Femtocell 标准所需的无线配置数据、加密密钥、身份资料、运行统计数据等都需要存储在 HeNB 中。这些数据十分敏感,必须确保除运营商之外的任何人无法获得。为了做到这一点,数据必须以加密形式储存在设备中以得到健壮的保护。当 HeNB 易受到来自恶意用户干扰的物理攻击时,如设备伪装攻击、针对网络服务的 IP 攻击、伪造位置报告等都将对服务质量产生严重影响。账单、订阅和设备数据等的正确性必须得到保护,为此,HeNB 应当配备有可信执行(Trusted Execution,TrE)环境[16]。

8.7.5 同步

在 3GPP 规范中,基站发射频率是非常精确且紧密同步的。为了使多址干扰最小,同时也为了得到合适的切换性能,宏蜂窝与 Femtocell 之间的网络时间同步就显得特别重要。由于 Femtocell 是由用户安装的,对于它们的无线资源并没有集中式的管理,因而同步的问题就十分关键。没有定时,不同小区的发射时刻会出现差异。这会导致一些小区的上行链路周期与其他小区的下行链路周期重叠,从而增加了网络中的小区间干扰。对于低成本的 Femtocell 实现,同步构成了成本中很重要的一部分。制造带有高精度振荡器的低成本

Femtocell 并不是一件容易的事,所以需要考虑实现可靠时间同步的替代方案。

作为实现同步的一种可行方法,IEEE - 1588 精确定时协议(Precision Timing Protocol)是一种用于网络设备间精确时钟同步的协议[17,18]。然而,为了使其可以在如非对称数字用户线(Asymmetric Digital Subscriber Line,ADSL)这样的非对称回程链路中执行得更有效率,需要对其进行必要的调整。采用通过卫星链路获取精确授时的全球定位系统(Global Positioning System,GPS)接收机是一种可选择的方法。由于并不需要精确的位置信息,因此仅仅一个单一的卫星就可满足需要。然而定时性能依赖于用户房屋内 GPS 覆盖的可用性。第三种可能的方式是 Femtocell 基站从与其重叠的(高精度的)宏蜂窝网络中获取授时,并依据网络监听调整定时;但这需要另一套额外的无线设备开销,并需要在 Femtocell 范围内有宏蜂窝的存在。最后还有其他一些创新方法,而将要推向市场的低成本/高稳定温度补偿石英晶体振荡器(Temperature Compensate X'tal (crystal) Oscillator,TCXO)产品或许能够达到对稳定性水平的要求,这也会使问题变得简单[19]。

8.7.6 移动性

在 LTE 宏蜂窝中,UE 移动性支持被分成两种状态:空闲模式和连接模式[20]。在空闲模式中,小区选择和重选由 UE 的移动性管理完成[21]。当 UE 启动时会选择一个公共陆地移动网(PLMN)。UE 会在所挑选的 PLMN 中搜索合适的小区,并选择该小区提供可用的服务及接入其控制信道。这个选择过程被称作"小区驻留"。如果 UE 找到更合适的小区,则根据小区重选标准,它会重新选择小区并在其中驻留,这一机制被定义为小区重选。当一个呼叫产生时,空闲模式就转变为连接模式。

LTE 利用网络控制与 UE 辅助的过程来进行连接模式下的移动性切换[22]。对于两个 eNodeB 之间的切换,切换决策由 eNodeB 做出而不需要与 MME 协商:基于 UE 测量报告,S - eNB 决定将 UE 移向 T - eNB;T - eNB 在接受切换之前准备无线资源;在成功切换之后,T - eNB 告知 S - eNB 释放资源,并向 MME 发送一个路径转换消息。MME 随后向 S - GW 发送一个"用户平面更新请求"(User Plane Update Request)消息以通知 S - GW 进行路由信息更新。控制消息通过两个 eNodeB 之间的 X2 接口进行交换。下行分组数据通过相同的 X2 接口,从 S－eNB 向 T－eNB 发送。有关切换程序的更多细节可以参见文献[21][23]。然而,在 Femtocell 架构中相邻 HeNB 之间并不存在 X2 接口。此外,除授权用户外,并不是每个用户都可以接入 Femtocell 的 HeNB;而在 LTE 宏蜂窝中切换的执行并不受到此限制。如果考虑在 3GPP LTE 系统中部署 HeNB,则从 HeNB 的角度有两种类型的切换:从宏蜂窝到 HeNB 的入站切换(inbound handover),以及从 HeNB 到宏蜂窝的出站切换(outbound handover)。

1. HeNB 的入站切换

这是一个 UE 经常面对的切换场景,并且十分复杂。随着成千上万个可能的目标 HeNB 的部署,HeNB 的入站切换就成了 LTE Femtocell 网络中最具挑战的一个问题。此外,如果 UE 属于一个用户组(CSG)小区,那么只有属于该 CSG 的 UE 才被允许接入并从 CSG 的 Femtocell 中接收服务。因此在切换的准备阶段需要进行认证,而这将导致比宏蜂窝更复杂的切换。

2. HeNB 的出站切换

在这一场景中,UE 当前与 HeNB 相连,重要的是哪个实体(即 eNodeB 和 HeNB)决定由 HeNB 到目标小区的切换,因为这会影响到切换的进程。出站切换并没有入站切换那样具有挑战性,因为无论用户何时移出 Femtocell 网络,eNodeB 信号强度都可能会大于 HeNB 的信号强度。与入站切换相比,因为没有复杂的认证和干扰计算,所以选择会更加简单。

考虑以上两种切换场景,它们遇到的主要问题如下:

首先,考虑到宏蜂窝中可能部署大量的潜在 Femtocell,因而需要一种识别 HeNB 的方法;另外 UE 的可接入性也十分重要,特别是在 CSG 部署中。如果 UE 测量所有的 HeNB 并向 eNodeB 报告测量结果,则会增加 UE 的能耗和切换延时。对于没有允许的 CSG 小区进行的测量应当尽量避免。

其次,表征一组候选切换目标小区的邻近小区列表管理也是一件复杂的事情。在 LTE 系统中定义了 X2 接口,并用该接口直接连接各 eNodeB,因此管理相邻关系被简化了。然而 HeNB 和 eNodeB 无法直接相连,并且 HeNB 会经常被开启或关闭,因此,管理由 HeNB 和 eNodeB 构成的邻居列表是个复杂问题。

最后,HeNB 和 eNodeB 之间的干扰也是一个关键问题,在两种切换场景中这都会影响对切换的支持。

8.8 概要与结论

Femtocell 是一种令人信服的解决低成本室内覆盖问题的方法。它利用了 DSL 现有技术的优势,使得用户手持设备能够通过 Internet 在线连接获得新的服务。因此,它减少了加载到宏蜂窝上的负载,并允许用户改善其在 SOHO 环境中的覆盖效果。从运营商的观点来看,由于减轻了宏蜂窝网络上的负载压力,Femtocell 与宏蜂窝相比能够以更低的成本提供更多的收益。运营商能够在不进行大量投资以调整当前部署系统的前提下,为用户提供新的服务。由于这些原因,Femtocell 被认为是 LTE 网络大规模部署的一种很好的解决方案。

尽管 Femtocell 的使用会提供很多收益,但部署 Femtocell 同样面临一些技术上的严峻挑战。Femtocell 与当前架构的整合、与现有宏蜂窝之间的干扰、频谱资源的分配等,这些都是 Femtocell 部署亟须面对的挑战,其他的挑战还包括网络整合、网络安全性和网络配置等。本章从不同角度探索了 Femtocell 技术,包括架构和接入模式部署,以及包括移动性管理和干扰问题等在内的一些主要技术,这些都是在世界范围内部署之前应该克服的障碍。

本章参考文献

[1] Internet World Statistics, http://www. internetworldstats. com/

[2] Femto Forum, http://www. femtoforum. org/femto/

[3] GSM Association, "Mobile Data Statistics 2008," November 2008.

[4] Next Generation Mobile Network, http://www. ngmn. org/

[5] 3GPP, Technical Specification Group Services and System Aspects; 3G HNB and LTE HeNB OAM&P; Release 9, March 2010.

[6] TR – 069 Amendment 2, "CPE WAN Management Protocol v1. 1, Broadband Forum"; http://www. broadbandforum. org/technical/download/TR – 069Amendment2. pdf

[7] 3GPP, Technical Specification Group Services and System Aspects, "Archi-

tecture Aspects of Home NodeB and Home eNodeB," Release 9, TR 23.830; http://www.3gpp.org/

[8] 3GPP, Technical Specification Group Services and System Aspects, Telecommunication Management, "Study of Self-Organizing Networks (SON) Related Operations, Administration and Maintenance (OAM) for Home Node B (HNB)," Release 9, TR 32.821; http://www.3gpp.org/

[9] A. Golaup, M. Mustapha, L. B. Patanapongpibul, "Femtocell Access Control Strategy in UMTS and LTE," IEEE Communications Magazine, vol. 47, no. 9, pp. 117 – 123, 2009.

[10] D. López – Pérez, A. Valcarce, G. de la Roche, J. Zhang, "OFDMA Femtocells: A Roadmap on Interference Avoidance," IEEE Communications Magazine, vol. 47, no. 9, pp. 41 – 48, September 2009.

[11] S. Sesia, I. Toufik, M. Barker, LTE, The UMTS Long Term Evolution: From Theory to Practice, Wiley, April 2009.

[12] P. Lee, J. Jeong, N. Saxena, J. Shin, "Dynamic Reservation Scheme of Physical Cell Identity for 3GPP LTE Femtocell Systems," JIPS, vol. 5, no. 5, pp. 207 – 220, 2009.

[13] 3GPP TS 23.003 v4.9.0, Numbering, Addressing and Identification.

[14] 3GPP TS 23.003 v8.6.0, Numbering, Addressing and Identification.

[15] I. Bilogrevic, M. Jadliwala, J. – P. Hubaux, "Security Issues in Next Generation Mobile Networks: LTE and Femtocells," 2nd International Femtocell Workshop, Luton, UK, June 2010.

[16] 3GPP TR 33.820 v8.3.0, Technical Specification Group Service and System Aspects; Security of H(e)NB; http://www.3gpp.org/ftp/Specs/archive/33_{}series/33.820/33820 – – 830.zip

[17] S. Lee, "An Enhanced IEEE 1588 Time Synchronization Algorithm for Asymmetric Communication Link Using Block Burst Transmission," IEEE Communications Letters, vol. 12, no. 9, pp. 687 – 689, September 2008.

[18] IEEE 1588 Homepage, http://ieee1588.nist.gov/

[19] picoChip Designs Ltd., "The Case for Home Base Stations," Technical White Paper v1.1, April 2007.

[20] H. Kwak, P. Lee, Y. Kim, N. Saxena, J. Shin, "Mobility Management Survey for HomeeNB Based 3GPP LTE Systems," JIPS vol. 4, no. 4, pp. 145 – 152, 2008.

[21] 3GPP, "Technical Specification Group Radio Access Network; Evolved Universal Terrestrial Radio Access (E – UTRA); User Equipment (UE) Procedures in Idle Mode, V9.3.0," 2010 – 06 (TS36.304).

[22] 3GPP, "Technical Specification Group Radio Access Network; Evolved Universal Terrestrial Radio Access (E – UTRA) and Evolved Universal Terrestrial Radio Access Network (E – UTRAN) V8.5.0," 2008 – 05 (TS36.300).

[23] 3GPP, "Requirements for Evolved UTRA (E – UTRA) and Evolved UTRAN (E – UTRAN) V7.3.0," 2006 – 03 (TR25.913).

第三篇　LTE 性能

第 9 章　LTE 网络下行无线资源分配策略

LTE 系统提出了一个很有挑战性的多用户通信问题:在有限带宽下,同一地域的多个用户设备(UE)需要很高的按需数据速率和较低的延时。多址技术通过为每个用户分配一小部分系统资源的方式,允许 UE 共享可用带宽[1]。由于 OFDMA 能灵活地适应用户在业务多样性、数据速率和 QoS 等方面的需求,所以 3GPP Release 8 采用了 OFDMA 作为 LTE 网络的下行链路多址方式。因此,LTE 网络需要设计相应的调度和资源分配方案。

通常,调度和资源分配的最根本目的是通过提升无线接口频谱效率的方式提高系统性能,进而达到提升系统容量的目的。然而,由于无线信道的随机波动,不可能连续使用高带宽有效性的调制方式,因此 LTE 系统采用了自适应调制编码(AMC)技术[2]。除此之外,下行方向采用的资源分配策略还会进一步影响频谱效率的提升。在基于 LTE 的 OFDMA 系统中,资源用时隙进行表示,而时隙是时域和频域资源分配的基本单位。因此本章将会介绍与 AMC 和多用户分集技术相结合的 LTE 网络下行时隙分配策略。

值得指出,除频谱有效性外,无线网络中资源分配的公平性和 QoS 也非常关键。通常,很难对频谱效率、公平性和 QoS 同时做到最优化[3]。例如,如果调度方案的目标是最大化总吞吐量,那么该调度方案对于远离 eNodeB 的 UE 或具有较差信道条件的 UE 就会不公平。从另一方面来讲,绝对公平又会导致很低的带宽利用率。因此 LTE 网络的无线资源分配需要一个在有效性、公平性和 QoS 几方面进行有效折中的方案[4]。

因此,本章提出了由 LTE 3GPP Release 8 定义的两种调度和时隙分配算法策略,而这两种策略负责将来自高层的数据调度和分配到相关时隙上。在本章的方法中,调度方案决定了相互竞争的服务数据流(SDF)的次序;按照系统中每种类型 SDF 的数据率和误比特率(Bit Error Rate,BER)需求,时隙分配器通过考虑调度决策、信道质量指示(CQI)和 QoS 要求来为 SDF 分配时隙。本章所提出的方法将试图在频谱效率、公平性和 QoS 要求上进行折中。

9.1 OFDMA 系统资源分配技术概述

基于第 5 章中关于 OFDMA 系统信道的详细描述,可以将 OFDMA 的资源分配建模成为约束优化问题,这个问题可以分为两类:(1) 在用户数据速率限制条件下最小化总发射功率[5,6];(2) 在总发射功率限制条件下最大化总数据速率。第一类可以用于固定速率的应用,例如语音;而第二类更适合于突发的应用,例如数据和其他 IP 应用。所以,在这节中将重点讨论速率自适应算法(第二类),因为这类算法对于 LTE 系统来说更有意义。然而,是否能获得较高的传输速率取决于系统是否能够提供有效而灵活的资源分配能力。资源分配的最新研究成果[11-13]表明:假设发射端(即基站 eNodeB)知道信道增益,并且如果跳频或者自适应调制技术被用于子信道分配,那么系统将会获得显著的性能增益。

在多用户的环境中,一个良好的资源分配方案能够带来多用户分集增益并能抑制信道衰落[14]。文献[15]表明最佳解决方案就是在每一时刻为具有最佳信道条件的用户进行调度,而这就是所谓的多用户分集。尽管在这种情况下,整个带宽被所调度的用户独自使用,但是该方法也能通过将各子信道调度给在所有用户中具有最佳子信道条件用户的方式而应用于 OFDMA 系统中,此时信道被多个用户共享并且每一个用户拥有彼此间没有交集的子信道集合。当然,因为某个用户的最佳子信道也可能是没有其他更好子信道的另一个用户的最佳子信道,所以这一过程并不简单。解决这个问题的总体策略是利用信道衰落所产生的信道峰值。不同于把信道衰落看成是一种损耗的传统看法,这里信道衰落可以作为信道随机性发生器并能够提高多用户分集增益[14]。

最近的研究进一步考虑了子信道分配中的 QoS 应用需求[16]。这里的 QoS 需求定义为,在每次发射时为每个用户的应用提供特定的数据发射速率和误比特率。在文献[6]中单独提出了一种基于拉格朗日算法,从而获得显著增益的调度算法。然而,该算法过高的计算复杂度使其不具有实用性。为了降低文献[6]中提出算法的复杂度,文献[17,18]提出了一种启发式的子信道分配算法。此外,这两种方案都假设使用固定的调制方式。

然而,上述提及的所有自适应算法都没有考虑到无线资源分配方案对于不同服务类别的影响。例如,当前系统或未来移动通信系统都毫无疑问地有语音业务和数据业务共存的情况。语音用户和数据用户有着非常不同的业务特性和 QoS 要求。语音业务需要实时传输,但是能容忍适度的误比特率;然而数据业务能够接受多变的传输延时,但需要满足比较低的误比特率。本章将提出一种支持多业务类的无线资源分配方案,该方案的目的是保证不同类别业务的 QoS 特性,同时从频谱效率的角度提高系统性能。

9.2 系统模型

对于多个 UE 的多信道共享方式的下行数据调度器的架构如图 9.1 所示。在给定的时间内,一个 eNodeB 为小区内的 M 个 UE 提供服务。eNodeB 集中控制双向通信传输,因而它能为某些 UE 提供上行信道接入授权并(或)选择其他 UE 进行上行信道接入。所有来自高层并发往 UE 的分组在 eNodeB 处会被分类成不同的 SDF 类,其中每类 SDF 具有不同的 QoS 要求。每个 SDF 有一个相关联的承载,而这个承载可以理解为在分组数据网网关(PDN - GW)和 UE 之间建立的一个连接。通常有两种类型的承载:(1)保证比特率(GBR),它是一个稳定的承载;(2)非保证比特率(Non - GBR),它是一个 IP 连接的承载。GBR 和 Non - GBR 承载都与不同承载级别的 QoS 参数相关联,而这个参数被称为 QoS 等级标识(QCI),见表 9.1。

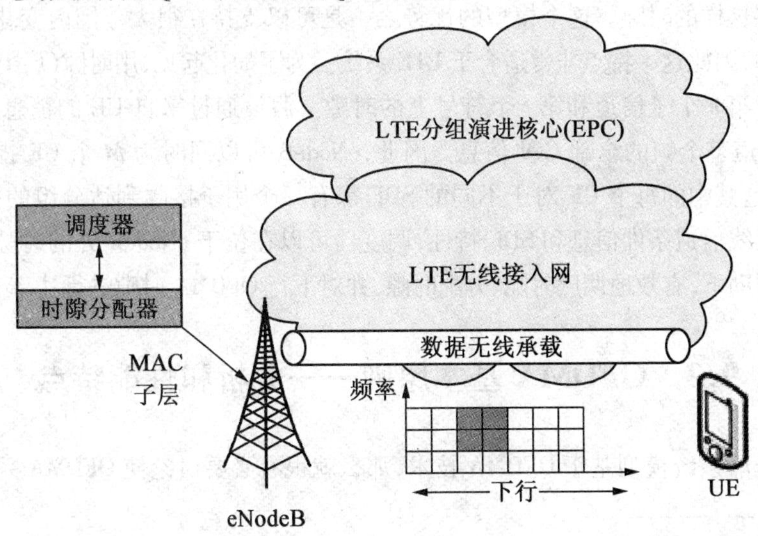

图 9.1 LTE 下行系统模型

表 9.1 标准 QCI 属性

QCI	类型	优先级	延时/ms	PELR①	示例
1	GBR	2	100	10^{-2}	语音会话(CVo)
2	GBR	4	150②	10^{-3}	视频会话(CVi)
3	GBR	3	50	10^{-3}	实时游戏 (rtG)
4	GBR	5	300	10^{-6}	非视频会话(缓冲)
5	Non - GBR	1	100	10^{-6}	IMS 信令
6	Non - GBR	6	300	10^{-6}	缓冲视频,TCP 应用
7	Non - GBR	7	100	10^{-3}	语音,视频,互动游戏

一旦高层数据被划分为不同的 SDF 类别并被 MAC 层调度,那么时隙分配器就会为它们分配 OFDMA 时隙。因为时隙是子信道符号的单位,所以在 OFDMA 帧结构中时隙是一个基本的资源单元。可以认为数据帧是一个二维分配的结果,因此可以将其可视化为一个矩形块。通过把调制之后的数据分割成适合一个 OFDMA 时隙传输的多个数据块,可以完成下行数据的 OFDMA 时隙分配。所以,一个 OFDMA 帧在频域被分为 K 个子信道,而在时域被分为 T 个符号。每个 OFDMA 帧占用 $T \times K$ 个时隙,并且一个 UE 可以根据业务需求被分配一个或者更多这样的时隙。这个模型的优势之一是可以支持在很大范围内变化的数据速率,因此这一特点非常适合于 LTE 系统。为了简化起见,用时隙(k, t)来代表位于第 k 个子信道和第 t 个符号上的时隙。假设通过来自 UE 的消息,eNodeB 知道整个帧的全部 CQI 信息。因此,eNodeB 可以同时为 M 个 UE 提供服务,而这其中的每个 UE 对于不同的 SDF 都有一个用于接收到达分组的队列。利用无线信道条件信息和 SDF 特性,调度器可以在位于 eNodeB 处的时隙分配器的帮助下,有效地调度时隙、分配时隙,并对下行 OFDMA 时隙进行功率分配。

9.3 OFDMA 基本原则——分析和性能特点

既然系统模型基于 OFDMA 技术,那么就很有必要讨论使 OFDMA 系统具

① 译者注:原书为 ELR,经查阅相关文献,为笔误,实际应为 PELR

② 译者注:原书为 15,但是通过查阅其他相关文献,该值应该为 150

备高性能的关键原则:AMC 和多用户分集。然后本节将分析 OFDMA 帧容量和协议的性能特点。

9.3.1 LTE 通用帧的 OFDMA 时隙结构

LTE 帧结构如图 9.2 所示,一个 10 ms 的无线帧由 10 个 1 ms 的子帧构成。对于 TDD,一个子帧既可以分配给下行传输也可以分配给上行传输。每个时隙的发射信号被描述为由子载波和可用 OFDM 符号所组成的资源网格。资源网格中的每一个单元格称为一个资源单元(时隙),而每个资源单元对应一个复调制符号。一个物理资源块(PRB)在时域上有 7 个 OFDM 符号(常规循环前缀)或 6 个 OFDM 符号(扩展循环前缀);而在频域上有 12 个连续的子载波(共 180 kHz)。

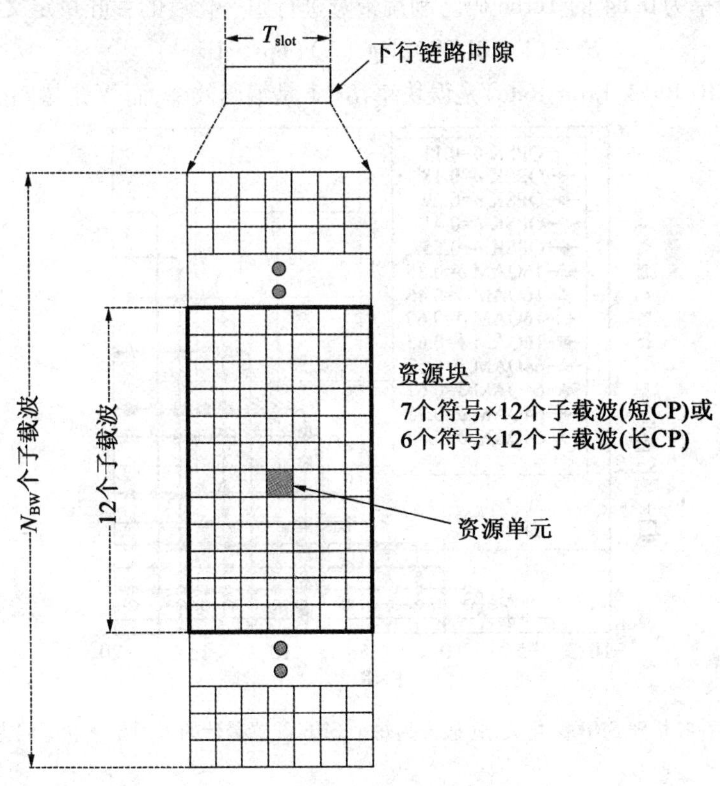

图 9.2　通用无线帧结构

9.3.2 自适应调制编码

LTE 系统为了利用信道的波动性使用了自适应调制编码(AMC)技术。该技术的基本想法非常简单:信道良好时,以尽可能高的速率进行传输;而当信道较差时,以较低的速率进行传输从而避免大量丢包。使用低阶星座调制(如 QPSK)和低码率的纠错码(如卷积码或 Turbo 码)可以得到较低的数据速率。为了获得较高数据速率,可以使用高阶星座调制(如 64QAM)和低鲁棒性的纠错编码(如卷积码和 Turbo 码)。图 9.3 表明通过使用不同的调制编码方案,可能获得更大范围的频谱效率。根据香农公式 $C = \log_2(1+\mathrm{SNR})$[19],系统吞吐量随着 SNR 的增加而增加。此时,所能提供的最低速率是采用 QPSK 调制和编码效率为 0.11 的 Turbo 码;而最高的数据速率是采用 64QAM 调制和编码效率为 0.84 的 Turbo 码。利用带宽进行归一化后的吞吐量定义为[1]

$$S_e = (1-\mathrm{BLER})\delta\log_2(N)(\mathrm{bps}\cdot\mathrm{Hz}^{-1}) \tag{9.1}$$

其中 BLER(Block Error Rate)是误块率,$\delta \leqslant 1$ 是编码效率,而 N 是星座点数。

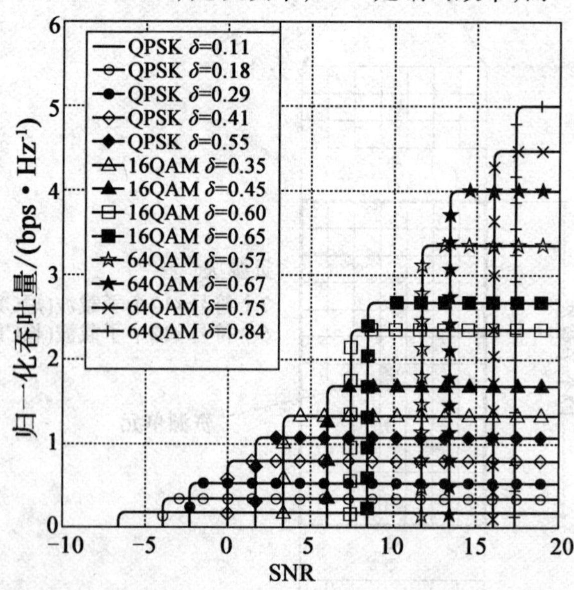

图 9.3 吞吐量随 SNR 变化关系(假设为每个 SNR 配置最佳的可用星座和编码方式)

9.3.3 多用户分集

在多用户信道衰落相互独立的环境下,在任何时刻其中的一个用户会有很高的概率具有较好的信道条件。如果只允许信道质量最好的用户传输数据,那么共享的信道资源以最有效的方式被使用,从而使总的系统吞吐量最大化。这种现象被称作多用户分集。因此,用户数越多,就越易于使用最佳信道,也就能获得更高的多用户分集增益[20]。为了说明多用户分集,考虑一个如图 9.4 所示只有两个用户的例子,其中具有最佳信道质量的用户被调度来传输信号。因此被调度用于传输的等效 SNR 为 $\max(\mathrm{SNR}_1(t),\mathrm{SNR}_2(t))$。当系统为许多用户提供服务时,由于不同用户经历独立的信道衰落变化,因此分组能够以很高的概率被高速传输。

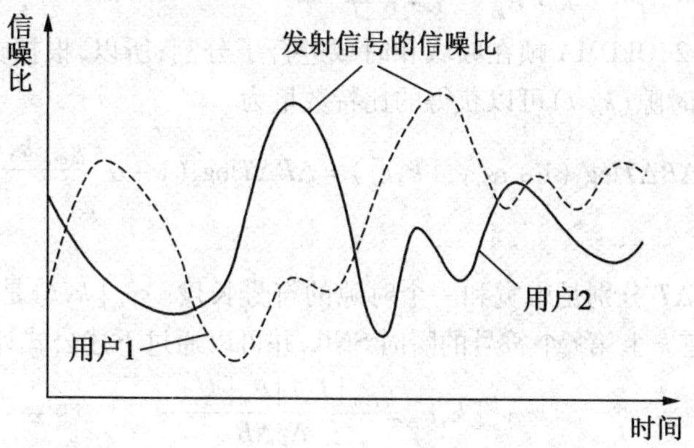

图 9.4 多用户分集(以调度两个用户为例)

9.3.4 容量分析——时域和频域

OFDMA 帧在时域(子信道和符号)被分割成了时隙。依据从信道模型获得的瞬时 SNR 值,每个连接被转换到了时隙上。为了分析二维时频域的容量,这里使用加性高斯白噪声(Additive White Gaussian Noise,AWGN)容量或香农容量,

$$C_{\mathrm{awgn}} = \log_2(1+\mathrm{SNR}) \tag{9.2}$$

其中 $\mathrm{SNR}=P_0/(N_0B)$ 是在整个频带 B 上的瞬时 SNR;而 P_0 和 N_0 分别表示总发射功率和噪声功率谱密度。无线资源在时间和频率上以相等的功率被分配,这种方式充分利用了信道的时变特性,因此产生了时间分集和频率分集。此时,一个帧可以达到的数据速率如下

$$\begin{aligned} R &= \frac{1}{T}\sum_t \sum_k B_k \log_2(1+\alpha \cdot \mathrm{SNR}) \\ &= \frac{1}{T}\sum_t \sum_k B_k \log_2\left(1+\alpha \cdot \frac{g_{k,t}P_{\mathrm{av}}}{N_0 B_k}\right) \end{aligned}$$

$$= \frac{1}{T}\sum_{t}\sum_{k}B_k\log_2(1+\alpha\cdot g_{k,t}\frac{P_0}{(KB_k)N_0})$$

$$= \frac{1}{T}\sum_{t}\sum_{k}B_k\log_2(1+\alpha\cdot g_{k,t}\cdot \mathrm{SNR}) \tag{9.3}$$

其中 $g_{k,t}$ 和 B_k 分别表示信道增益和第 k 个子信道的带宽。而 $P_{\mathrm{av}}=P_0/N$ 是在一个时隙内分配给所有子载波的相同的功率。α 是恒定的 BER,并被指定为 $\alpha=1.5/\ln P_{\mathrm{ber}}$,其中 P_{ber} 是目标误比特率。信道容量如下

$$C=\frac{R}{B}=\frac{R}{K\cdot B_k}=\frac{1}{T\cdot K}\sum_{t}\sum_{k}\log_2(1+\alpha\cdot g_{k,t}\cdot \mathrm{SNR}) \tag{9.4}$$

如图 9.2,OFDMA 帧在频域和时域进行了分割;所以,根据文献[21],第 m 个用户在时隙$(k,\ t)$可以获得的比特数量为

$$r_m[k,t]=\Delta B\Delta T\log_2(1+\alpha_m\gamma_m[k,t])=\Delta B\Delta T\log_2(1+\alpha_m\frac{g_m[k,t]P_m[k,t]}{N_0\Delta B}) \tag{9.5}$$

其中 ΔB 和 ΔT 分别是带宽和一个时隙的符号长度。$\gamma_m[k,t]$ 是对应第 m 个 UE 在子信道 k 上第 t 个符号的瞬时 SNR,并可以通过下述公式计算

$$\gamma_m[k,t]=\frac{g_m[k,t]P_m[k,t]}{N_0\Delta B} \tag{9.6}$$

假设 L 是一个 OFDMA 帧的时间长度,那么对于一个帧的第 m 个连接所能获得的数据率(bps)为

$$u_m=\frac{1}{L}\sum_{t=1}^{T}\sum_{k=1}^{K}r_m[k,t]\rho_m[k,t] \tag{9.7}$$

其中 $\rho_m[k,t]$ 是第 m 个 UE 的时隙分配指示器。$\rho_m[k,t]=1$ 表明时隙$(k,\ t)$被分配给了第 m 个 UE;否则若时隙没有被分配那么 $\rho_m[k,t]=0$。由式(9.7)可以得到一个帧的总吞吐量为

$$\mathrm{Thr}=\frac{1}{L}\sum_{m=1}^{M}\sum_{t=1}^{T}\sum_{k=1}^{K}u_m[k,t]\rho_m[k,t] \tag{9.8}$$

9.4 提出的无线资源分配策略

在介绍了 LTE 无线资源分配需要的基本概念(OFDMA、时隙和多用户分集)和方法(AMC 和容量分析)之后,这里说明一下提出 OFDMA 下行资源分配方案的主要原因:

(1)在无线多用户环境中,众所周知,多用户分集是资源分配管理的一个

重要的影响因素。因为每个 UE 面对不同的衰落信道,所以无线资源管理能够利用多用户分集来最大化系统吞吐量。实际的难点是无线资源分配也应该满足 UE 之间的公平性。而且,在慢衰落的情况下,多用户分集几乎不能同时满足所有的 QoS 参数,特别是公平性。最终,无线资源管理应该同时考虑多用户分集与公平调度,即采取多用户分集与公平调度的组合形式。

(2)在 OFDMA 系统中,有很多利用多用户分集和 AMC 的方法。在 LTE 的标准中没有规范利用这些增益的算法,因此所有的 LTE 开发者可以自由开发自己的创新方法。开发这些算法的基本理念是使新算法能够决定对哪些 UE 进行调度、如何给它们分配时隙,以及如何为该时隙上的每个子信道上的每个用户指定合适的功率级别。

(3)由于 LTE 支持不同类型的 SDF,因此设计无线资源调度算法时不仅要考虑多用户分集和 AMC 技术,还要考虑系统中为每一种 SDF 所定义的 QoS 要求,而这些 QoS 参数是由数据速率和 BER 定义的。因此,使用相同的无线资源分配策略来处理所有类型的 SDF 是不公平的,尤其是对于实时 SDF。

9.4.1 问题建模

参考图 9.1 所示的 OFDMA 下行系统,UE 将其估计的 CQI 反馈回调度器所位于的中心 eNodeB 处。调度器根据用户的 CQI 和资源分配方法来为所有的用户分配时隙。一旦每个用户的时隙被确定,eNodeB 必须通知每个用户哪些时隙已经分配给它们。只要资源分配发生了变化,那么时隙映射关系就必须要广播给所有 UE。然而,为了对 LTE 时隙分配问题进行模型,必须要考虑下面的这些限制条件。

在 LTE 中,CVo SDF 在满足实时性的基础上具有固定大小的尺寸,所以该 SDF 可支持的最高业务速率应该与其预留的最低业务速率相等。而 CVi、rtG 和 VBS 的数据速率由其可支持的最高业务速率与保留的最低速率来共同限定,这是由于这些业务对于 QoS 失真存在一定的容忍度。所以本方案将试图满足这些 SDF 对于最低数据率的要求,同时还要确保对于 CVo SDF 的最高数据率要求。因此,约束优化问题可以被建模为

$$\max_{r_m[k,t],\rho_m[k,t]} \sum_{t=1}^{T} \sum_{k=1}^{K} \sum_{m=1}^{M} r_m[k,t]\rho_m[k,t] \tag{9.9}$$

满足约束条件

$$u_m \geqslant c_{\max} \quad \forall\, \text{SDF} \in \text{CVo} \tag{9.10}$$

$$c_{\min} \leqslant u_m \leqslant c_{\max} \quad \forall\, \text{SDF} \in \{\text{rtG}, \text{CVi}, \text{VBS}\} \tag{9.11}$$

$$若\ \rho_m[k,t]=1,则\ \rho_{m'}[k,t]=0\ \forall m\neq m' \tag{9.12}$$

式(9.9)、(9.10)、(9.11)和(9.12)的最优解是一个 NP - hard(非确定多项式时间)问题,并且由于非常高的计算复杂度而很难获得优化解,从而使得这种方法不实用[20]。

通常,时隙分配之后紧接着要对所分配时隙上的子信道进行功率分配。功率可以均等地分配给所有的子信道,也可以使用文献[15]中提到的子信道最优功率分配方法——注水算法。然而,在每个符号周期内为子信道注水时都需要确定注水等级,由于没有明确的计算注水等级的算法,因此注水算法会严重增加调度器的计算负担。文献[21]表明对于两种不同功率分配算法(注水算法和等功率分配),系统容量都是相同的。所以本章的每个时隙采用等功率分配算法,于是有

$$若\ \rho_m[k,t]=1,则\ P_m[k,t]=P_0/K \tag{9.13}$$

利用式(9.13)的等功率分配算法,从方程(9.5)可以得到每个时隙发射的比特数量为 $r_m[k,t]$。调度器可以使用这些预先计算的值用于调度。然而最优解的计算复杂度会随限制条件和整数变量的数量增加而呈指数增大。为了进一步降低复杂度,可以把资源分配问题分解为两步。第一步,时隙调度不受数据速率的限制;然后基于第一步的分配,逐步地调整资源分配从而满足式(9.10)、(9.11)和(9.12)的限制条件。因此这种资源调度的方法有效地降低了计算复杂度。为了实现这一目标,下面描述所提的具有不同复杂度的两种资源分配算法——自适应时隙分配(Adaptive Slot Allocation,ASA)算法和基于预留的时隙分配(Reservation-Based Slot Allocation,RSA)算法。

9.4.2 自适应时隙分配(ASA)算法

本节介绍支持多种类型 SDF 的自适应时隙分配算法,根据所处理的 SDF 特性,UE 被分为不同的类别并具有不同的优先级。每个 UE 有一个 SDF,即 UE 和 SDF 之间通过一个连接存在着一一映射的关系。由于 CVo SDF 具有严格的 QoS 限制,因此它具有最高的优先级类别,并优先将最好的时隙分配给它。时隙分配按如下步骤进行:

(1)根据 CQI 和目标 BER,利用式(9.7)计算系统中所有 SDF 可以达到的数据速率 u_m。

(2)将最好的时隙逐一分配给系统中所有的 CVo SDF,直到所有的 CVo SDF 都获得了可支持的最大业务速率,然后将 $\rho_m[k,t]$ 置为 1。

(3)优先将 $\rho_m[k,t]=0$ 的剩余时隙分配给实时 SDF(CVi 和 rtG)。首先

将最好的时隙分配给 CVi 和 rtG,直到它们获得可支持的最大业务速率。然后为 VBS 分配时隙,直到它们获得可支持的最大业务速率。

(4)初始化与 CVi、rtG 和 VBS 有关的不满意 UE 集合。这里所谓的 UE 不满意是由于为 CVi、rtG 和 VBS 进行资源分配时使用了最大数据率准则,因此这些 UE 可能会被分配不充足的资源(时隙)。

(5)为了保证所有不满意 SDF 的可保留最小业务速率 $c_{\min}$,需要重新为这些不满意 UE 分配时隙。首先,搜索已经分配给满意 UE 的时隙,然后为发起 CVi 和 rtG SDF 的不满意 UE 重新分配时隙。如果重新分配没有导致满意 UE 违反其可保留最小数据速率,即 $u_m[k,t]-r_m \geqslant c_{\min}$,那么就继续进行重新分配,直到所有 SDF 达到满意为止。

算法 9.1 自适应时隙分配(ASA)

1:使用式(9.7)计算每一个激活 UE 的可获得数据速率

2:对于每个 SDF $\in$ {CVo},执行以下循环

3:首先将时隙(k,t)分配给具有 CVo SDF 的最佳用户 m

4:设置 $\rho_m[k,t]=1$

5:结束循环

6:对于每个 SDF $\in$ {CVi、VBS 和 rtG},执行以下循环

7:将剩余的最大速率时隙优先分配给剩余的 CVi 和 rtG SDF,而不是 VBS 和 BE SDF

8:设置 $\rho_m[k,t]=1$

9:结束循环

10:初始化满意 UE 集合 $M:=\{m\,|\,\Delta_m \geqslant 0\}$ 和不满意用户集合$\overline{M}:=\{m\,|\,\Delta_m<0\}$,其中 $\Delta_m=u_m-r_m$

11:选择最满意用户 m,即 $m=\arg\max\limits_{j\in M}\Delta_j$,然后更新集合 M

12:从原始分配给用户 m 的时隙中寻找最差的一个时隙,也就是 $(k^*,t^*)=\arg\min\limits_{k\in K,t\in T} r_m[k,t]$

13:如果这次重分配没有使用户 m 不满意,那么

14:分配时隙(k^*,t^*)给$\overline{M}$集合中能在此时隙获得最大吞吐量的不满意用户$\overline{m}$

15:条件判断结束

16:继续执行步骤 10,直到用户 m 不满意或者用户$\overline{m}$变为满意

17:重复执行步骤 11,直至 $M=\varnothing$或者$\overline{M}=\varnothing$

9.4.3 基于预留的时隙分配(RSA)算法

第二种是基于为系统中的所有类型的 SDF 预留固定时隙的算法。给 SDF 分配时隙的数量主要取决于应用和物理层数据率。需要注意的是,ASA 和 RSA 这两种算法的主要不同点在于 ASA 算法在为非实时 SDF 分配时隙前,需要优先为实时 SDF 分配时隙,这会导致实时 SDF 独占资源。相反,RSA 算法使得每一个 SDF 都有一定比例的共享时隙,并且它们不能超过这个比例。第二个不同点是 ASA 利用最大数据率准则分配最好的时隙,而 RSA 利用可获得的最大吞吐量准则给 SDF 分配时隙。所以 RSA 的时隙分配过程可以描述如下:

①依据 CQI 和目标 BER,利用式(9.7)来计算系统中所有 SDF 可以获得的数据速率 u_m。

②此算法首先为系统中每种类型的 SDF 计算所需要的时隙数量,而所需的时隙数量基本取决于应用类型和物理层数据速率。因此,时隙数量可以通过下面的公式来进行计算,

$$n = \left\lceil \frac{u_i}{\frac{1}{|M_t|}\sum_{j\in M_t} u_j} \frac{\bar{\mu}_i}{\frac{1}{|M_t|}\sum_{j\in M_t}\bar{\mu}_j} \right\rceil \tag{9.14}$$

其中 $\bar{\mu}_i$ 表示连接 i 的平均业务速率。实质上,这种分配方式利用了多用户分集来为具有更好信道的 SDF 分配更多的时隙。例如,假设所有连接的平均业务速率相同,那么系数 $\frac{u_i}{\frac{1}{|M_t|}\sum_{j\in M_t} u_j}$ 等于 1。信道条件相对比较好的连接,即 $\bar{\mu}_i(t) > \sum_{j\in M_t}\frac{\bar{\mu}_j(t)}{|M_t|}$,在初始阶段将会被分配两个或者更多的时隙。另一方面,信道条件较差的 UE 在初始阶段只被分配一个时隙。加权系数 $\frac{u_i}{\frac{1}{|M_t|}\sum_{j\in M_t} u_j}$ 的作用是把相对于 SDF 平均速率的分配比例进行加权。

③把所有类型相同的 SDF 组合到一个集合中。然后,对于每个集合选择最大分配作为初始分配的基础,即只把时隙分配给可以在本时隙内获得最大吞吐量的 SDF。

④初始化每个集合的不满意用户。然后利用如下定义的代价函数,在每一个集合内寻找可能获得最大吞吐量的时隙:

$$\zeta_m[k,t]=r_m[k,t]/r_{m^*}[k,t]\quad(m\neq m^*)\tag{9.15}$$

该函数表示第 m 个 UE 在时隙(k,t)获得的吞吐量与在该时隙可获得的最大吞吐量的比值。把这个函数作为一个在数据速率和公平性之间的折中，就可以求出在重分配过程中一个 UE 可以在哪个时隙获得第二高的吞吐量。

⑤搜索每个集合中可以获得最大代价(即 $\zeta_m[k,t]$)的时隙,如果这个最初分配给 UE 的时隙在重分配之后不会引起 UE 的不满,那么就将该时隙重分配给这个 UE。

⑥在不引起最初分配到该时隙的 UE 不满意的前提下,对调这个发现时隙和实际时隙。

算法 9.2 基于预留的时隙分配(RSA)

1:利用式(9.7)计算每个激活 UE 可以获得的数据速率
2:根据式(9.14)为系统中每种类型的 SDF 计算所需要的时隙数量
3:为每种类型的 SDF 初始化时隙集合
4:对于分配给相同 SDF 类型的每个时隙集合,执行以下循环
5:为每个集合进行时隙最大分配
6:设置 $\rho_m[k,t]=1$
7:结束循环
8:对于相同类型的所有时隙集合,执行以下循环
9:根据速率差 $\Delta_m=u_m-r_m$,初始化当前集合中所有不满意 UE 的集合
10:在每个集合中选择最不满意的用户 $\overline{m}$,即 $\overline{m}=\arg\min\Delta_m$
11:选择 $(k,t)=\arg\max\limits_{m\in M}\zeta_m[k,t]$
12:如果重分配导致了用户 m^* 的不满意,即 $u_{m^*}-r_{m^*}[k,t]<c_{\min}$,那么
13:更新 $K=K-\{k\}$ 和 $T=T-\{t\}$,跳转到步骤 17
14:如果 $u_{m^*}-r_{m^*}[k,t]>c_{\min}$,那么将时隙$(k,\ t)$分配给用户 $\overline{m}$,即 $\rho_{\overline{m}}[k,t]=1$,更新 $K=K-\{k\}$ 和 $T=T-\{t\}$
15:将当前时隙和发现的时隙进行交换
16:条件判断结束
17:重复执行步骤 11 和 12,直到用户 $\overline{m}$ 变为满意
18:对于所有的 SDF 集合重复执行步骤 10
19:结束循环
20:如果在执行完步骤 8~19 后,还存在不满意用户,那么
21:给准入控制发送一个反馈请求来调整连接数量
22:条件判断结束

9.5 性能评估

本节将利用仿真结果来说明所提算法的性能。为了仿真 LTE 的实际环境和无线通信系统,这里使用了 3GPP Release 8 定义的系统参数。

9.5.1 仿真参数

这里使用 Matlab 工具来建立在各种信道条件下的系统通信链路模型[22]。假设有 6 个独立的具有指数衰退特性的瑞利多径。系统和信道的参数模型总结在表 9.2 中。假设 UE 均匀分布在小区覆盖范围内,并且每个 UE 都有一个 SDF。每个 SDF 的百分比为:在系统所有的连接中,CVo 最初的百分比为 30%,而 CVi 和 VBS 分别为 30% 和 40%。假设仿真中每个用户的输出队列都是满的,而不用考虑队列的长度和延时限制。

表 9.2 仿真参数

仿真参数	参数值
信道带宽	5 MHz
载波频率	2.5 GHz
FFT 尺寸/点	512
子载波频率间隔	10.94 kHz
空/保护频带子载波的数量/个	92
导频子载波的数量/个	60
使用的数据子载波的数量/个	360
子信道的数量/个	15
DL/UL 帧比例	28/25
OFDM 符号持续时间	102.9 μs
5 ms 内数据 OFDM 符号数量/个	48
调制方式	QPSK、16 - QAM、64 - QAM
UE 速度	45 km/h
UE 的数量/个	20
CVo 最大的业务速率	64 kbps

续表 9.2

仿真参数	参数值
CVi 业务速率	5 ~ 384 kbps
VBS 业务速率	0.01 ~ 100 Mbps
信道模型	6 径瑞利衰落

9.5.2 仿真结果

将提出的算法 ASA 和 RSA 与另两种不同的算法进行比较,从而直观地了解它们的性能和优点。第一种算法是 OFDM - TDMA;第二种是基于最大 SNR(MaxSNR)的算法,该算法调度所拥有的信道能支持最高数据率 $r_m[k,t]$ 的用户 j,即 $j = \arg\max_m r_m[k,t]$。由于这两种算法都不考虑 SDF 类型,因此这里对这两种算法进行了修改,从而使得可以用这两种算法与所提的两种算法进行客观的比较。因此,这里按优先级从高到低使用最大 SNR 算法来为 SDF 分配时隙,也就是先后为 CVo、CVi 和 VBS 进行分配。

首先,在本次仿真中对于不同的分配算法,使用置信区间为 95% 的置信度来研究分配给每种类型 SDF 的容量。图 9.5 表明使用四种分配算法给 CVo SDF 分配的容量。MaxSNR 算法相对于其他算法表现出更好的容量,这是因为 MaxSNR 算法从 CVo SDF 开始将系统中最好的时隙分配给最好的 SDF。接下来 ASA 有较高的接近于 MaxSNR 的容量,这是因为 CVo SDF 的优先级高于其他业务,所以 ASA 将最好的时隙分配给 CVo SDF。由于使用了时隙预留方案,因此 RSA 的效率要低于 ASA(图 9.5)。即使执行完交换技术之后,仍旧有些 CVo SDF 不满意。最后,OFDM - TDMA 算法获得了更低的容量,这是因为它采用了轮询算法来分配时隙。

图 9.6 描述了四种算法分配给 CVi SDF 的容量。与期望的一样,MaxSNR 相比其他算法获得了更好的容量,这是因为它在分配完 CVo SDF 之后为 CVi SDF 分配了较高的数据速率。相比于 RSA,ASA 表现得并不好,这是由该种 SDF 类型的重分配方法造成的。如图 9.7 所示,当 VBS SDF 的数量增加时,重分配的时隙数量也增加。即使采用了时隙的固定预留,RSA 的 CVi SDF 容量仍旧较高。这是因为时隙预留考虑到了多用户分集,因而产生了较好的容量。最后,OFDM - TDMA 算法获得了最低容量,这是因为它的分配策略没有

考虑 SDF 的数据速率,同时也没有任何的优先级机制。

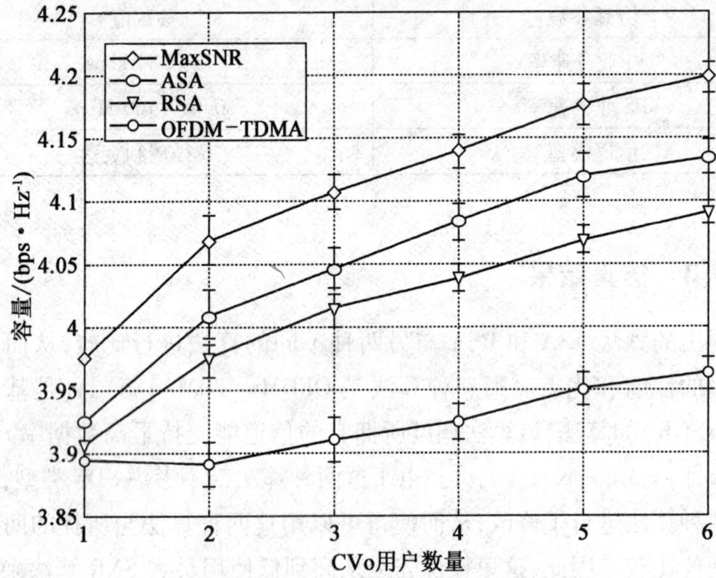

图 9.5 CVo 频谱效率比较

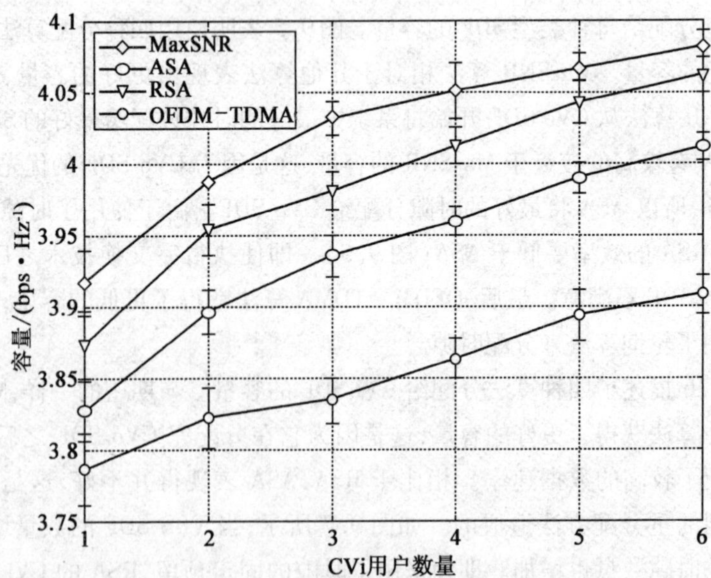

图 9.6 CVi 频谱效率比较

对于 VBS SDF,ASA 算法再次获得了比 RSA 算法更低的容量(图 9.7)。由于 CVo 和 CVi SDF 独占资源,并且 VBS SDF 被设置了最低的资源分配优先级,因此既然 ASA 算法提供给 CVi SDF 业务较低的容量,那么 VBS SDF 的容量也较低。另一方面,RSA 算法获得了更好的容量是由于使用了预留策略,因此不会导致系统中任何类型的 SDF 出现饥饿状态。

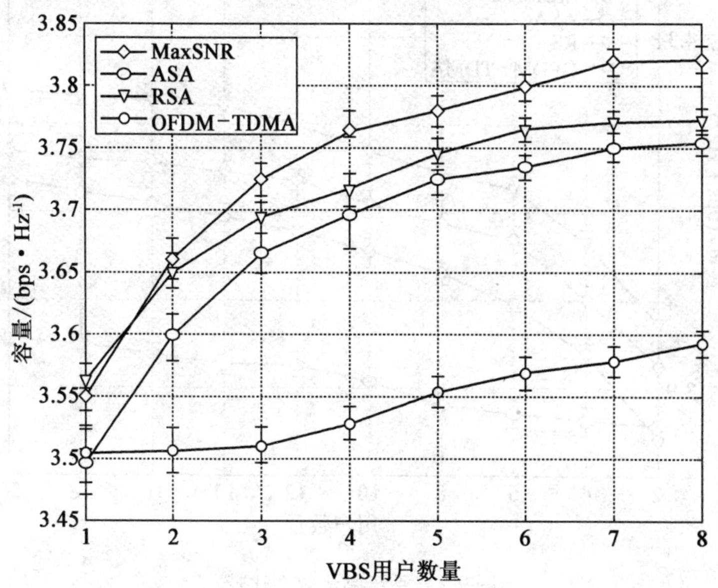

图 9.7 VBS 频谱效率比较

图 9.8 表明了不同算法下的系统总容量。由于 MaxSNR、ASA 和 RSA 算法都使用了多用户分集,因此当用户数量增加时容量也会相应增加。所以,多用户分集增益的影响在用户数量大的系统中更为显著。然而,提出的 RSA 算法在本次仿真参数的设置下,总容量对于任意用户数量都始终高于 ASA 算法。这是由于 RSA 时隙分配使用的策略,使得 RSA 算法的容量性能强于 ASA 算法。

最后,仅针对 VBS SDF 从公平性的角度分析比较所有算法的性能。之所以选择 VBS SDF,是因为每种算法对 VBS SDF 采取了不同的处理方式。在 ASA 和 MaxSNR 算法中 VBS SDF 具有最低的优先级,而在不同信道条件下 VBS SDF 被 RSA 和 OFDM-TDMA 平等对待。所以这里使用 Jain 为每种算法定义的公平性指数[23]。公平性指数定义如下:

$$\text{Fairness\_Index} = \frac{\left|\sum_{i=1}^{m} u_i\right|^2}{M\sum_{i=1}^{m} u_i^2} u_i \geqslant 0 \tag{9.16}$$

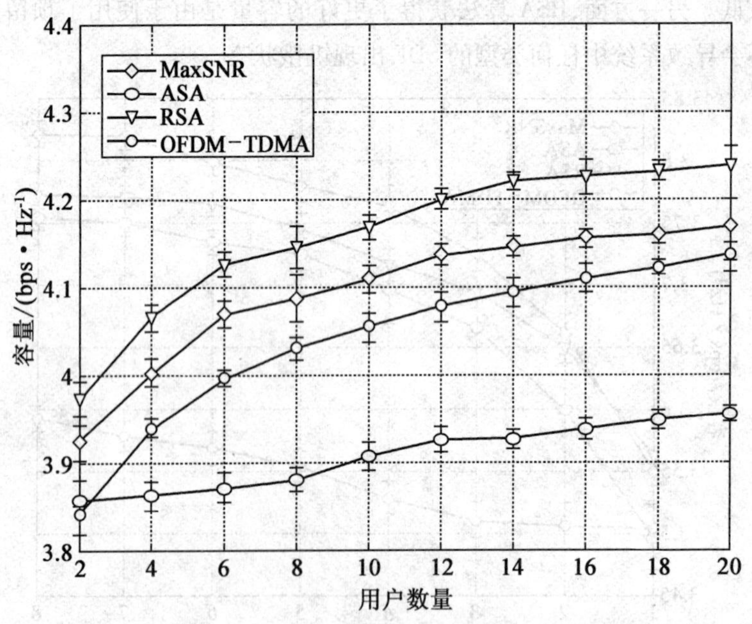

图 9.8 系统频谱效率比较

当且仅当所有的 $u_i(i=1,2,\cdots,m)$ 相等时，公平性指数可以取得最大值 1。该定义意味着公平性指数越高(即接近于 1)，公平性就越好。从表 9.3 可以推断出，本章所提出的算法在公平性上要好于 MaxSNR 和 OFDM－TDMA 算法，这是因为在每个算法中所采用的时隙分配方法不同。在 ASA 中，即使 VBS 优先级较低，但是如果系统中有足够的时隙资源，那么所有的 VBS 都可以获得最低数据率甚至更高的数据率。而在 RSA 中，VBS SDF 和其他类型的 SDF 以相同的方式进行处理，也就是每个 VBS SDF 有自己固定的共享时隙，并且不能超过这些时隙。MaxSNR 不能为系统中所有的 VBS SDF 公平地分配容量，这是因为它的分配依赖于信道质量而不是 VBS SDF 应该满足的数据率，所以它或者高估或者低估了 VBS 的容量。最后，OFDM－TDMA 算法公平性指数最低，这是因为它只考虑了信道质量，但所有类型的 SDF 都没有满意的数据速率。

表 9.3 公平性指数比较

算法	公平性
ASA	0.774
RSA	0.830
MaxSNR	0.705
OFDM - TDMA	0.527

9.6 概要与结论

本章提出了涉及 OFDMA、AMC 和多用户分集的 LTE 网络的两种下行多用户资源分配算法:自适应时隙分配(ASA)和基于预留的时隙分配(RSA)。这两种算法为系统中不同的 SDF 分配 OFDMA 帧中的时隙,这些算法不仅考虑了 SDF 的信道质量,还从数据速率的角度考虑了 SDF 的 QoS 要求。然而,两种算法在时隙分配方式上有所区别:ASA 使用了自适应时隙分配,而 RSA 为不同 SDF 使用了固定时隙预留方式。本章将这两种算法与 MaxSNR 和 OFDM - TDMA 这两种著名的算法进行比较。本章研究了不同算法对于不同类型 SDF 的频谱效率(容量)。仿真结果表明,本章所提出的算法对于所有类型的 SDF 获得了很好的容量增益。由于这两个所提算法将时隙分配简化为了两个简单步骤,因此这两个算法实现了在计算复杂度和性能之间的折中。

然而,两种算法都没有考虑高层的 QoS 需求,如延时和丢包率等。所以通过提出在 MAC 层和物理层相互作用的调度和时隙分配策略,下一章介绍了一种考虑高层 QoS 需求和信道条件的跨层调度算法。

本章参考文献

[1] A. Ghosh, J. Zhang, J. Andrews, and R. Muhamed, Fundamentals of LTE. Prentice Hall, 2010.

[2] S. G. Chua and A. Goldsmith, Adaptive Coded Modulation for Fading Channels, IEEE Transactionson Communications, vol. 46, no. 5, pp. 595 - 602, May 1998.

[3] X. Gui and T. S. Ng, Performance of Asynchronous Orthogonal Multicarrier CDMA System in a Frequency Selective Fading Channel, IEEE Transactions on Communications, vol. 47, no. 7, pp. 1084 – 1091, July 1999.

[4] D. Tse and P. Viswanath, Fundamentals of Wireless Communication, Cambridge University Press, 2005.

[5] D. Kivanc, G. Li, and H. Liu, Computationally Efficient Bandwidth Allocation and Power Control for OFDMA, IEEE Transactions on Communications, vol. 6, no. 2, pp. 1150 – 1158, Nov. 2003.

[6] C. Wong, R. Cheng, K. Letaief, and R. Murch, Multiuser OFDM with Adaptive Subchannel, Bit, and Power Allocation, IEEE Journal on Selected Areas in Communications, vol. 17, no. 10, pp. 1747 – 1758, Oct. 1999.

第10章　LTE网络机会调度性能分析

10.1　简　介

LTE是一种由3GPP提出的向第4代(4G)无线系统平滑过渡的新型无线接入技术。3GPP LTE在下行链路使用了正交频分多址接入(OFDMA)技术。OFDMA技术把可用带宽分解成多个窄带的子载波,并基于用户需要、当前系统负载和系统配置将一组子载波分配给用户。

3GPP LTE无线网络架构在用户和核心网之间只有一个节点——eNodeB,它负责执行所有的无线资源管理(RRM)功能。分组调度是RRM的功能之一,它负责智能地选择用户并传输这些用户的分组,从而高效地利用无线资源并满足用户的QoS需求。

本章介绍了一些著名分组调度算法,如比例公平(Proportional Fairness,PF)、最大权重延时优先(Maximum Largest Weighted Delay First,M-LWDF)和指数比例公平(Exponential Proportional Fairness,EXP/PF)在LTE系统中的性能。[1]

多媒体应用在未来的无线通信中正变得日益重要,所以它们的QoS需求必须得到保障。实时服务可能是延时敏感(如VOIP)、丢失率敏感(如视频),或者对二者都敏感(如视频会议)。非实时业务没有这类严格的要求,因而都是在存在空闲的可用资源时才利用尽力而为的方式为它们提供服务。

本章的目的是使用最常用的多媒体流、视频和VOIP,来研究PF、M-LWDF和EXP/PF的性能。此外,本章也对尽力而为业务流进行了测试。最后,从吞吐量、分组丢失率(PLR)、延时、小区频谱效率和公平性指数等几方面对性能进行了评价。

10.2 下行系统模型

LTE 下行 QoS 受许多因素影响,例如信道条件、资源分配策略、可用资源和业务对延时的敏感性等。在 LTE 下行系统中,分配给用户的资源包含时域和频域,因此被称为资源块。3GPP LTE 系统的架构由一些称为“eNodeB”的基站组成,其中 eNodeB 负责执行分组调度以及其他 RRM 机制。

系统的整个带宽被划分成 180 kHz 的多个物理资源块(RB),其中每个物理资源块在时域上持续 0.5 ms 并包含 6 个或 7 个符号,而在频域上包含 12 个连续的子载波。在每个传输时间间隔(TTI)内完成一次资源分配,也就是每两个连续的资源块,即以一对资源块为基础完成一次资源分配。

3GPP LTE 系统下行分组调度算法的一般模型如图 10.1 所示。从图中可以看到,每个用户在服务该用户的 eNodeB 处被分配了一个缓存。到达缓存的分组以时间顺序被标记,并基于先进先出规则排队等待传输。分组调度器基于分组调度算法来决定在每个 TTI 时间内被调度的用户。如图 10.1 所示,在本系统中,用户在每个 TTI 内可能被分配 0 个、1 个或者更多的 RB。

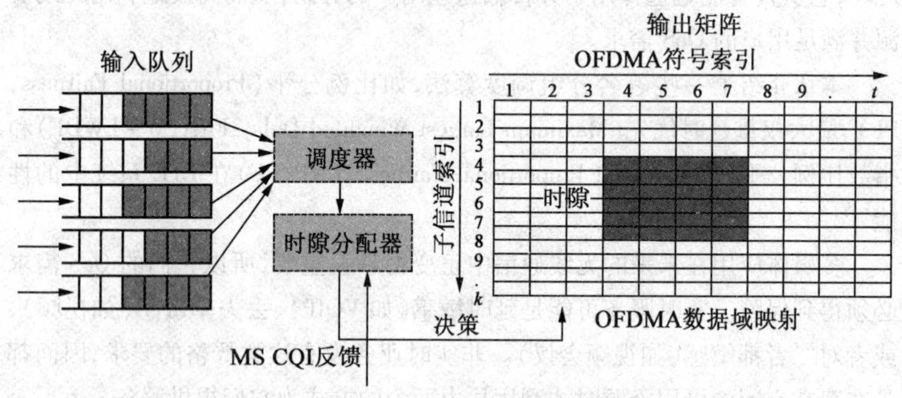

图 10.1 LTE 资源重分配模型

用户在每个 TTI 向正在服务该用户的 eNodeB 报告它们的瞬时下行信道质量(即 SNR)。在 eNodeB 处的分组调度器基于信道质量、队头(Head of Line,HOL)分组延时、缓存状态、服务类型等标准来确定用户选择的优先级。对于在 eNodeB 缓存队列中的每一个分组,HOL 和分组延时都被计算。如果 HOL 分组延时超过规定的门限值,那么这个分组将被丢弃。

10.3 机会分组调度算法

通过试图达到资源利用率和公平性的折中,LTE 调度最重要的目的是满足所有用户的 QoS 需求。这个目标是非常具有挑战性的,尤其在对分组延时和延时抖动有严格限制的实时多媒体应用存在的情况下。在 LTE 系统中已经提出了信道敏感调度(channel sensitive scheduling)这个概念。它利用了用户快衰落相互独立的特点。如果存在许多信道质量不同的用户,那么在给定的时间会有很大的可能性找到一个具有良好或相对较好信道条件的用户。基于这一理念,比例公平(PF)算法已经成为最重要的调度策略。对于 LTE 网络,调度决策与每个用户所经历的信道质量紧密相关,所以每个用户需要周期性地利用参考符号来测量其信道质量。考虑到实时业务流的 HOL 对延时敏感,M - LWDF 和 EXP/PF 算法是很好的选择。所以,本章主要研究的是 PF、M - LWDF 和 EXP/PF 这三种调度算法。

10.3.1 比例公平(PF)

比例公平(PF)算法[1]非常适合于对非实时业务进行调度。该算法分配无线资源时既要考虑当前的信道质量又要考虑用户过去的吞吐量。它的目标是最大化网络吞吐量并保证业务流之间的公平性。

$$j = \frac{\mu_i(t)}{\bar{\mu}_i}$$

其中 $\mu_i(t)$ 表示在时隙 t 对应于用户 i 信道状态的数据速率,而 $\bar{\mu}_i$ 是该信道所支持的平均数据速率。

10.3.2 最大加权延时优先(M - LWDF)

最大加权延时优先(M - LWDF)是一个在码分多址高速数据率(CDMA - HDR)系统中被设计用来支持多个实时数据用户的算法[2]。它支持具有不同 QoS 特性的多个数据用户。这种算法考虑关于视频业务的瞬时信道变化和延时。M - LWDF 调度规则试图平衡分组的加权延时,并有效利用已知的信道状态信息。在时隙 t,该算法按如下方法选择用户 j 来进行传输:

$$j = \max_i a_i \frac{\mu_i(t)}{\bar{\mu}_i} W_i(t)$$

其中 $\mu_i(t)$ 表示在时隙 t 对应于用户 i 的信道状态的数据速率;$\bar{\mu}_i$ 为此信道的

平均数据速率；$W_i(t)$ 为 HOL 包延时；$a_i > 0 (i = 1, 2, \cdots, N)$ 是加权系数，它定义了要求的 QoS 等级。文献[3]介绍了一种实际工作中选择 a_i 的规则，即 $a_i = -\lg(\delta_i)T_i$。其中 T_i 是用户 i 可以容忍的最大延时，而 δ_i 表示违反延时要求的最大概率。

10.3.3 指数比例公平(EXP/PF)

指数比例公平是在自适应调制编码和时分复用(AMC/TDM)系统中开发的支持多媒体应用的一种算法。这意味着用户可以属于实时业务或者非实时业务。这种算法将实时业务的优先级设计得比非实时业务高。在时隙 t，该算法按如下方法选择用户 j 来进行传输：

$$j = \max_i a_i \frac{\mu_i(t)}{\bar{\mu}_i} \exp \frac{a_i W_i(t) - \overline{aW}}{1 + \sqrt{\overline{aW}}}$$

这里所有相应的参数与 M－LWDF 规则相同，只有一个例外，即 $\overline{aW}$ 项被定义为

$$\overline{aW} = \frac{1}{N} \sum_i a_i W_i(t)$$

当所有用户的 HOL 分组延时相差不大时，指数项接近于 1，因此指数比例公平的性能接近于比例公平算法。如果某个用户的 HOL 延时很大，指数项的影响会超过信道状态相关项的影响，因此该用户会得到优先处理。

10.4 仿真环境

本章分析 PF、M－LWDF 和 EXP/PF 三种算法在 LTE 中的性能。在分析的过程中使用了有干扰的单小区模型，如图 10.2 所示。仿真中，有 40% 的用户使用视频流，40% 的用户使用 VoIP 流，而 20% 的用户使用尽力而为业务流。用户以 3 km/h 的恒定速度沿任意方向移动(随机行走模型)。仿真采用了能够在时域和频域提供无线资源分配的 LTE－Sim 仿真器。根据文献[4]，在时域上每个 TTI 进行一次无线资源分配，每次持续 1 ms。此外，每个 TTI 由两个 0.5 ms 的时隙组成，在默认的短循环前缀的情况下对应有 14 个符号。10 个连续的 TTI 构成了一个 LTE 帧(表 10.1)。

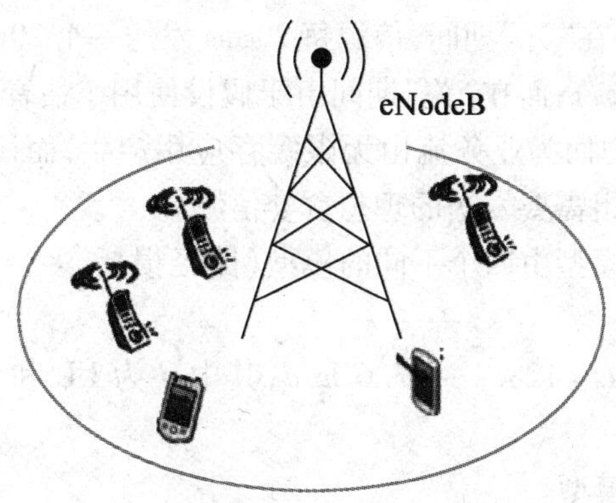

图 10.2 多媒体流场景 10.5 业务模型

表 10.1 LTE 下行仿真参数

仿真参数	数 值
仿真持续时间	150 s
业务流持续时间	120 s
帧结构	FDD
半径	1 km
带宽	10 MHz
时隙持续时间	0.5 ms
调度时间(TTI)	1 ms
RB 数量/个	50
最大延时	0.1 s
视频比特速率	242 kbps
VoIP 比特速率	8.4 kbps

10.5 业务模型

本次仿真使用的是源视频数据速率为 242 kbps 的视频服务,该业务是一个基于跟踪的应用,它基于文献[5]中实际的视频跟踪文件来发送分组。对于 VoIP 流,VoIP 应用会产生 G.729 语音流。特别地,该 VoIP 语音流使用开/关马尔可夫链模型,“开”的周期服从均值为 3 s 的指数分布,而“关”的周期服从一个上限为 6.9 s、均值为 3 s 的截断指数概率密度函数(Probability Density

Function,PDF)[6]。在“开”期间,信源每 20 ms 发送一个 20 字节的分组(即源数据速率为 8.4 kbps);而在“关”期间由于假设使用了话音激活检测器,所以数据速率为 0。尽力而为业务流由无限缓存应用产生,而该无限缓存应用可以建模为总是有分组需要发送的理想贪婪信源。

LTE 传播损耗模型由四个不同的模型(路径损耗、多径、穿透损耗和阴影衰落)组成[7]。

①路径损耗:$PL = 128.1 + 37.6 \lg d$,其中 d 为 UE 和 eNodeB 之间的距离,单位为 km。

②多径:Jakes 模型。

③穿透损耗:10 dB。

④阴影衰落:对数正态分布(均值为 0,标准差为 8 dB)。

为了计算每个业务流的公平性指数,使用文献[8]中提到的 Jain 公平性指数。

$$\text{Fairness} = \frac{\left(\sum x_i\right)^2}{\left(n \cdot \sum x_i\right)^2}$$

其中 n 代表用户数,而 x_i 表示第 i 个连接的吞吐量。

10.6 仿真结果

10.6.1 分组丢失率

图 10.3 示例了视频业务的分组丢失率(PLR)。正如理论上所预测的,当使用 PF 算法时 PLR 会升高,特别是当小区资源非常紧张时。PF 算法仅支持小区内只有少数用户的情况,即最多不超过 20 个用户,当然这不能代表实际的情况。M-LWDF 算法当用户数少于 32 时,能够保证视频业务 PLR 的稳定和正常。EXP/PF 是三者中最优的算法,它比 M-LWDF 更好,因而当小区内用户数少于 38 时,仍旧能保证正常的 PLR。图 10.4 示例了 VoIP 业务的 PLR 变化。EXP/PF 和 M-LWDF 算法表现了较低的 PLR;虽然当小区内用户数超过 30 后,PF 算法在 PLR 性能上与另两种算法有很大的不同,但结果仍旧是可以接受的。EXP/PF 的 PLR 等于 0,这是一个有趣且最优的结果。图 10.5 示例了尽力而为业务的 PLR。EXP/PF 的 PLR 最低,这一现象在非实时业务流中是正常的。因为所有用户的 HOL 分组延时差别不大,所以指数项接近于

1,因而 EXP/PF 规则的性能就接近于比例公平规则。

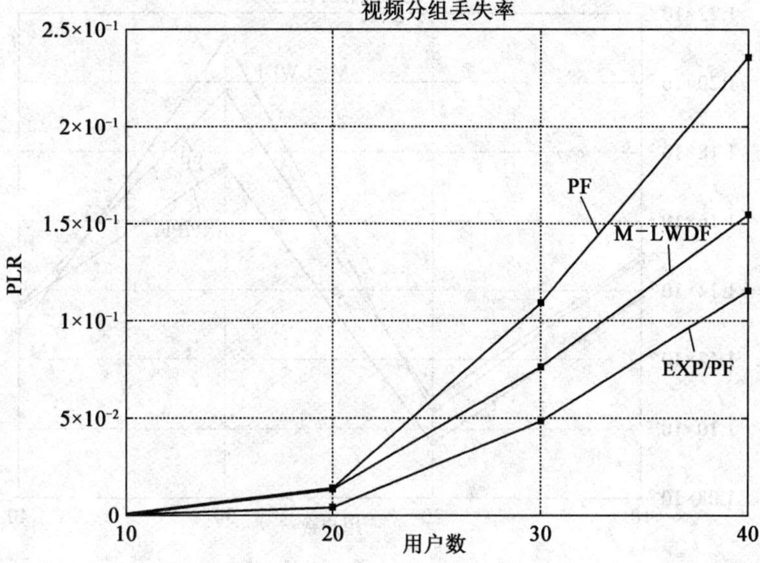

图 10.3 视频业务的分组丢失率

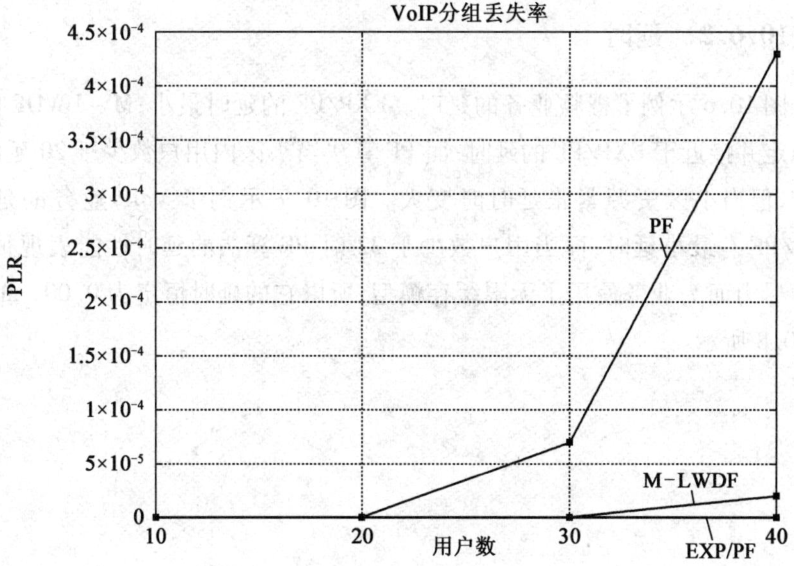

图 10.4 VOIP 业务的丢包率

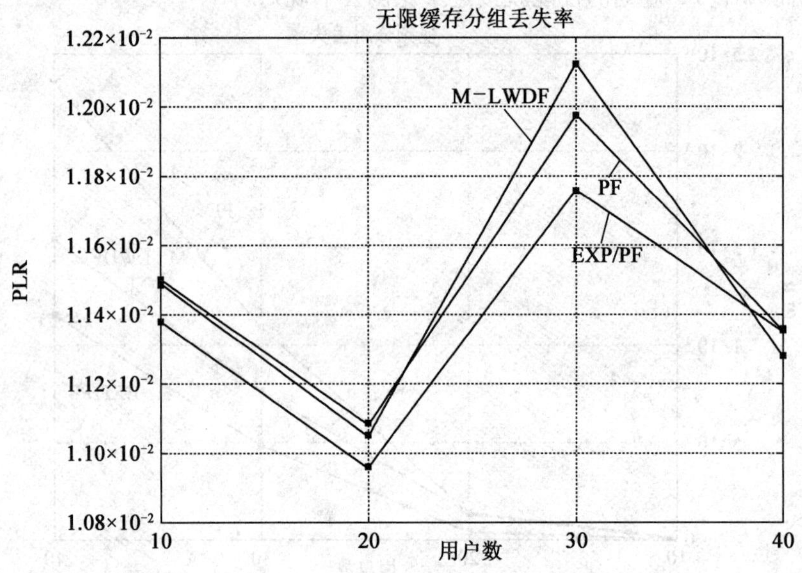

图 10.5 无限缓存业务的分组丢失率

10.6.2 延时

图 10.6 示例了视频业务的延时。EXP/PF 的延时最小;M - LWDF 的延时稳定并接近于 EXP/PF 的延时;而 PF 算法当小区内用户数少于 20 延时时稳定,但当小区资源紧张延时时变大。图 10.7 示例了 VoIP 业务的延时。EXP/PF 有最小延时;而当用户数少于 32 时 PF 算法的延时性能表现很好。因为尽力而为业务使用了无限缓存模型,所以它的延时恒定为 0.001 ms,如图 10.8 所示。

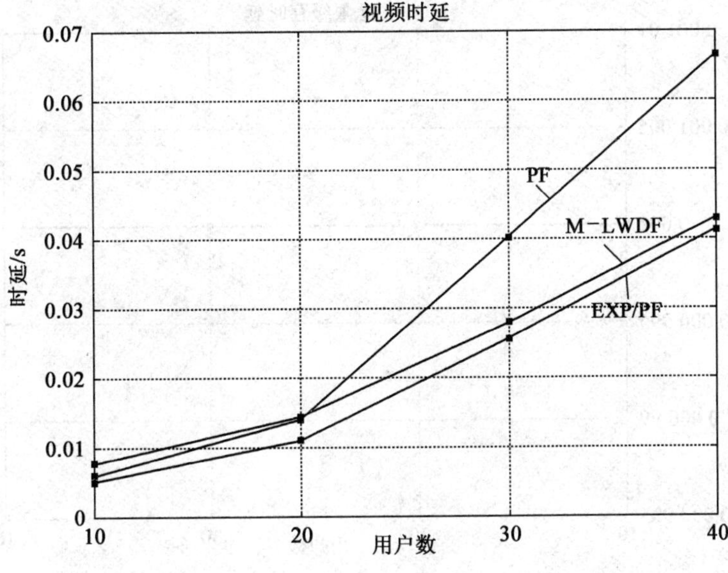

图 10.6 视频流的延时

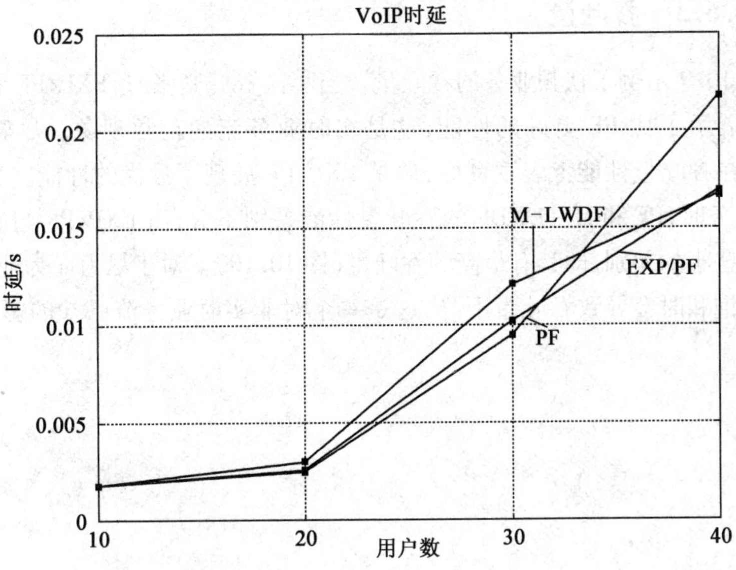

图 10.7 VoIP 流的延时

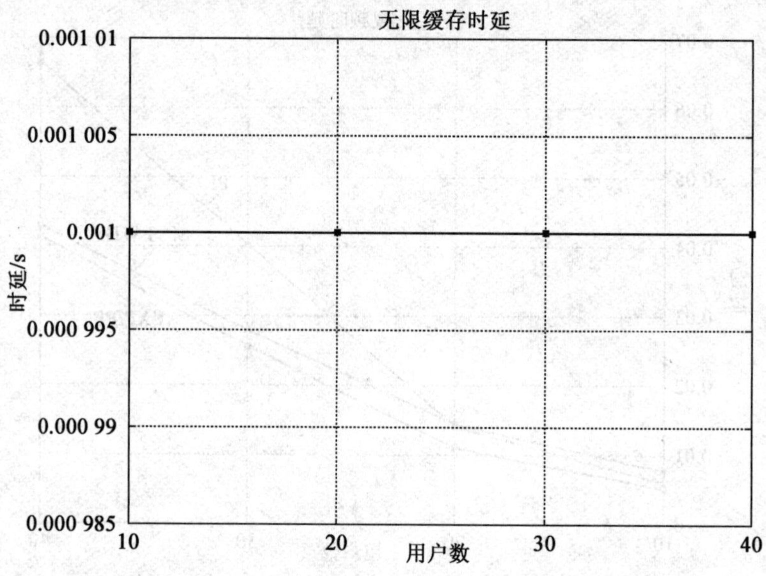

图10.8 尽力而为业务流的延时

10.6.3 吞吐量

图10.9示例了视频业务的吞吐量。当小区资源紧张时,EXP/PF和M-LWDF展示了比PF更好的性能,这是实时业务流的正常现象。尽管M-LWDF在吞吐量性能上表现良好,但是EXP/PF展现了最优的性能。当传输VoIP业务时,PF和M-LWDF的吞吐量性能差别不大;而EXP/PF与它们相比有一些小的差别,即其有最高的吞吐量(图10.10)。对于尽力而为业务流,当系统饱和时会导致吞吐量下降,这是一个对非实时业务流已知的影响(图10.11)。

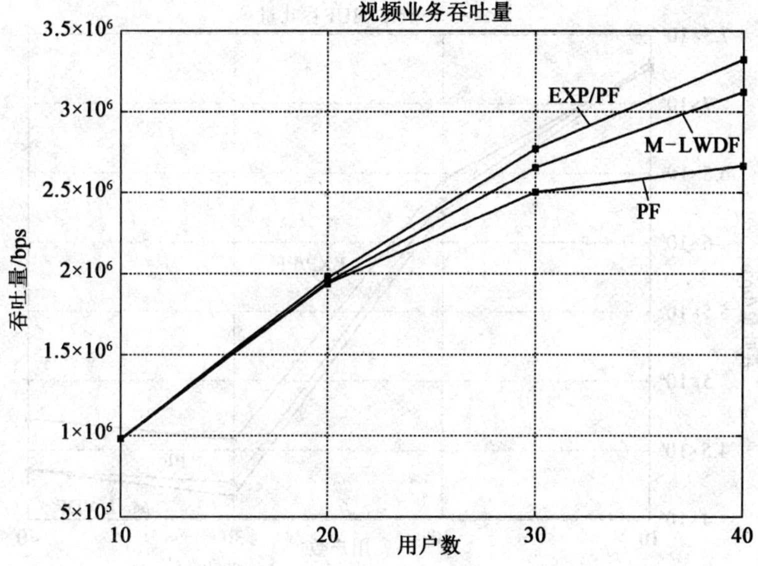

图 10.9 视频业务的吞吐量

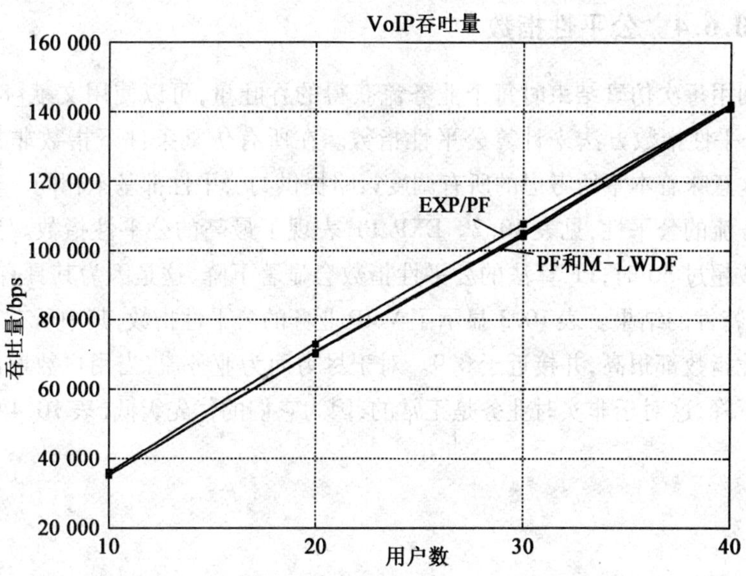

图 10.10 VoIP 业务的吞吐量

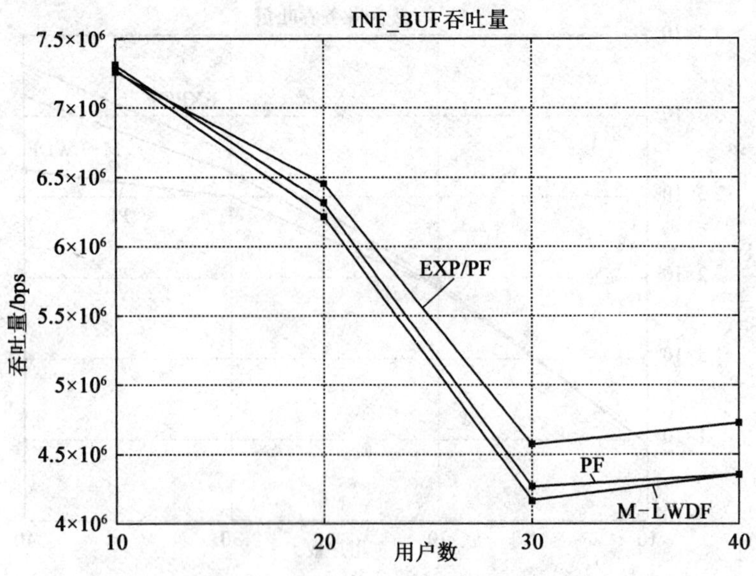

图 10.11 尽力而为业务的吞吐量

10.6.4 公平性指数

利用每次仿真结束时每个业务流获得的吞吐量,可以使用文献[8]中的 Jain 公平性指数方法来计算公平性指数。在所有仿真条件下指数非常接近 0.9,这意味着本章所考虑的所有调度策略提供的公平性都基本相同。对于视频业务流的公平性,见表 10.2。EXP/PF 表现了最高的公平性指数。当小区用户数超过 30 时,PF 算法的公平性指数会显著下降,这是因为其具有"比例公平"特性的结果。表 10.3 显示了 VoIP 业务的公平性指数,其中所有算法的公平性指数都很高,并接近于 0.9。对于尽力而为业务流,当用户数增加时公平性下降,这对于非实时业务是正常的,因为它们的优先级低(表 10.4)。

表 10.2 视频流的公平性指数值

用户数	PF	M - LWDF	EXP/PF
10	1.000 0	1.000 0	1.000 0
20	0.999 8	0.999 9	1.000 0
30	0.989 0	0.997 3	0.998 7
40	0.943 9	0.987 1	0.993 1

表 10.3 VoIP 流的公平性指数值

用户数	PF	M - LWDF	EXP/PF
10	0.990 3	0.990 9	0.992 4
20	0.988 1	0.991 2	0.989 4
30	0.989 0	0.998 0	0.989 2
40	0.989 8	0.999 6	0.989 2

表 10.4 尽力而为流的公平性指数值

用户数	PF	M - LWDF	EXP/PF
10	0.934 4	0.934 5	0.934 5
20	0.815 2	0.815 6	0.815 7
30	0.758 0	0.806 6	0.755 7
40	0.770 4	0.825 9	0.773 3

10.6.5 小区频谱效率

最后,图 10.12 示例了本章使用的 LTE 场景下的小区频谱效率,小区频谱效率定义为所有用户获得的总吞吐量除以可用带宽。与期待的一样,不同调度算法对小区频谱效率的影响不同。当小区的用户数增加时,QoS 感知调度器如 M - LWDF 仍然尽量保证大量业务流的 QoS 要求。图 10.13 示例了累积小区频谱效率的变化。

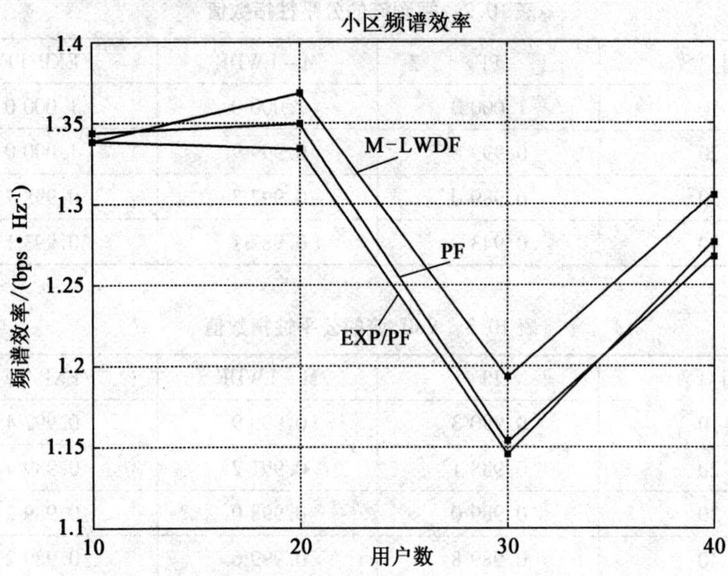

图 10.12 总小区频谱效率增益

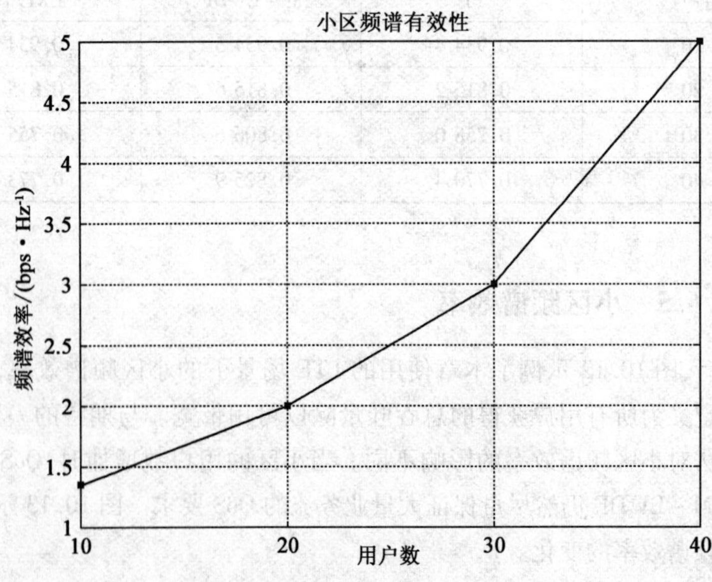

图 10.13 累积小区频谱效率的变化

10.7 概要与结论

对于视频业务、VoIP 和“尽力而为”业务,本章研究了 LTE 系统中 PF、M-LWDF和 EXP/PF 三种算法。通过仿真结果比较,表明修改的 M-LWDF 和 EXP/PF 优于 PF,尤其是使用实时业务流时。在所有仿真中,EXP/PF 都要优于 M-LWDF 和 PF。但是要强调的是,M-LWDF 和 EXP/PF 相比 PF 都能够更好地适应增长的用户分集和信道的变化。显然 PF 算法不应该被考虑作为实时业务的良好解决方案。由于 PF 算法分组丢失率最高、吞吐量最低,并且当小区资源紧张时延时也很大,因此 PF 只是对于非实时业务的良好解决方案。

M-LWDF 算法的目的是满足多媒体分组的传输延时要求,并利用快速变化的信道质量信息来支持实时业务。可以推断,M-LWDF 算法对于小区内延时较其他用户高并且平均无线传播条件很差的用户来说,是一个相当不公平的调度方法;同时该算法在高负载的场景下也不能保证 QoS 要求。为了提供显著的小区用户吞吐量增益、低延时、高公平性指数和低分组丢失率,EXP/PF 调度算法是一个能够很好保证 QoS 要求的最优解决方案。

本章参考文献

[1] M. Andrews, K. Kumaran, K. Ramanan, A. Stolyar, R. Vijayakumar, and P. Whiting. Providing quality of service over a shared wireless link. IEEE Communications Magazine, vol. 39, pp. 150-154, February 2001.

[2] P. Ameigeiras, J. Wigard, and P. Mogensen. Performance of the M-LWDF scheduling algorithm for streaming services in HSDPA. Proceedings of the 60th Vehicular Technology Conference, Spain, September 20.

[3] 3GPP TS 25.814, Technical Specification Group Radio Access Network. Physical Layer Aspect for Evolved Universal Terrestrial Radio Access (UTRA) (release 7), Technical Report.

[4] Video Trace Library. http://trace.eas.asu.edu/.

[5] R. Jain. The Art of Computer Systems Performance Analysis. Wiley, 1991.

[6] J. U. John, A. M. Trianon, and S. Pillay. A study on the characteristics of the proportional fairness scheduling algorithm in HSDPA. Proceedings of the 4th Student Conference on Research and Development (SCOReD 2006), Shah Alam, Selangor, Malaysia, June 2006.

[7] C. Chuah and R. H. Katz. Characterizing packet audio streams from internet multimedia applications. Proceedings of the International Conference on Communications (ICC), New York, April 2002.

[8] G. Piro, L. A. Grieco, G. Boggia, F. Capozzi, and P. Camarda. Simulating LTE cellular systems: an open source framework. IEEE Translations on Vehicular Technology, vol. 60, pp. 498 –513, October 2010.

第 11 章　LTE 网络的跨层多业务调度

跨层资源分配有希望用于未来的无线网络。不同用户的信道差异应该被用于调度和媒体接入控制(MAC)设计,从而提高系统容量、公平性和 QoS 保证。由于信道感知网络固有的可变数据速率和随机传输,跨层设计的问题变得非常有趣和具有挑战性。

由于 LTE 基于 OFDMA 技术,因此可以通过智能 MAC 层为每个用户设备(UE)寻找最大信干噪比(SINR)的资源,从而决定使用哪个时隙、子信道和功率级别进行通信。这使得 UE 能够在其当前位置所获得的无线电频率下以最大调制速率工作。相应地,这允许服务供应商能够最大限度地提高活跃用户的数目,而不论它们是固定、便携、还是移动的[1]。

上面提到的智能 MAC 层需要与物理层相适应来对不同的应用服务做出反应。MAC 层必须要区分服务数据流(SDF)类型和其相关的 QoS 参数,然后为 SDF 分配合适的物理层配置,即自适应调制和编码(AMC)模式的某种组合。因此,本章为基于 OFDMA 的 LTE 下行链路多用户提出了一种具有 QoS 保证的跨层方案。该方案为在 OFDMA 时隙上调度的每种连接类型定义了一个集成高层 QoS 需求、SDF 类型和物理层信道质量指示(CQI)的自适应调度方案。与时隙分配方案(在物理层)相结合的自适应调度机制(在 MAC 层)可以获得下述公平和有效的 QoS 保证:对于实时 SDF 的最大延时需求,以及对于非实时 SDF 的最小预留数据率。

11.1　基于信道的调度解决方案

由于 IP 网络具有高效的带宽使用和低成本的基础设施架构,因此日益明显地,更多的信息业务应该通过 IP 网络来进行传递。因此,诸如队列长度和分组延时(它反映了业务突发)的队列状态信息应该被用于分组调度。另一方面,因为队列状态信息与 QoS 紧密联系,所以对于 QoS 保障最有效的一种方法是明智的队列控制[2]。与信道感知的调度方式相比,信道与队列联合感知调度方式将对无线资源分配和 QoS 保障更为有利。因此,为了与本章提出的调度方法进行比较,下面先介绍一些著名的基于信道的调度解决方案。

11.1.1 改进的最大加权延时优先(M-LWDF)算法

文献[3]提出了具有共享下行信道的单载波码分多址网络的改进最大加权延时优先(M-LWDF)算法。对于任意 $\xi_m>0$ 的集合,可以将第10章中最大加权延时优先(M-LWDF)算法扩展为多信道版本

$$j=\arg\max_m \xi_m r_m[k,t]W_m(t) \tag{11.1}$$

其中 W_m 是用户 m 的队头(HOL)分组在基站(eNodeB)处所花费的时间。已经证明 $\xi_m=\dfrac{a_m}{r_m}$ 是一个较好的选择,其中 $a_m>0(m=1,2,\cdots,M)$ 是表征 QoS 的合适加权系数。这一调度规则对于信道条件一直不好的用户会执行得很好,因为该用户的队列以及决策判据会被放大,因此该用户会得到比信道条件较好的用户更多的优先权,并发送大量的分组。

11.1.2 指数(EXP)算法

指数(EXP)调度规则也是为具有共享下行信道的单载波 CDMA 网络设计的[4]。EXP 规则的结构与 M-LWDF 非常相似,只是具有不同的加权。EXP 规则的多信道版本可以表示为

$$j=\arg\max_m \xi_m r_m[k,t]\exp\left(\frac{a_m W_m(t)-\overline{aW}}{1+\sqrt{\overline{aW}}}\right) \tag{11.2}$$

其中 $\overline{aW}=\dfrac{1}{M}\sum_{m=0}^{M}a_m W_m(t)$。当所有队列的差别较大时,对于 ξ_m 和 a_m 的合理取值,这个策略可以平衡队列的加权延时 $a_m W_m(t)$。

11.1.3 基于延时的效用优化算法

文献[5]提出的算法通过对总效用函数最大化来进行时隙分配,其中的总效用函数与实时 SDF 的预计平均等待时间有关。该分配方法如下所示

$$j=\max\sum_{j\in M}\frac{|U'_j(W_j[t])|}{\bar{r}_j[t]}\min\left(r_j[t],\frac{Q_j[t]}{T}\right) \tag{11.3}$$

其中 $Q_j[t]$ 是用户 j 的队列长度，$U_j(\cdot)$ 是效用函数。函数 $\min(x,y)$ 的功能是确保每个用户的服务比特应该少于或等于在队列中累积的比特，从而避免带宽的浪费。每个用户的平均等待时间可以利用有关队列长度和服务率的信息来进行估计。在不考虑非实时业务类型的情况下，该算法对延时敏感业务表现良好。

11.1.4 最大公平性(MF)算法

文献[6]中所提出的最大公平性(Maximum Fairness,MF)算法试图在任何时隙上在所有用户中实现最小容量的最大化。令 $C_m[k,t]$ 是用户 m 在子载波 k 和时隙 t 上的最大允许速率，它可表示为

$$C_m[k,t] = \sum_{k \in \Omega_m} \log_2\left(1 + \gamma_m[k,t]\frac{P}{K}\right) \tag{11.4}$$

其中 Ω_m 是分配给用户 m 的载波集合，而 $\gamma_m[k,t]$ 是对应于用户 m 在符号 t 和子信道 k 上的瞬时信噪比(SNR)。因此子载波分配算法可表示如下：

(1)初始化

设置 $\Omega_m = \varnothing$ 和 $A = \{1, 2, \cdots, K\}$，其中 $m = 1, 2, \cdots, M$

(2)对于 $m = 1$ 至 M

(a) $j = \arg\max_{k} |\gamma_{m,k}|, \forall k \in A$ (11.5)

(b)令 $\Omega_m = \Omega_m \cup \{j\}$①和 $A = A - \{j\}$，并根据(11.4)更新 C_m②

(3)当 $A \neq \varnothing$ 时

(a) $m = \arg\min_{n} |\gamma_{n,k}|, \forall n \in \{1,2,\cdots,M\}$ (11.6)

(b) $j = \arg\max_{m} |\gamma_{m,k}|, \forall k \in A$ (11.7)

(c)令 $\Omega_m = \Omega_m \cup \{j\}$ 和 $A = A - \{j\}$，并根据(11.4)更新 R_m

该算法试图使具有不好信道的用户也能得到总速率的公平份额来确保公平子载波分配。然而，这会导致总容量的减少和吞吐量的降低。最初，这算法是为没有缓冲的 OFDM 系统开发的。

---

① 译者注：该公式中的下角标 k 实际应为 m

② 译者注：原书写的是 R_m，但是式(11.4)并没有 R_m，应该是 C_m

11.2 基于分类的信道感知排队(CACBQ)——提出的解决方案

在 11.1 节中所描述的解决方案可以用于实时或非实时类业务,但是该方案不能同时为这两种类型的业务数据流(SDF)服务。此外,该方案中信道条件差的用户相对于信道条件好的用户处于十分不利的地位。因此,通过引入 MAC 层和物理层的两个算法,本节的解决方案可以同时解决上述的两个主要问题。为了各种类型的 SDF 在信道质量、应用速率和 QoS 要求这几方面达成很好的平衡,该解决方案首先需要构造一个代价函数。而为了求得该代价函数的解,这两种算法应该自适应地相互作用从而构成一个跨层的协议架构。

11.2.1 系统模型

在该系统模型中,在 eNodeB 下的每个 UE 可以同时储存具有不同 QoS 要求的分组。基于 QoS 要求,网络中传输的所有分组数被分为 c 个 SDU 类,并用 i 来对其进行索引($i=1,2,\cdots,c$)。令 ω_i 为分配给 SDF_i 的权重,如果 $i>j$ 那么 $\omega_i>\omega_j$ 并且 $\sum_{i=1}^{c}\omega_i\leqslant 1$,即 SDF_i 需要比 SDF_j 更好的 QoS。我们将元组 $(i,\ m)$ 称为由 UE_m 至 SDF_i 队列中交换 HOL 分组的一个连接。对于 SDF_i,输入给调度器的参数为:(a)延时限制 W_i,(b)权重 ω_i,(c)监控公平的反馈 F_i,(d)UE_m 与其服务 eNodeB 间链路的预计瞬时传输速率 $r_m[k,t]$。调度器的基本设计原则如下:

①属于同一 SDF 但被调度到不同 UE 的分组是在不同的逻辑队列中排队。每个队列中的分组根据到达队列的顺序进行管理。对于实时 SDF,分组也可以基于分组(最早)的延时截止期限来进行队列中分组的排序(或重排序)。

②在每次调度决策时,只有每个队列中的 HOL 分组 P_{HOL} 才会被进行调度。

③在调度时,会联合使用每个 $P_{\mathrm{HOL},i}$ 的 ω_i 和 W_i 以及接收 $P_{\mathrm{HOL},i}$ 的 UE 的 $r_m[k,t]$。

假定高层能够通过 IP 分组头字段来将与 QoS 有关的业务参数 ω_i 和 W_i 通知给 MAC 层。因此,设计目标就是在保证各种 SDF 的 QoS 需求的前提下,实现 SDF 间的公平调度。因为 CVo SDF 对于实时性有一个固定的要求,所以它的最大支持业务速率等于它的最小保留业务速率。而 CVi、rtG 和 BVS 的数据率处于最大支持业务速率和最小保留业务速率之间[7]。这是因为 CVi、rtG 和 BVS 允许对 QoS 要求进行适度的降低。因此,要解决的问题是找到一种策略使得一个被调度的连接满足

$$(i,m)=\arg\max_{i,m} Z_{i,m}[k,t] \tag{11.8}$$

其中 $Z_{i,m}[k,t]$ 是一个与参数 $r_m[k,t]$、F_i、ω_i 和 W_i 有关的代价函数,它也就是连接$(i,\ m)$的优先值。需要指出,通过从高层和低层获得的队列状态和信道状态信息间需要进行耦合。然而,因为选择连接所使用的所有参数具有相同的重要性,所以利用代价函数进行连接选择是不方便的。因此,不能给所有的参数分配相同的权重。如下面这些公式所示,当意识到每一个参数还有自己的限制条件时,这一问题就变得更为复杂。

$$r_m[k,t]\geqslant c_{\max},\quad \forall\,\mathrm{SDF}\in\{\mathrm{CVo}\} \tag{11.9}$$

$$W_i\leqslant D_i,\quad \forall\,\mathrm{SDF}\in\{\mathrm{CVo},\mathrm{rtG},\mathrm{CVi}\} \tag{11.10}$$

$$c_{\min}\leqslant r_m[k,t]\leqslant c_{\max},\quad \forall\,\mathrm{SDF}\in\{\mathrm{rtG},\mathrm{CVi},\mathrm{BVS}\} \tag{11.11}$$

其中 $c_{\min}$ 和 $c_{\max}$ 分别表示相关 SDF 的最小保留业务速率和最大支持业务速率,而 D_i 为实时 SDF 的最大延时时间。需要注意的是,由于需要在参数间进行权衡,因此找到一个满足限制条件(11.9)、(11.10)和(11.11)的可行策略是非常困难的。因此,在某种条件下应该调度哪种 SDF 是不能通过一个简单的代价函数进行决策的。与 QoS 相关的每个参数受到延时、最小支持业务速率和最大支持业务速率的限制,而这些限制均与一个 OFDMA 帧中分配的时隙有关。因此,需要满足 QoS 参数限制的时隙分配机制,MAC 层的 SDF 调度器和物理层的时隙分配器需要彼此交互。据此,提出了一些 MAC 层和物理层的功能实体,这些实体通过信息测量和反馈交换的方式彼此连接。这就是提出名为基于分类的信道感知排队(Channel-Aware Class-Based Queue,CACBQ)的跨层方案的原因[7]。

11.2.2 基于分类的信道感知排队(CACBQ)框架

所提出的 CACBQ 解决方案是基于两个主要实体的跨层方案,这两个实体分别是:在 MAC 层的通用调度器和在物理层的时隙分配器。CACBQ 的概念框架如图 11.1 所示。通用调度器包括两个基本的协作模块:估计器和协调器。利用物理层通过 CQI 反馈信息提供的信道质量信息,估计器基于一个优

先级函数来估计每个连接(i, m)的时隙数量。而协调器监控估计器的时隙分配决策,并控制每种类型 SDF 的满意度级别。因此,调度器确保实时 SDF 或非实时 SDF 并没有独占 OFDMA 帧上的所有时隙。通常,由 CACBQ 可以区分出如下三个功能:

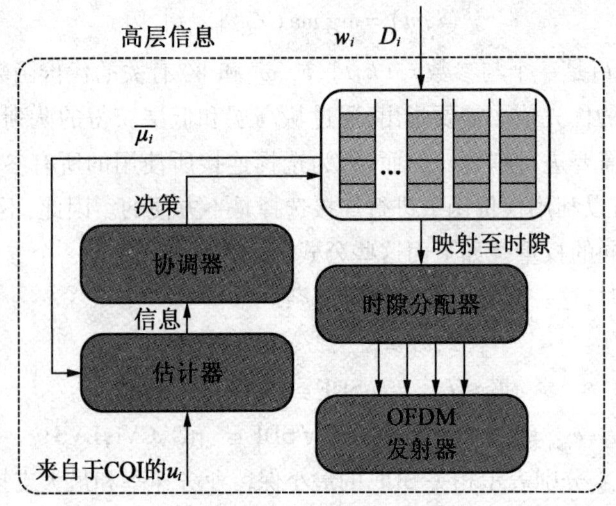

图 11.1 CACBQ 跨层调度器

(1)通过估计器得到某个 SDF 的时隙数估计值。

(2)进行决策从而验证某个 SDF 是否满足要求。按照延时和吞吐量,还应该区分实时 SDF 和非实时 SDF 的满意度。无论何时,只要 SDF 不满足要求,那么协调器或者将不满足要求的 SDF 的优先级提升一级,或者减少低优先级 SDF 的时隙数估计值。

(3)最后,在确定了每个用户的时隙数后,时隙分配器将会依据一个特定的分配策略来决定为每个 SDF 分配哪些时隙。

这个所提出架构的完整的流程图如图 11.2 所示。下面,将描述该框架的主要功能单元。

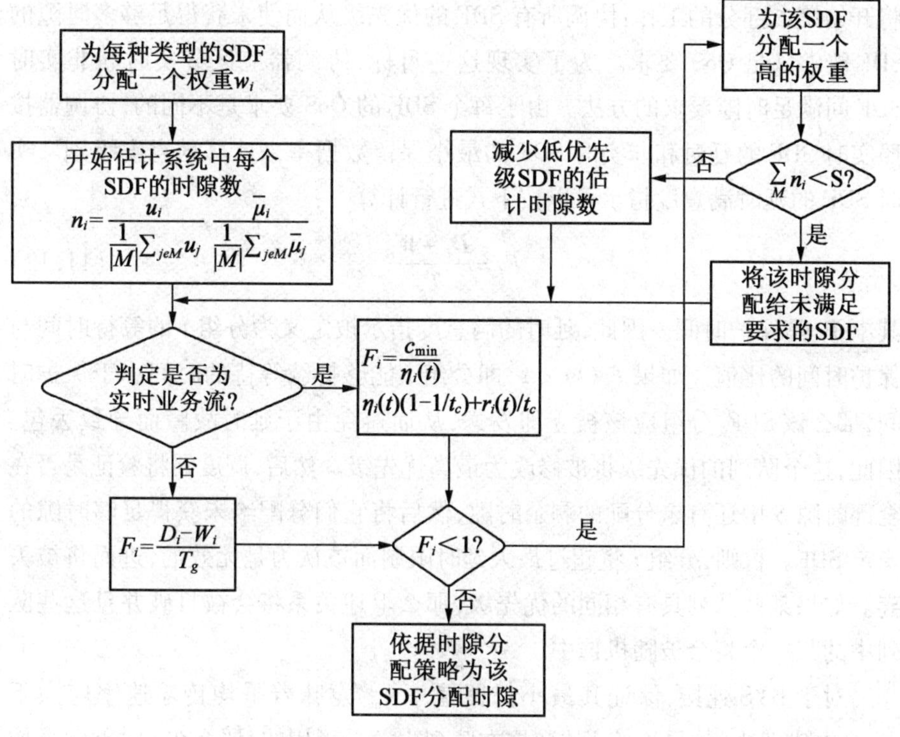

图 11.2 CACBQ 跨层算法的流程图

1. 估计器

估计器估计每个 SDF 在合适的时间间隔内所使用的时隙数量,从而判定每个 SDF 是否在共享带宽下获得了它所需的时隙。在每一轮调度时,调度器选择一个同时知道其分组速率和物理层数据率(即 $u_m[k, t]$,参见式(9.7))的 SDF。利用这一已知信息,估计器在每一轮调度时可以估计为每一个分组分配多少时隙。估计器按照前面章节中式(9.14)所介绍的方法来计算为每个 SDF 分配的时隙数量估计值。一旦完成每个 SDF 的时隙数量估计,那么估计器就将这一信息发送给协调器。

2. 协调器

协调器使用由估计器接收到的信息来动态地调整 SDF 的优先级。协调器的工作可以被分为两个部分。在第一部分中,协调器要意识到是否为每个 SDF 分配了足够多的时隙。如果一个 SDF 没有获得足够的时隙,那么协调器将开始第二部分的工作:协调所有 SDF 的优先级从而使未获得足够多时隙的 SDF 能够满足 QoS 要求。为了实现这一目标,协调器应区分实时和非实时 SDF 间满足时隙要求的方法。由于每个 SDF 的 QoS 要求是不同的,协调器按照实时 SDF 的延时和非实时 SDF 的最小保留数据率来计算满意度级别。实时 SDF 的延时满意度指示可以按下式进行计算[8]:

$$F_i = \frac{D_i - W_i}{T_g} \tag{11.12}$$

其中 T_g 是保护时间。因此,延时的满意度指示被定义为分组 i 的等待时间与保护时间的比值。如果 $F_i(t) < 1$,即分组 i 能够持续等待的时间小于保护时间,那么该 SDF_i 分组应该被立即发送,从而避免由于延时故障而导致丢包。因此,这个队列的优先级将被修改为最高优先级。然后,调度器将验证是否在全部时隙 S 中还有未分配的剩余时隙,然后将它们分配给未获得足够时隙的指定 SDF。否则,分组 i 将超过最大延时限制而被认为是无效的,进而将被丢弃。如果某些队列具有相同的优先级,那么上述关系将会被打破并且这些队列中的某一个将会被随机选中。

对于 BVS 连接,保证其最小保留速率 $c_{\min}$ 意味着平均传输速率应大于 $c_{\min}$。在实践中,如果连接 i 的数据在队列中总是可用的,那么在 t 时刻的平均传输速率通常通过一个长度为 t_c 的时间窗来进行估计:

$$\eta_i(t)\left(1 - \frac{1}{t_c}\right) + \frac{r_i(t)}{t_c} \tag{11.13}$$

为了在整个服务期内保证 $\eta_i(t) \geqslant c_{\min}$,吞吐量指示应该被表示为

$$F_i = \frac{c_{\min}}{\eta_i(t)} \tag{11.14}$$

如果 $F_i(t) < 1$,那么只要符合速率要求,连接 i 的分组就应该被立即发送。此时,该队列的优先级将被修改为最高优先级并将会直接为其提供服务。

3. 时隙分配器

一旦分组被通用调度器进行了调度,那么第二阶段将会利用算法来为这些分组在 AMC 排列模式下分配时隙。该算法按照各 SDF 分组的当前优先级顺序反复迭代进行所有 SDF 分组的时隙分配。在每次迭代时,按照所处理的 SDF 的信道增益值 g,将最佳的时隙分配给它。随后,这些时隙被从可用时隙列表中删除。为了在时隙分配时最低和最高优先级的 SDF 能够被公平对待,

需要引入关于时隙使用情况的额外信息,即权重。当为一个特定 SDF 进行时隙分配时,一个时隙的权重表示如果将这个时隙用于比当前 SDF 优先级低的所有其他 SDF 时会获得什么样的好处。对于分配给某个优先级为 i 的 SDF 的时隙(k, t),如果假设该时隙被用于比该 SDF 优先级低的所有其他 SDF,那么此时该时隙的所有信道增益值之和就是该时隙的权重 $\omega_{i,k,t}$。

$$\omega_{i,k,t} = \sum_{\forall j,\text{优先级低于}i\text{的SDF}} g_{j,k,t} \tag{11.15}$$

该算法总是在增益值和权重间选择尽可能高的权重。对于优先级为 i 的 SDF,其时隙(k, t)的权重比被定义为

$$\frac{g_{i,k,t}}{\omega_{i,k,t}} \tag{11.16}$$

当为一个优先级为 i 的 SDF 进行时隙分配时,具有最大权重比的那些时隙将会被分配给它。当完成一个 SDF 的时隙分配后,会为下一个要进行时隙分配 SDF 重新计算所有还未分配的时隙的权重。下面给出该算法的一个实例:

算法 11.1

1:令 $S=\{1,2,\cdots,s\}$ 表示未分配的时隙集合,而 $G_a=\{1,2,\cdots,g\}$ 表示所有信道增益的集合
2:依据满意度函数 F 所确定的调度顺序来对连接进行排序
3:对于每个 SDF $\in$ {CVi,BVS,rtG},执行下述循环
  4:依据式(11.15)计算权重
  5:依据式(11.16)计算权重比
  6:为每个 SDF 进行权重比排序
  7:为具有最高优先级的 SDF 分配具有最高权重比的时隙
  8:从可用时隙列表中删除分配的时隙
9:结束循环
10:反复执行步骤 3,直到 $U=\varnothing$

11.3 CACBQ 性能评估

在本节中,将利用仿真结果来分析所提方法的性能,并使用 OPNET 与 MATLAB 的混合仿真工具来验证所提方法的性能[7,9]。OPNET 工具是用来仿真包括业务模型和调度器的高层特性,而 MATLAB 被用来建立信道模型。之

所以使用 MATLAB 是因为 OPNET 在物理层实现时采用了复杂的 14 级流水线深度。比较 CACBQ 与 MaxSNR(已经在第 3 章中进行了全面的介绍)、MF 和基于效用算法的性能。之所以进行这样的对比仿真,是为了比较所提出的跨层方案与仅仅依赖于物理层以及与其他跨层(MAC 层和物理层)方案的性能差异。例如,选择 MaxSNR 因为它是贪婪的,而选择 MF 是由于它是公平的。效用函数是基于延时、分组到达以及信道质量,将这样的方案与 CACBQ 解决方案进行比较将会非常有趣。

11.3.1　仿真环境

为了仿真实际环境和无线通信系统,这里使用了由 3GPP 版本 8 认证的系统参数。仿真参数具体见表 11.1 中所述。

表 11.1　仿真参数

仿真参数	值
信道带宽	5 MHz
载波频率	2.5 GHz
FFT 尺寸/点	512
子载波频率间隔	10.94 kHz
空/保护频带的子载波数量/个	92
导频子载波数/个	60
所使用的数据子载波数量/个	360
子信道数/个	15
DL/UL 帧比	28/25
OFDM 符号持续时间	102.9 μs
5 ms 内的数据 OFDM 符号	48
数据 OFDM 符号	44
调制方式	QPSK,16 - QAM,64 - QAM
UE 速度	45 km/h
信道模型	6 抽头瑞利多径衰落
用户数	9

11.3.2 业务模型

在仿真时使用了多种业务源。为了简单起见，只选择三种类型的业务流：rtG、CVI 和 BVS，它们分别对应 IP 语音（VoIP）、视频和 Web 应用。它们的特性见表 11.2 和 11.3。具体来说，VoIP 被建模为使用话音激活检测（Voice Activity Detection，VAD）的 ON/OFF 源。它仅在 ON 周期生成分组，而 ON 和 OFF 周期的持续时间服从指数分布。在另一方面，视频会议业务是基于来自于一个真实演讲的预先编码的 MPEG4 的跟踪数据[10]。

表 11.2　业务模型特性（多媒体源）

	视频会议		VoIP		
	分组尺寸	到达时间间隔	分组尺寸	到达时间间隔	ON/OFF 周期
分布	来自于跟踪数据	确定性的	确定性的	确定性的	指数的
参数	“Reisslein”	33 ms	66 B	20 ms	$\lambda_{ON}=1.34$ s $\lambda_{OFF}=1.67$ s

表 11.3　业务模型特性（Web）

	Web 指数	
	分组尺寸	到达时间间隔
分布	Pareto 截断	确定性的
参数	$\alpha=1.1$ $k=4.5$ kbit $m=2$ Mbit	$\lambda=5$ s

11.3.3 仿真结果

本节仿真了两种重要的场景：（a）当所有的 UE 与 eNodeB 间距离相同时，连接具有独立同分布的信道；（b）连接具有比例缩放的信道特性，即在每个时隙中的子信道被假定为具有独立的衰落特性和不同的方差。因此，在后面这种场景下，假定 UE 处于距离 eNodeB 不同的位置。因此，即使信道特性看起来相同，不同 UE 的增益也是比例缩放的。假设对于 UE 的信道增益比例缩放

为 $g=[0.25, 1, 1, 0.5, 1, 0.5, 0.25, 1, 0.5]$。这是一个重要的假设，因为在任何实际的无线应用中，用户将会随机分布在小区中与基站距离不相等的位置上。

如图 11.3 展示了当所有的连接具有相同的信道方差时，rtG 类 SDF 的延时随着系统负载增加的变化情况。即使当负载增加时，CACBQ 与其他算法相比仍旧有较低的延时，这是因为给予 rtG 分组的传输机会多于其他类型的 SDF。然而，基于效用的算法与 CACBQ 相比具有较高的延时，因为它试图在延时和服务的分组之间取得一个均衡。而 MaxSNR 和 MF 都有最高的延时因为它们都没有考虑系统中不同 SDF 的队列状态信息。当连接具有不同的信道特性时（图 11.6），上述结论也一样成立。此外，即使信道是不同的，但所有算法在延时方面仍旧和信道条件相同时保持了一致的特性，只是延时略微有些增加而已。

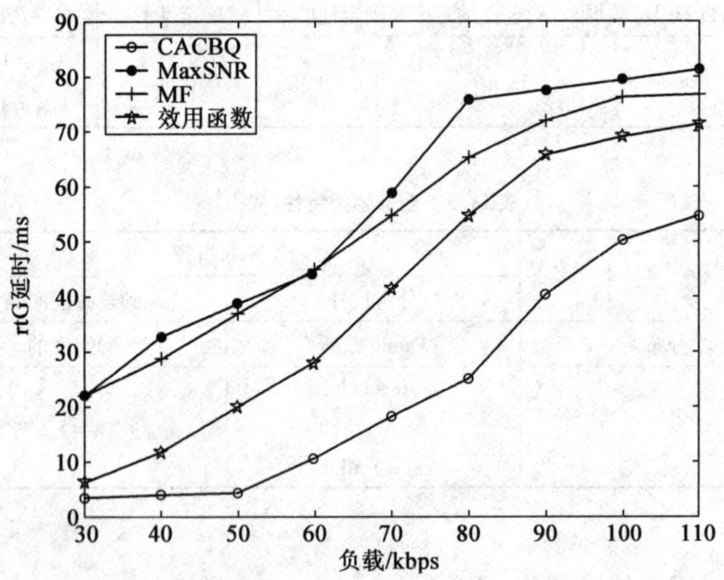

图 11.3 独立同分布信道条件下 rtG 的延时特性比较

图 11.4 描绘了在相同信道连接条件下的 CVi 分组丢失率（Packet Loss Rate，PLR）与系统负载间的变化关系。对于 MaxSNR，其分组丢失率随着负载的增加而显著增长。与此同时，MF 的分组丢失率在负载小于 60 kbps 时始终是 0，随后开始增长。这是因为 MF 试图为各类 SDF 平均分配时隙，而这并不

是一个好方法,特别是当系统中具有不同类型的 SDF 时。而效用算法的分组丢失率在负载小于 70 kbps 时均为 0,随后开始缓慢增长。即使效用算法关注于实时类 SDF 的延时,但是当负载增加时,该算法也不能在该队列中分组的延时和分组的服务速率间取得平衡。CACBQ 的分组丢失率在负载小于 90 kbps时始终为 0,随后开始缓慢增长。这是因为 CACBQ 对 CVi 类 SDF 的分配策略是同时考虑它们的延时和最小数据率。即使当负载增加时,CACBQ 也会尝试保证 CVi 类 SDF 的最小数据率,而这将会通过增加延时的方式避免造成较高的分组丢失。

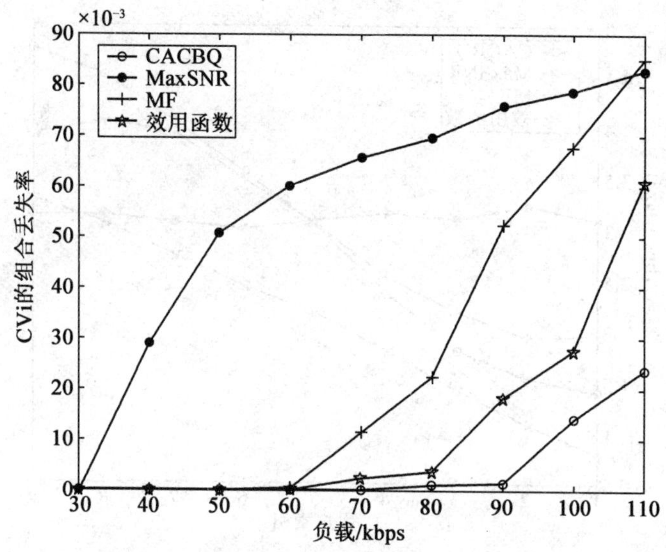

图 11.4 独立同分布信道条件下 CVi 的分组丢失率比较

在相同的场景下,利用比例缩放信道连接特性的仿真结果如图 11.5 所示。对于 MaxSNR,其分组丢失率明显增大。在这种假设条件下,那些具有良好 CQI 特性的 BVS 分组在发送时就会阻止那些具有较差 CQI 特性的 CVi 分组的发送。尽管在这一场景下分组丢失率较高,但是效用算法和所提出的方案仍旧运行良好,这是因为此时分组丢失率仍旧没有违背 CVi 类 SDF 的 QoS 要求。这两个方案都考虑了信道质量,而 MF 因为考虑了队列状态信息所以实际上考虑的是分组丢失率特性。如果尝试使那些具有较差信道特性的非实时业务满足数据率的要求,那么就将阻碍那些具有较差信道特性的实时 SDF

满足数据率的要求。

图 11.5 展示了当信道是相同分布时分配给每个用户的容量。通常,分配的容量是指在给定的资源分配策略下,所有可以可靠通信的时隙上的平均最大可达速率。在这一点上,对整个系统的容量没有兴趣,而更关心分配给每种类型 SDF 的容量。既然在系统中有不同类型的 SDF,那么就需要研究在不同算法下每种 SDF 的容量分配情况。在仿真时,通过连接的方式为每个用户随机关联了一个 SDF。据此,为用户 1、2 和 3 关联了 BVS 类 SDF;为用户 4、8 和 9 关联了 CVi 类 SDF;而为用户 5、6 和 7 关联了 rtG 类 SDF。

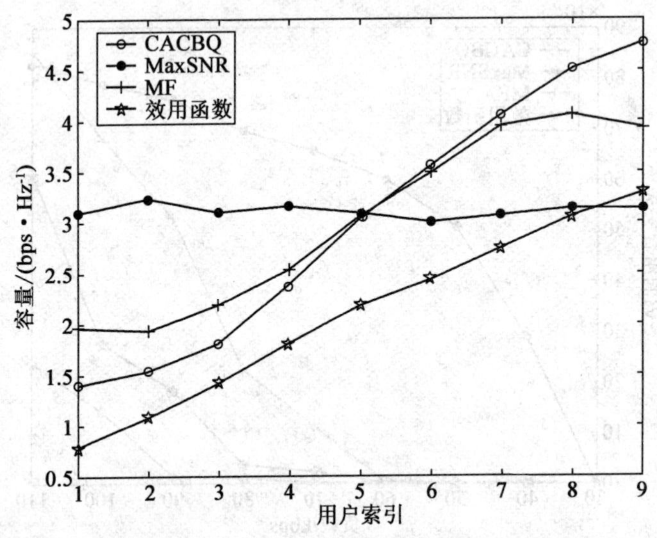

图 11.5 独立同分布信道条件下分配容量的比较

MaxSNR 为有最佳信道的用户分配最大容量。因为连接具有独立同分布的信道,所以 MaxSNR 近似为每个连接分配了相同的容量而不考虑 SDF 的类型。图 11.4 显示了系统中不同 SDF 的分配是相等的。这种分配看似是公平的,但因为 MaxSNR 并未考虑队列信息,所以这将导致 rtG 和 CVi 类业务分别具有高延时和高分组丢失率,而这一点可以由图 11.6 和图 11.7 清楚地看到。

利用效用函数,分配给 BVS 用户的容量是最低的,而 rtG 和 CVi 用户的容量则相对较高。这是因为效用函数仅考虑了 rtG 和 CVi 的资源分配延时,而没有考虑非实时业务的要求。这就是 BVS 类 SDF 具有最低容量的原因。与期望的一样,CACBQ 分别为 rtG 和 CVi 分配了更多的容量,这是因为 CACBQ 为这两种业务分配了更高的优先级。由于 CACBQ 试图保证 BVS 的最低数据率要求,因此它不会导致 BVS 的饥饿。这就是为什么它与效用算法相比,为 BVS 业务分配了更多的容量。

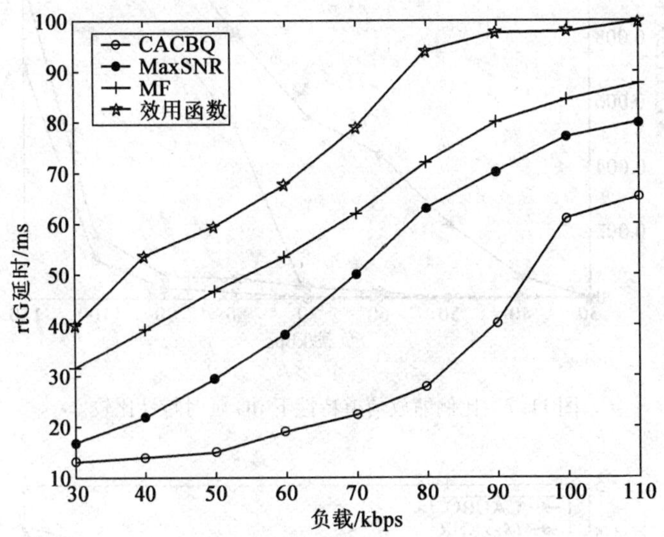

图 11.6　比例缩放信道特性下 CVi 分组丢失率的比较

图 11.8 显示了信道条件不同时不同类型算法的容量分配情况。由 rtG 类 SDF 开始,用户 5 和 7 有很好的信道条件,因此,MaxSNR 分配给它们较高的容量。而用户 6 由于信道质量较差,因此被分配了很少的容量。即使某些用户有很好的信道条件(如用户 5 和用户 7),但是 CACBQ 没有为这些用户分配高的容量,这是由于 CACBQ 还考虑到了它们的队列状态。需要注意的是,用户 6 即使信道质量不好但它也有一个好的容量,这是因为利用式(9.14)进行信道分配时,即使某个用户具有较差的信道,也会有时隙分配给它。当信道条件差时,MF 执行得要比效用算法好,这是因为 MF 总是试图最大化信道条件差的 SDF 的容量,而不考虑 SDF 的类型。

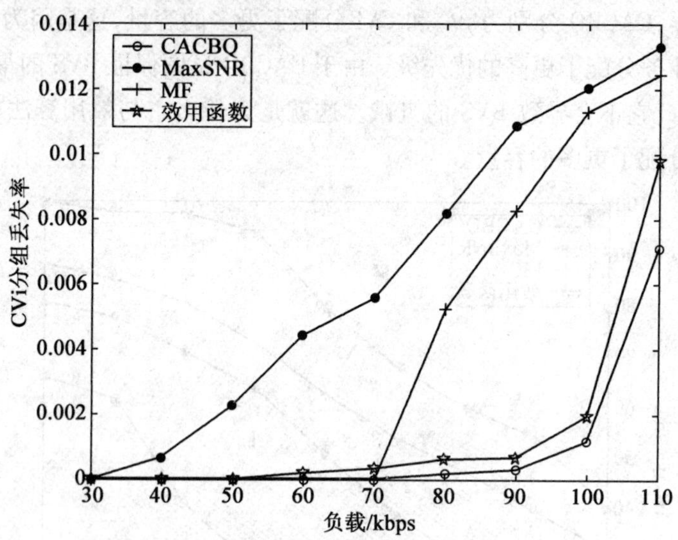

图 11.7 比例缩放信道特性下 rtG 延时特性比较

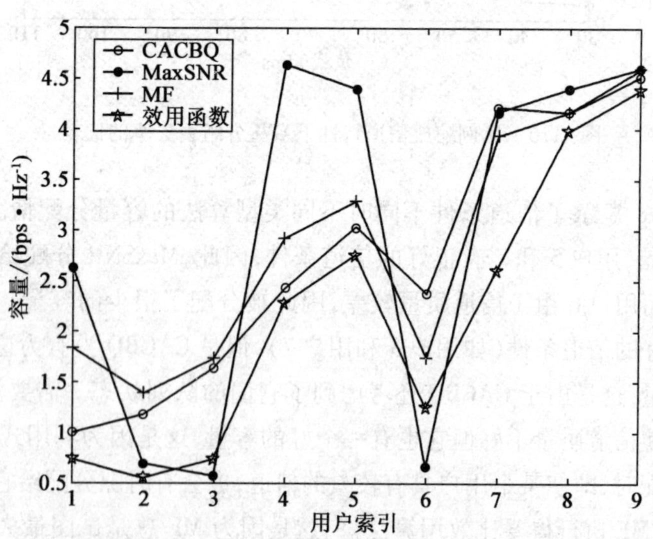

图 11.8 比例缩放信道特性下分配容量的比较

用户 4、8 和 9 的 CVi 类 SDF 具有最佳的信道容量，因此，MaxSNR 为它们分配最大的数据速率，同时它们在 MF、效用算法和 CACBQ 中也均有高容量。这是因为 CVi 有较高的延时特性要求，所以 CACBQ 和效用算法为 CVi 类 SDF

设置了较高的优先级。然而当这类业务的信道不好时,CACBQ 会尝试为它们保证最低数据传输速率。在本章的仿真场景中,CVi 类 SDF 有好的信道条件和高优先级,这就是为什么这类业务被分配了高容量。与 MaxSNR 一样,MF 为具有良好信道条件的用户分配更多的容量;而当用户的信道条件不好时,它会在系统中为这些用户分配最高的优先级从而试图最大化它们的容量。

对于 BVS 类 SDF(用户 1、2 和 3),用户 2 和用户 3 没有很好的信道质量,因此,MaxSNR 不会给它们分配足够多的时隙,而 MF 会给它们分配更多的容量。MF 要好于效用算法,这是因为效用算法在进行分配时并不考虑 BVS 而总是优先考虑 CVi 和 rtG 类 SDF。然而,即使用户 2 和用户 3 的信道条件差于用户 1,CACBQ 也会为它们分配更多的容量。

11.3.4 公平性与效率

为了比较这一章所介绍的基于 LTE 的 OFDMA 系统的四种资源分配算法,在表 11.4 中归纳了它们的公平性与效率。总之,MaxSNR 分配方法在总吞吐量性能上是最佳的,并且还具有较低的计算复杂度,但是这种方法在速率分布上十分不公平。因此,只有当所有用户都具有近似相同的信道条件并且它们可以容忍较大延时的时候,MaxSNR 才是可行的。MF 算法实现了完全公平但牺牲了吞吐量,所以只适合于固定的和等速率的应用。效用算法获得了与所提算法 CACBQ 几乎相同的性能,特别是当只有实时类 SDF 被考虑的时候。因为非实时类 SDF 的延时要大于相应的实时类 SDF,所以调度器可以仅考虑延时指标,因此效用算法可以被看作是一个在公平性方面非常灵活的算法。但是,效用算法忽略了对非实时类 SDF 的最小数据率的保证。最后,由于所提出的方法将共享的时隙分配给了每个 SDF,所以可以被认为是公平的。这里的公平性表现在实时类 SDF 的延时和非实时类 SDF 的最小数据率。此外,因为该算法将优先级问题分解成两个在 MAC 层和物理层相互作用的简单算法,所以该算法的复杂性以及效率也是相当出色的。

表 11.4 资源分配方案的比较

算法	容量	公平性	复杂度
最大信噪比(MaxSNR)	最好	差且不灵活	低
最大公平性(MF)	很好	最好但不灵活	中等
基于效用的算法	差	灵活	低
提出的算法(CACBQ)	好	最好且灵活	中等

11.4 概要与结论

本章中,在基于 LTE 的 OFDMA 系统下行链路上,提出了一种自适应的跨层调度和时隙分配方法(CACBQ)。每个连接与系统所认可的某个 SDF 关联,并且每个连接会被指定一个方案从而针对其 QoS 要求和 CQI 信息来进行调度和时隙分配。此外,所提出的跨层方案由两个基本的功能实体组成:估计器和协调器。为了保证公平性和 QoS,这些实体通过向高层反馈信道质量变化的方式来进行自适应交互。这种 QoS 分别是由实时和非实时 SDF 的混合业务的延时和数据速率来表示的。

为了研究所提方案的性能,将 CACBQ 与其他文献中比较著名的解决方案进行了比较。这些解决方案可以分为两类:①一类为依赖于所选定用户信道状态信息的解决方案;②另一类为结合 MAC 层和物理层的解决方案。当连接的信道具有不同特性和相同特性这两种情况时,主要考虑基站已知 CQI 的情况。

仿真结果表明,所提方案在 rtG 类 SDF 的延时以及 CVi 类 SDF 的分组丢失率方面要优于其他方案。然而,对于容量分配,因为我们所提解决方案的目标不是最大化系统的整体容量,而是在容量和 QoS 要求间寻求均衡(特别是对于实时类连接),所以该方案相比于其他方案具有更好的性能。

另一个需要提到的重要问题是:即使是信道质量较差,所提方案仍旧比其他方案具有更好的性能,这是因为它没有像其他方案一样完全忽略信道质量不好的连接,相反它仍旧试图给那些信道质量不好的连接分配 1 ~2 个时隙。

本章参考文献

[1] S. Brost, User-Level Performance of Channel-Aware Scheduling Algorithms in Wireless Data Networks, IEEE/ACM Transactions on Networking, vol. 13, no. 13, pp. 636 – 647, June 2005.

[2] J. Chuang and N. Sollenberger, Beyond 3G: WidebandWireless Data Access Based on OFDM and Dynamic Packet Assignment, IEEE Communications Magazine, vol. 38, no. 7, pp. 78 – 87, July 2000.

[3] J. G. Andrews, A. Ghosh, and R. Muhamed, Providing Quality of Service over a Shared Wireless Link, IEEE Communications Magazine, vol. 39, no. 2, pp. 150 – 154, Aug. 2002.

[4] A. Stamoulis, N. D. Sidiropoulos, and G. B. Giannakis, Time-Varying Fair Queueing Scheduling for Multicode CDMA Based on Dynamic Programming, IEEE Transactions on Wireless Communications, vol. 3, no. 2, pp. 512 – 523, Mar. 2004.

[5] G. Song, Y. G. Li, L. J. Cimini, and J. H. Zheng, Joint Channel-Aware and Queue-Aware Data Scheduling in Multiple Shared Wireless Channels, Proceedings of the IEEE Wireless Communications and Networking conference, vol. 3, pp. 1939 – 1944, Mar. 2004.

[6] W. Rhee and J. M. Cioff, Increase in Capacity of Multiuser OFDM System Using Dynamic Subchannel Allocation, Proceedings of the IEEE VTC – Spring, vol. 2, pp. 1085 – 1089, May 2000.

[7] T. Ali – Yahiya, A. L. Beylot, and G. Pujolle, Radio Resource Allocation in Mobile WiMAX Networks Using Service Flows, Proceedings of IEEE Vehicular Technology Conference, USA, Sept. 2008.

[8] Q. Liu, X. Wang, and G. B. Giannakis, A Cross-Layer Scheduling Algorithm with QoS Support in Wireless Networks, IEEE Transactions on Vehicular Technology, vol. 55, no. 3, pp. 839 – 847, May 2006.

[9] Optimized Network Evaluation Tool (OPNET), http://www.opnet.com/

[10] C. Cicconetti, A. Erta, L. Lenzini, and E. Mingozzi, Performance Evaluation of the IEEE 802.16 MAC for QoS Support, IEEE Transaction on Mobile Computing, vol. 6, no. 1, pp. 26 – 38, Jan. 2007.

第12章　LTE网络的部分频率复用

12.1　简　介

LTE支持采用频率复用技术的正交频分多址(OFDMA)通信系统,即所有小区/扇区工作在相同的频率信道上从而最大化频谱效率。然而,因为在频率复用部署时会产生严重的共信道干扰(Co-Channel interference,CCI),所以小区边缘用户可能在连接质量上遭遇降级。在LTE中,UE工作在子信道上,所以它只会占据整个信道带宽的一小部分。因此不用采取传统的频率规划方法而仅需合理配置子信道的使用方式,就可以轻易解决小区边缘的干扰问题。

一些文献已经使用部分频率复用(Fractional Frequency Reuse,FFR)技术实现了多小区OFDMA网络的资源分配。然而,只有少数的研究明确地考虑了应用的特性是实时的还是非实时的。例如,文献[1,2]的作者提出了在保证QoS要求的同时最大化系统整体吞吐量的动态资源分配方案。然而,这两个方案只适用于非实时的应用。Qi和Ali-Yahiya在文献[3,4]中介绍了利用无线网络控制器(RNC)来控制多小区OFDMA系统中基站(eNodeB)簇以及分布式地进行资源分配的方案。但是,这些在RNC中分配资源的方案没有考虑到依据FFR来进行每个eNodeB的资源协调。在文献[5]中作者提出了不利用RNC来进行eNodeB的随机本地资源分配方法。然而在这种方式下,eNodeB无法获知系统中相邻小区的情况,从而导致了低效的资源分配。

在本章中,针对多小区OFDMA下行LTE系统提出了一个无线资源分配方案。该方案首先是由基于消息交换的分层架构构成,这些消息交换是指位于基站(eNodeB)处的无线资源代理(Radio Resource Agent,RRA)和无线资源控制器(RRC)之间用于控制eNodeB簇的消息交换。RRC依据SDF类型和它们的QoS要求,在超帧级别进行小区间干扰(ICI)协调。而eNodeB利用小区内部和小区外环间UE的时隙重分配策略,从而在帧级别来为每个小区进行公平的时隙分配。

12.2 基于 LTE 网络架构的设计方案

LTE 物理层采用了 OFDMA 技术,其将非常高速的数据流分成多个并行的低速数据流。每个低速的数据流随后被映射到独立的数据子载波上,并使用相移键控调制或正交幅度调制(QPSK,16 - QAM,64 - QAM)来进行调制。此外,可用子载波也可以被划分为子载波组(即子信道)。

子信道重用模式可以进行配置,从而使得在小区内部接近于 eNodeB 的 UE 工作在所有子信道均可用的区域。而小区外环的 UE,每个小区或扇区只可以使用所有可用子信道的一部分。在图 12.1 中,F1、F2 和 F3 表示在相同频率信道下的不同子信道集合。利用这一子信道配置方式,小区内部的 UE 可以满负荷地重用所有频率从而实现频谱效率的最大化;而小区外环的 UE 利用部分频率重用方式可以确保边缘 UE 的连接质量和吞吐量。基于网络负载和干扰状态,子信道重用方案可以逐帧地进行跨扇区或小区的动态优化。LTE 并没有规定具体的子信道重用方案,因此在本节中,提出在体系结构中添加新的功能从而实现基于 FFR 理念的资源管理的分层方法。

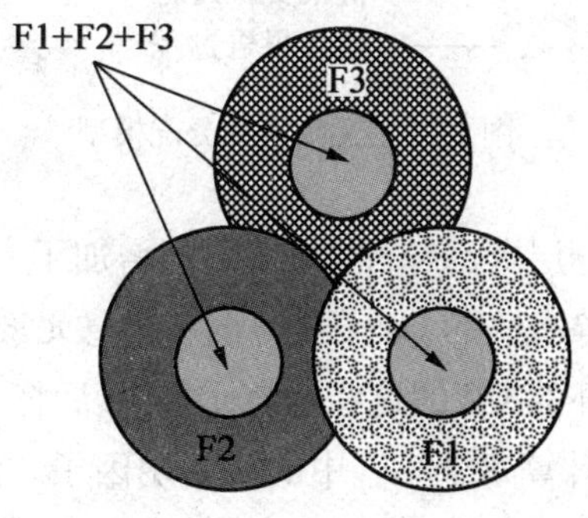

图 12.1 部分频率重用

12.2.1 无线资源分配模型

由于提出的 LTE 架构将资源分配模型分解为了如图 12.2 所示的两个功能实体:无线资源代理(RRA)和无线资源控制器(RRC),因此这一模型与提案[6]是兼容的。RRA 位于 eNodeB 的每个小区中,它负责收集和维护所有来自于附着到该 eNodeB 的 UE 所提供的无线资源指示(如接收信号强度指示(RSSI)和 CQI)。RRC 负责收集附着到该 RRC 上的各个 RRA 的无线资源指示,然后维护"区域"无线资源数据库。资源由时隙表示——在 LTE OFDMA 帧的时域(符号)和频域(子信道)资源分配基本单位。据此,为该架构假设以下情况成立:(1)相邻小区可以重用相同的时隙;(2)每个时隙在一个给定的小区内可以只被分配给一个 UE,即不存在小区内干扰。

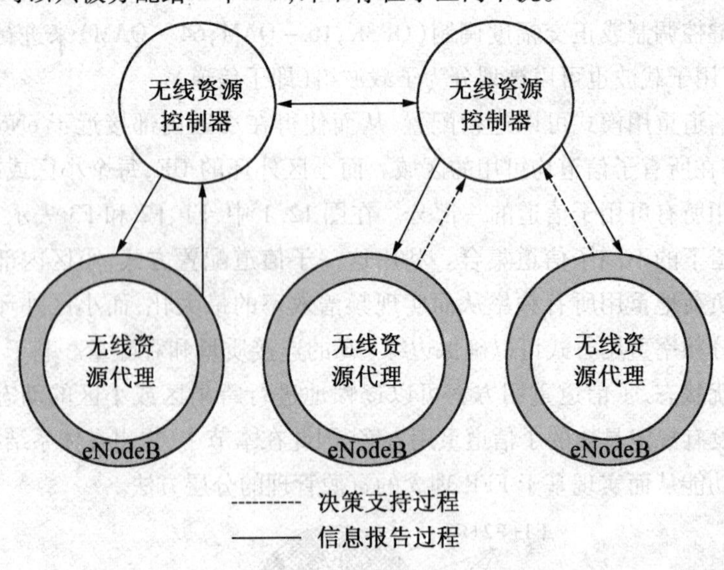

图 12.2 无线资源分配模型

为该架构提出了分层资源分配方法,并且增加了一项有关 SDF 类型(即与数据率和信道质量等有关的 QoS 要求)的新信息元素。RRA 收集所有来自于小区内部和小区外环的 UE 的这些信息元素,然后将这些信息反馈给 RRC。RRC 利用这些信息来计算每个小区中的软复用因子。然后 RRC 将决策结果发送给每个小区的 RRA,这些决策结果包括:分配给小区外环和小区内部 UE 的特定时隙集合。一旦接收到该决策结果,在 eNodeB 的 RRA 将会根据 UE 的实际业务负载来进行时隙和 UE 的配对,并在必要时利用策略在 UE 间进行负载分配。因此,根据此架构,RRA 和 RRC 之间的信息交换可以是"信息报告过程"(information reporting procedures),即从 RRA 到 RRC 的 eNodeB 无线资源指示信息传送;也可以是由 RRC 至 RRA 的"决策支持过程"(decision support procedures),该过程被 eNodeB 用于进行资源分配时的可能用到的通信决策。

12.2.2 链路模型

这里考虑的 LTE 系统的下行链路是由 L 个 eNodeB 和 $M = \sum_{l=1}^{L} M_l$ 个用户组成,其中 M_l 代表连接到 eNodeB $-l$ 的 UE 数量。当时隙 n 被分配给用户 m 时令指示 $\rho_{m,n}$ 值为 1,否则为 0。令 $P_{l,n}$ 表示 eNodeB $-l$ 在时隙 n 上的发射功率。利用这些符号,时隙和功率分配是通过矩阵 $\boldsymbol{Y}_{M\times N} = [\rho_{m,n}]$ 和 $\boldsymbol{P}_{M\times N} = [P_{m,n}]$ 得到的,通过它们就可以得到用户 i 在时隙 n 上的长期信干噪比值,如下所示:

$$v_{i,n}(\boldsymbol{Y},\boldsymbol{P}) = \frac{P_{l(i),n} \cdot G_{i,l(i)}}{\sigma^2 + \sum_{l\neq l(i)} \sum_{m\in M} \gamma_{m,n} \cdot P_{l,n} \cdot G_{i,l}} \tag{12.1}$$

将用户 m 在时隙 n 上的瞬时可达速率建模为

$$R_{i,n} = \Delta B \Delta T \log_2(1 + v_{i,n}(\boldsymbol{Y},\boldsymbol{P})) \quad \text{(bps)} \tag{12.2}$$

假设 F 是一个 OFDMA 帧的持续时间,则第 m 个 UE 在一帧中的可达数据速率(bps)为

$$U_m = \frac{1}{F}\sum_{m=1}^{M}\sum_{n=1}^{N} R_{m,n} \tag{12.3}$$

因此,多小区系统在时隙 n 上可以承载的总比特数是

$$T_n(\boldsymbol{Y},\boldsymbol{P}) = \sum_{i=1}^{M} \rho_{i,n} U_{i,n} \tag{12.4}$$

12.2.3 问题建模

就如前面所述,资源分配发生在两个级别,即在 RRC 和 eNodeB 的 RRA。在第一级中,RRC 控制一个 eNodeB 簇,并且在超帧的时间尺度上进行时隙分配决策。RRC 的职责是处理重叠小区中小区外环内 UE 间的干扰,从而避免干扰获得增益。假设在 UE 和 SDF 之间存在一对一的连接,那么 RRC 将会使用系统中不同 UE 的各种不同的 SDF 信息来计算软重用系数。既然 LTE 支持具有不同质量要求的多种业务(包括固定比特率的实时业务(CVo),可变比特率且延时受限的实时业务(CVi),变比特率但是延时不敏感的非实时业务(VBS),以及尽力而为业务(BE)),那么 RRC 必须能够最大化总系统吞吐量

从而保证主动授权业务的恒定业务率、实时轮询业务和扩展实时轮询业务的平均速率,以及非实时轮询业务和尽力而为业务的零分组丢失。因此,RRC 需要解决的优化问题是

$$\max \sum_{n=1}^{N} T_n \tag{12.5}$$

并满足限制条件:

$$U_m \geqslant \text{ugs\_max\_rate}, \quad \forall \text{SDF} \in \text{CVo} \tag{12.6}$$

$$\text{min\_rate} \leqslant U_m \leqslant \text{max\_rate}, \quad \forall \text{SDF} \in \{\text{rtG}, \text{CVi}, \text{VBS}\} \tag{12.7}$$

$$\text{若 } \rho_{m,n} = 1, \text{则 } \rho_{m',n} = 0, \forall m \neq m' \tag{12.8}$$

然而,对于 eNodeB 来说这一问题会非常不同,这是因为 eNodeB 以公平的方式在小区内部和小区外环中的 UE 间分配负载。当从 RRC 接收到分配决策时,每个 eNodeB 检查①每个小区中所有 SDF 对数据速率的满意级别;②通过执行时隙重分配策略最小化不满意程度。因此对于不同类型的 SDF,在基站处这一问题可以建模成

$$\min \sum_{m=1}^{M} \left| \frac{U_m - \text{ugs\_max\_rate}}{\text{ugs\_max\_rate}} \right|^2, \quad \forall \text{SDF} \in \{\text{CVo}\} \tag{12.9}$$

并满足限制条件:

$$\text{ugs\_max\_rate} > 0 \tag{12.10}$$

$$\min \sum_{m=1}^{M} \left| \frac{U_m - \text{min\_rate}}{\text{min\_rate}} \right|^2, \quad \forall \text{SDF} \in \{\text{rtG}, \text{CVi}, \text{VBS}\} \tag{12.11}$$

$$\text{min\_rate} > 0 \tag{12.12}$$

12.3 分层资源分配方法(HRAA)

本节提出的分层资源分配方法(Hierarchical Resource Allocation Approach,HRAA)是应用在 RRC 与 eNodeB 上的。既然每个 eNodeB 不得不为与其关联的 RRC 提供信息,那么 RRC 与 eNodeB 间必然需要协作。RRC 和 eNodeB 之间的信息交换使得 RRC 能够决定如何在系统中所有的 eNodeB 之间分配资源。

12.3.1 RRC 的资源分配

RRC 资源分配的第一个步骤是通过计算系统中每个 eNodeB 的时隙数量

而完成的。这主要依赖于在 eNodeB 上的 RRA 传递给 RRC 的信息,这些信息包括 SDF 的类型、它们的数据速率,以及来自 UE 的信道质量指示(CQI)消息中所提供的信道质量。一旦接收到信息,RRC 则通过以下等式决定给每个 eNodeB 的时隙数量:

$$n = \left\lfloor \frac{U_i}{\frac{1}{|M_t|}\sum_{j\in M_t} U_j} \cdot \frac{\bar{\mu}_i}{\frac{1}{|M_t|}\sum_{j\in M_t} \bar{\mu}_j} \right\rfloor \tag{12.13}$$

其中$\bar{\mu}_i$ 是连接 i 的平均业务速率。这种分配通过给具有较好信道条件的 SDF 分配更多时隙的方式,在本质上利用了多用户分级。例如,假设所有连接的平均业务速率相同,那么因子 $\frac{U_i}{\frac{1}{|M_t|}\sum_{j\in M_t} U_j}$ 等于 1。具有相对较好信道条件的连接,即它满足$\bar{\mu}_i(t) > \sum_{j\in M_t} \frac{\bar{\mu}_j(t)}{|M_t|}$,将会首先被分配两个或更多的时隙。另一方面,具有相对较差信道条件的 UE 将会首先只被分配一个时隙。权重系数 $\frac{U_i}{\frac{1}{|M_t|}\sum_{j\in M_t} U_j}$ 的作用是去加权 SDF 平均速率的分配比例。

接下来的步骤可以由 RNC 在小区内部和小区外环 UE 间的时隙分配来实现。RNC 首先为小区外环的 UE 进行分配,然后为小区内部的 UE 进行分配。每个 UE 具有一个 SDF,即通过连接在 UE 和它的 SDF 之间有一对一的映射。由于 CVo 有严格的 QoS 约束,因此优先考虑它并为其分配最好的时隙。时隙分配过程如下:

(1)根据系统中所有 SDF 的 CQI 按照(12.2)计算给定时隙的可达数据率 U_m。

(2)依据(12.13)计算每个 SDF 的时隙数量。

(3)为系统中所有的 CVo 类 SDF 逐一分配最好的时隙,直到它们均达到最大持续业务速率,然后令 $\rho_{m,n}$为 1。

(4)优先为剩余的实时类 SDF(CVi 和 rtG)分配剩余的时隙,并令它们的$\rho_{m,n}$为 0。首先给 CVi 和 rtG 分配最好的时隙直到它们达到最大持续业务速率。然后给 VBS 分配时隙直到它达到最大持续业务速率。资源分配的算法描述如下:

算法 12.1 RNC 的资源分配

1:利用(12.2)计算每个激活 UE 的可达数据速率

2:依据(12.13)计算每个 SDF 的时隙数

3:对于每个 SDF ∈ {CVo} 执行循环

  4:首先给有 Cvo 类 SDF 的最佳用户 m 分配时隙 n

  5:令 $\rho_{m,n}=1$

6:结束循环

7:对于每个 SDF ∈ {CVi,VBS,rtG} 执行循环

  8:优先为剩余的 CVi 和 rtG(而不是 VBS)类 SDF 依照最大速率原则分配剩余时隙

  9:令 $\rho_m[k,t]=1$

10:结束循环

11:给系统内所有 eNodeB 发送时隙分配信息

12.3.2 eNodeB 的资源分配

在这一资源分配级别上,每个 eNodeB 接收到关于小区内部和小区外环间每个 UE 时隙偏移的分配信息。相应地,每个 eNodeB 将执行下列步骤,以确保在数据速率方面每个 SDF 的公平性以及良好的满意级别。

(1)依据时隙数,检查每个 UE 的满意级别。

(2)初始化在小区内部与小区外环处和 CVi、rtG 和 VBS 相关的不满足要求的 UE 集合。这些 UE 之所以不满足要求是因为对于小区外环的 UE 采用最大数据率方式进行分配,因而它们没有获得足够的资源(时隙)。

(3)对所有不满意的 SDF 重新分配时隙以保证最小保留业务。这种重分配是通过搜索已经分配给满意 UE 的时隙,然后由 CVi 和 rtG 类 SDF 开始重新分配这些时隙给不满意的 UE。如果此重新分配不会使已经满意的 UE 违反最小保留数据传输速率要求,那么重新分配将持续下去,直到所有的 SDF 都能满意。

算法 12.2 eNodeB 的资源分配

1:检查每个 UE 的满意级别

2:初始化满意的 UE 集合 $M:=\{m|\Delta_m \geqslant 0\}$,和不满意的 UE 集合$\overline{M}:=\{m|\Delta_m<0\}$,其中 $\Delta_m=U_m-R_m$

3:选择满足 $m=\arg\max_{j\in M}\Delta_j$ 的最满意的 UE m,然后更新集合 M

4:在最初分配给 m 的所有时隙中找到最差的时隙,即$(k^*,t^*)=\arg\min_{k\in K,t\in T}R_m[k,t]$

5:如果这个重新分配不会使 UE m 不满意,那么

6:分配这个时隙(k^*,t^*)给$\overline{M}$中的 UE $\overline{m}$,从而使得它在该时隙能够达到最大吞吐量

7:结束条件分支

8:继续步骤 2 直到 UE m 变为不满意或 UE $\overline{m}$均满意

12.4 数值结果

本节中利用仿真结果来说明所提算法的性能。其中使用 3GPP 版本 8 认证的系统参数来仿真真实环境和 LTE 中的无线通信系统。

12.4.1 仿真环境

使用 OPNET 仿真软件来评估所提算法的性能。假设一个 OFDMA 的 LTE 系统有七个扇区,UE 被均匀地分布在小区内,其他仿真参数见表 12.1。

表 12.1 仿真参数

仿真参数	值
信道带宽	5 MHz
载波频率	2.5 GHz
FFT 尺寸/点	512
子载波频率间隔	10.94 kHz
空/保护频带的子载波数量/个	92
导频的子载波数量/个	60
使用的数据子载波数量/个	360
子信道数/个	15

续表 12.1

仿真参数	值
DL/UL 帧比	28/25
OFDM 符号持续时间	102.9 μs
5 ms 内的数据 OFDM 符号	48
调制方式	QPSK,16QAM,64QAM
UE 速度	45 km/h
UE 数量/个	20
CVo 最大业务速率	64 kbps
CVi 业务速率	5 ~ 384 kbps
VBS 业务速率	0.01 ~ 100 Mbps
信道模型	6 抽头瑞利衰落

12.4.2 仿真结果

首先测量的是小区吞吐量性能,即总吞吐量除以系统的小区数目。此外,考虑三个不同的分配策略,然后进行比较。第一个在某种意义上说是非协作的,即没有 RRC,并且资源分配是基于本地信息的,这里将此方法称为“随机”方法,因为时隙是在 UE 间随机分配的。第二个方案是一种协作分配,其中 RRC 算法在每个超帧中执行,但一旦每个 eNodeB 接收到来自 RRC 的时隙分配信息,eNodeB 就将遵循这些推荐信息。此外,该方案也没有时隙重分配方法,该方案被称为“RRC + eNodeB”。第三个方案同时考虑 RRC 和 eNodeB 来进行 UE 间的负载分布,称为“RRC + LD”。

图 12.3 给出了平均小区吞吐量作为每个小区占用带宽函数的第 50 个百分位数。高带宽占用级别对应高负载的系统和小区间使用带宽大的重叠区域。此外,当带宽占用是 100% 时,那么因为每个 eNodeB 都使用了整个带宽,所以该系统重用为 1。原则上,如果增加每个小区的带宽占用,那么平均小区吞吐量也会相应增大。因为每个 eNodeB 使用越多的时隙则平均的小区吞吐量就越大,所以这一事实是成立的。换言之,当增加每个小区的负载时,平均小区吞吐量也会增大,但由于干扰和冲突数量的增加反而会有较低的速率。

据此,此方法由于采用了分层和重新分配的方式可以达到更高的吞吐量。

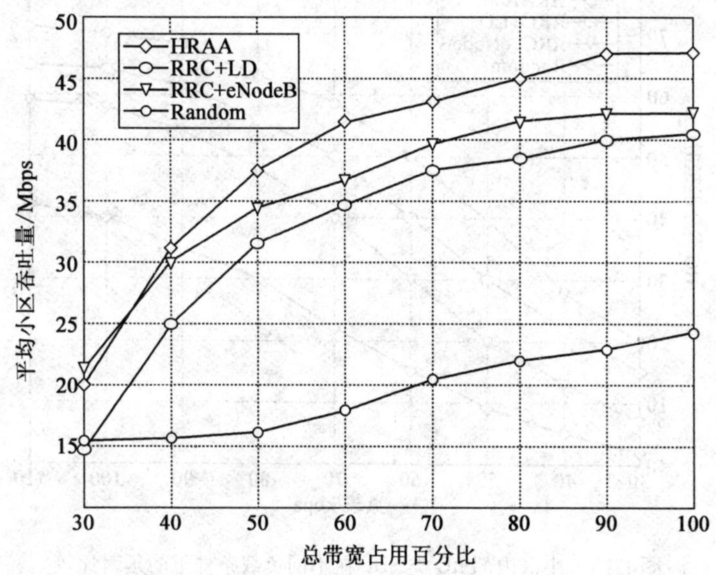

图 12.3　不同负载的平均小区吞吐量的第 50 个百分位数

第二个测量的性能参数是 rtG 分组的延时。需要注意,此处仿真时没有包括 CVo,这是因为所提出的方案已经满足了它的 QoS 要求。图 12.4 和12.5 比较了小区内部和小区外环处 UE 在不同算法下的延时特性。因为 HRRA 为 rtG 类 SDF 分配了最高优先级,并且即使小区负载增加时也不会违背延时要求,所以它比其他方案具有更好的延时性能。RRC + BS 方法的延时特性也较好,但因它没有计算时隙数,因此延时要高于所提出的方法。这是因为该方法与所提出的方法相比没有时隙的重分配,所以这将导致 rtG 类 SDF 不满足时隙的要求。因为 eNodeB + LD 方法平等对待所有类型的 SDF,所以它有较高的延时。最后,Random 方法有最差的延时性能,因为它没有 eNodeB 来协调时隙分配,所以时隙被在 UE 间随机分配而忽略了 UE 的类型。从这两个图中可以注意到,因为使用了 FFR,所以小区外环 UE 的延时要稍高于小区内部 UE 的延时,然而重新分配方案并没有使小区外环具有 rtG 类 SDF 的 UE 违反要求。

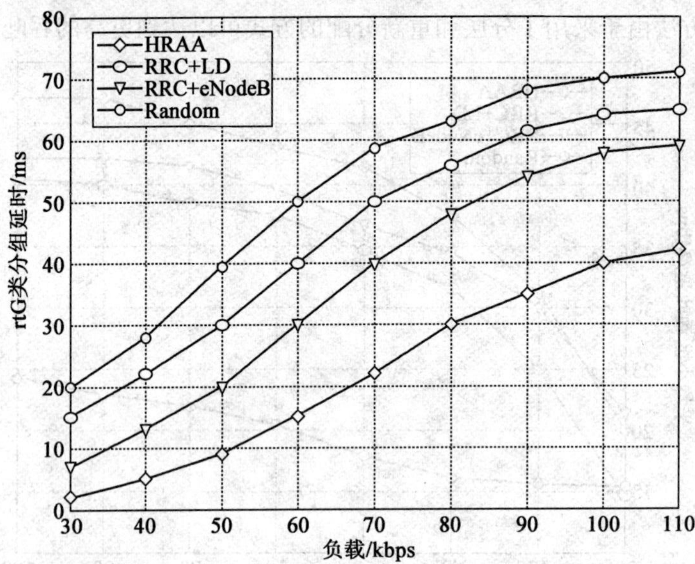

图 12.4 小区内部 rtG 类 SDF 在不同负载条件下的延时比较

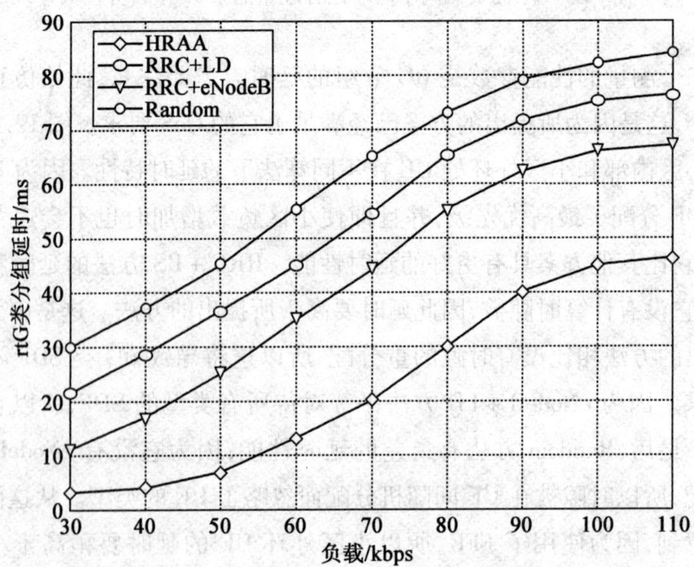

图 12.5 小区外环 rtG 类 SDF 在不同负载条件下的延时比较

最后,研究了小区内部和小区外环处具有 CVi 类 SDF 的 UE 的分组丢失率(PLR)。图 12.6 和 12.7 给出了不同负载下的 PLR 性能。Random 方法的 PLR 值随着负载的增加而快速增大。RRC + LD 方法的 PLR 值比所提出的方法更高,这是因为 RRC + LD 试图为所有类型的 SDF 执行平等的时隙分配,而这并不是一个好的解决方案,特别是在小区中有不同类型的 SDF 时。然而 HRAA 的 PLR 值上升缓慢,这是因为 HRAA 在进行 CVi 类 SDF 的分配时不仅考虑到它们的延时,还考虑到它们的最小数据速率。即使在负载增加时,HRAA 也试图保证 CVi 类 SDF 的最小数据速率,而这通过增加额外延时的方式并不会导致高的分组丢失率。

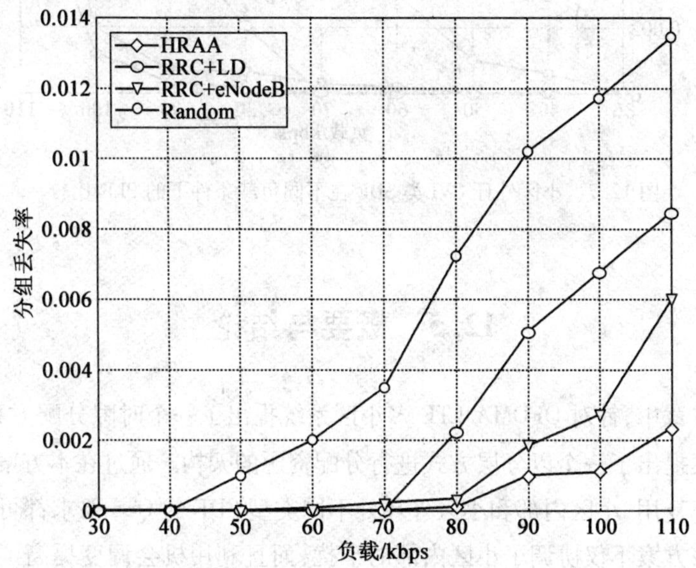

图 12.6 小区内部 CVi 类 SDF 在不同负载条件下的 PLR 比较

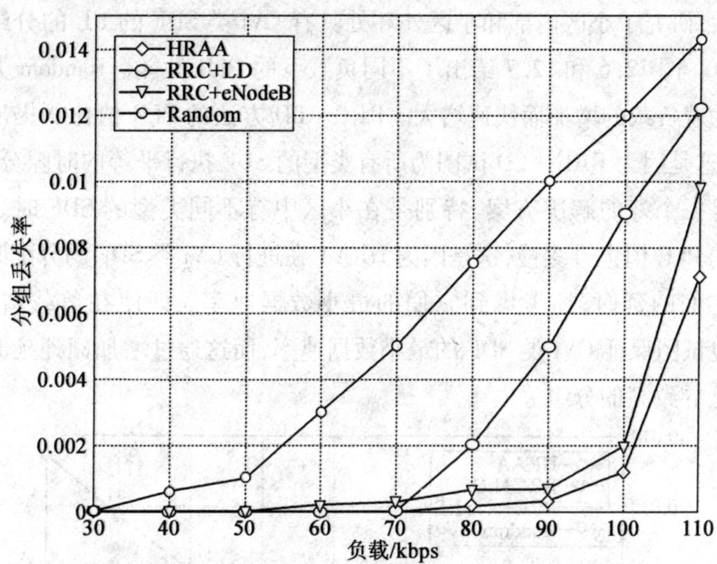

图 12.7 小区外环 CVi 类 SDF 在不同负载条件下的 PLR 比较

12.5 概要与结论

在本章中，针对 OFDMA LTE 多小区系统提出了一个时隙分配方案，并基于此方案提出了一个以分层方式进行分配资源的架构。通过在本方案中使用部分频率复用，小区内部和小区外环处不同类型 SDF 的 QoS 要求都可以得到保证。该方案不仅协调了小区内部的干扰，而且利用机会调度提高了系统整体的吞吐量，同时还保证了 rtG 类 SDF 的延时和 CVi 类 SDF 的分组丢失率的 QoS 要求。

本章参考文献

[1] C. Koutsimanis and G. Fodor, "A Dynamic Resource Allocation Scheme for Guaranteed Bit Rate Services in OFDMA Networks", IEEE ICC, Beijing, China, pp. 2524 - 2530, 2008.

[2] G. Li and H. Liu, "Downlink Dynamic Resource Allocation for Multi-Cell

OFDMA System", IEEE VTC, vol. 3, pp. 1698 - 1702, 2003.

[3] Y. Qi, X. Zhong, and J. Wang, "A Downlink Radio Resource Allocation Algorithm with Fractional Frequency Reuse and Guaranteed Divers QoS for Multi-Cell WiMAX System", IEEE CNC, Hangzhou, pp. 289 - 294, 2008.

[4] T. Ali - Yahiya, A. L. Beylot, and G. Pujolle, "Radio Resource Allocation in mobile WiMAX Networks using SDFs", IEEE PIMRC, Greece, pp. 1 - 5, 2007.

[5] A. Abardo, A. Alesso, P. Detti, and M. Moretti, "Centralized Radio Resource Allocation for OFDMA Cellular Systems", IEEE ICC, Glasgow, pp. 269 - 274, 2007.

[6] A. Ghosh, J. Zhang, J. Andrews, R. Muhamed, Fundamentals of WiMAX, Prentice Hall, USA, 2010.

第13章 移动 WiMAX 和 LTE 交互的性能研究

13.1 引 言

下一代网络可以被看作是将各种无线和有线系统在一个统一的网络框架下进行整合的契机,从而可以使用任何可用技术在任何时间和任何地点提供连接。网络融合因此可以被认为是电信技术以及计算机与通信技术融合演进过程中的一个主要挑战。本章中一个重要的观点就是通过使用合适的交互架构、切换决策算法和语境自适应策略等,提出一种能够在融合的各种不同网络中支持透明服务连续性的机制。之所以研究这种策略,是因为各种无线网络的核心功能是不同的,这些核心功能包括 QoS 支持、区分服务、接入控制或认证授权和计费(AAA)信令等。

实际上,整合不同类型的移动和无线网络并不是一个新的方向,它已经通过引入 3G 或者 IEEE 工作组的新技术而得到了演进。为了整合不同种类的网络需要做大量的工作,这涉及许多技术,如 GSM、GPRS、UMTS 或 WiFi。为了使这些系统能够互操作,交互架构已经被设计出来并解决了不同层次的整合。目前已经提出两种典型的交互架构:①松耦合整合模型;②紧耦合整合模型[1]。

在异构环境中,移动节点(MN)可以在不同的接入网之间移动。它们可以因此而从不同的网络特性中受益(覆盖、带宽、延时、功率消耗和成本等),但是这些特性是不能直接比较的。因此,更具有挑战性的问题是切换决策,以及与其相关的切换性能。这种切换被称为垂直切换决策,其与水平切换相比需要更多的准则(不只是接收信号强度指示(Received Signal Strength Indication,RSSI))。因此本章提出一种基于内曼 - 皮尔逊(Neyman - Pearson)法并同时考虑多个准则的新切换决策方法。将这种算法和快速移动 IPv6 协议相结合,从而研究移动 WiMAX 和 LTE 网络交互用户案例的切换性能

13.2 切换概述

在下一代无线移动网络中,MN 应该可以通过无缝的方式在异构网络中移动。MN 在 IP 层的切换通常由互联网工程任务组(IETF)[2]制定的标准来进行处理,这些标准包括移动 IPv4、移动 IPv6,以及它们的扩展标准如分层移动 IP(HMIP)、蜂窝 IP(Cellular IP,CIP)以及 HAWAII。然而,由于这些协议是位置和路径管理协议而不是切换管理协议,因此这些协议不能单独解决异构环境中的切换延时问题。例如在 MIPv6 中,切换被执行之后 IP 到终端的连接将被重新建立。然而,在切换管理中,一个时序敏感的操作必须将分组本地重定位到终端的新位置,从而为运行应用保留透明度。事实上,由于 MIPv6 存在三个主要的过程,从而使得仅用 MIPv6 协议将会导致大的延时,以致不可能实现时序敏感的重定向。这三个过程是:①移动检测;②地址配置和确认;③位置登记和返回路由可达信息(这要求 MN 核实其返回地址)。在 MIPv6 中为了降低或者消除分组丢失并且减少切换延时,IETF 提出了移动 IPv6 快速切换(Fast Handover for Mobile IPv6,FMIPv6)标准[3]。然而在 FMIPv6 中切换的触发应该是由从低层到高层传递的。

在此,对相关文献做一个综述。文献[4]首先提出了考虑多准则用户干预策略的垂直切换决策方案。该机制引入了代价函数,从而基于三种策略参数(带宽、功率消耗和成本)来选择最佳可接入网络。文献[5]的作者也提出了一个多服务垂直切换决策算法的代价函数。然而该解决办法是基于策略的网络架构(即 IETF 架构)。为了获得更高的效率并考虑更多的准则,文献[6-9]提出了情境感知决策方法。在文献[10]中,作者设计了一个跨层架构从而在 WWAN-WLAN 环境中提供情境感知、智能切换和移动控制。他们提出了一个基于代价函数的垂直切换决策方法,该方法不但考虑到了网络的特性,还考虑到了从传输层到应用层的高层参数。基于多准则决策算法,文献[11]提出了层次分析法(Analytic Hierarchy Process,AHP)。然后,该方法中一些来自于情境(网络或终端)的信息是不确定和不精确的。因此,需要有更先进的多准则决策算法来处理这种信息。为了满足这一要求,在文献[12]中,作者应用了模糊逻辑的概念作为他们运用决策的准则,这些准则包括用户偏好、链路质量、成本或 QoS 等。

在本章,使用了基于内曼-皮尔逊理论的概率方法。与之前提到的方法相反,这个基于假设检验的方法对于切换时的决策或网络选择是有效的。只有在文献[13]中,内曼-皮尔逊方法被用于基于 RSSI 信息的切换发起。把该方法扩展到使用大量的信元(Information Element,IE)而不只是 RSSI 信息。为了研究所提方法的性能,选择把两个新兴的技术整合起来作为案例进行研究:移动 WiMAX 和 LTE 网络。然而,决策算法可以被推广到全部现存的技术中。

13.3 移动 WiMAX 和 LTE 交互的体系结构

当前使用 IEEE 802.16e 标准的移动 WiMAX 受到了很大关注,这是因为它支持高数据率、固有的服务质量支持、移动能力和更大的覆盖区域来支持泛在连接。第三代合作伙伴计划(3GPP)最近指定通用移动通信系统(UMTS)地面无线接入网或通用地面无线接入网(Universal Terrestrial Radio Access Network,UTRAN)——长期演进(Long Term Evolution,LTE)来满足对移动宽带增长的性能要求。这一结果包括低开销、灵活和高频谱效率的无线链路协议设计,从而适应在各种部署下确保良好服务性能的挑战性目标。上述两种技术的交互被认为是实现 4G 的一种可行方案。

允许用户在这两种网络之间进行无缝切换的体系结构应该同时给用户和服务供应商提供一些益处。通过提供整合的 LTE/WiMAX 服务,用户可以从性能增强和这种联合服务的高数据率中获益。对于供应商而言,这可以利用他们的投资吸引更广泛的用户基础并且最终实现高速无线数据的泛在应用。所需的 LTE 接入网络可能被 WiMAX 运营商或其他机构所拥有,这需要适当的规则和服务等级协议(SLA)设置从而在 LTE 和移动 WiMAX 运营商之间实现商业和漫游协议的平滑交互。所提出的移动 WiMAX/LTE 交互环境如图 13.1 所示,该交互架构采用了与[14]中提案兼容的松耦合方式。在 LTE 和移动 WiMAX 系统中必要的改变是很有限的,这是因为该架构会在 IP 层把两个系统整合起来并且依赖 IP 协议来处理这两个接入网之间的移动性。这个体系结构的主要特点是假设两个重叠的移动 WiMAX 和 LTE 小区,这两个小区分别由一个基站(BS)和一个 eNodeB 来提供服务。

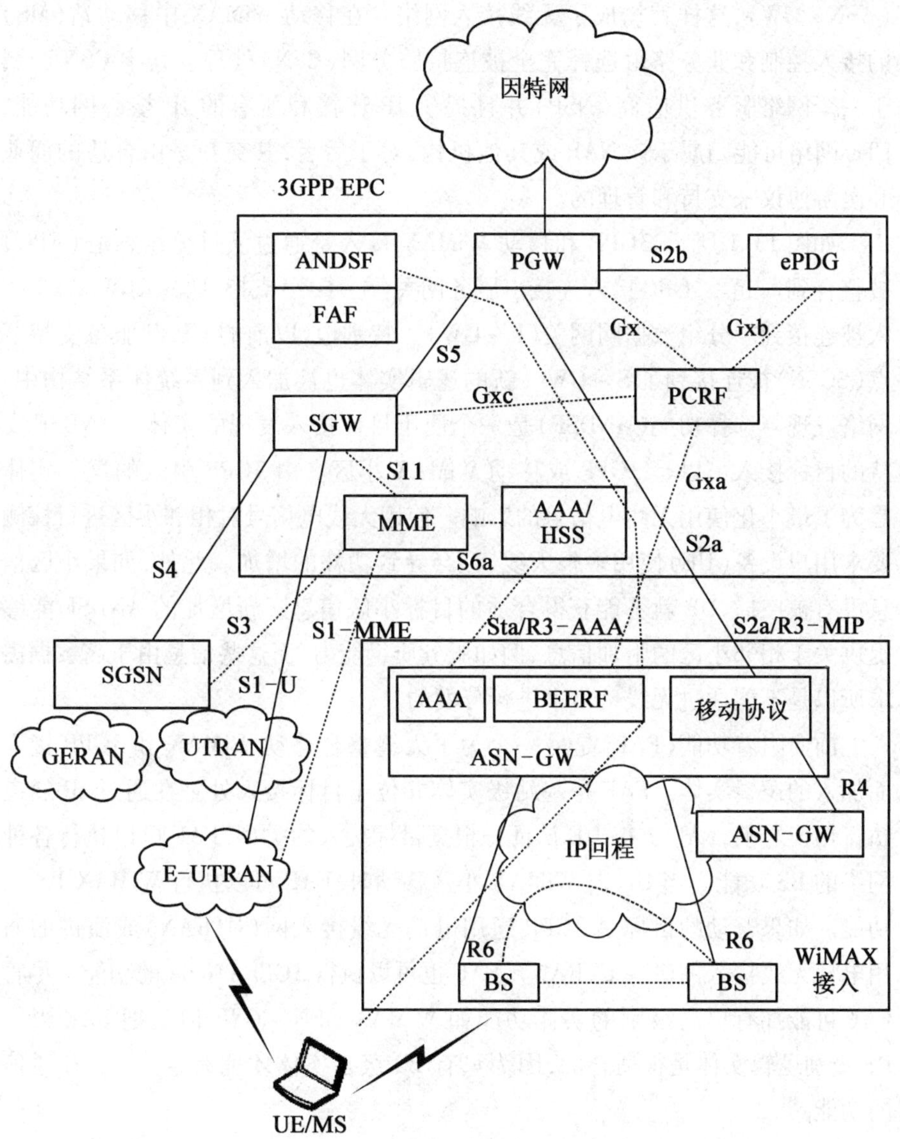

图 13.1 移动 WiMAX - LTE 交互体系结构

如图 13.1 所示，移动 WiMAX 通过被称为接入服务网（ASN）[15]的 WiMAX 无线接入技术来支持各种 IP 多媒体服务的接入。ASN 归属于一个网络接入供应商（NAP）并且包含一个或多个 BS 以及一个或多个 ASN 网关

(ASN - GW),这样就构成了无线接入网络。在移动 WiMAX 中移动站(MS)的接入控制和业务路由选择完全被连接服务网(CSN)处理。其中 CSN 归属于一个网络服务供应商(NSP)并且提供 IP 连接和所有的 IP 核心网功能。LTE 网络可能归属于该 NAP 或其他机构,对于后者,其交互是由合适的商业和漫游协议来支持和管理的。

如图 13.1 所示,3GPP 和移动 WiMAX 接入是通过演进分组核心(EPC)被整合到一起。3GPP 接入连接由服务网关(S - GW)支持,而移动 WiMAX 接入被连接到了分组数据网网关(P - GW)。特别地,以前的 GPRS 服务支持节点(SGSN)被连接到了 S - GW。新的逻辑实体也被加入到系统体系结构中。网络发现与选择功能(ANDSF)是一个便于目标接入发现的实体。ANDSF 支持的目标接入可以是 3GPP 或移动 WiMAX 小区。由 3GPP 引入的这一实体是为了最小化使用无线电信号的影响。使用无线电信号对相邻小区进行探测要求用户设备(UE)使用多根天线,这会导致功耗的增加。此外,如果小区信息没有被广播,UE 就不能获得合适的目标小区信息。新增加的 ANDSF 能够提供关于相邻小区的附加信息,例如服务质量能力,而这些信息由于高数据需求所以是不能通过无线信号来进行分发的。

前向附着功能(FAF)是另一个为了无缝整合移动 WiMAX 和 3GPP 接入而加入的逻辑实体。FAF 是基站级实体并位于目标接入处。在通过 IP 隧道执行切换之前,FAF 支持 UE 认证。根据目标接入的类型,FAF 可以执行各种网络的 BS 功能。当 UE 向 WiMAX 小区移动时,FAF 可以执行 WiMAX BS 的功能。如果移动的目标是 3GPP 通用电信无线接入网(UTRAN)或演进的通用电信无线接入网(E - UTRAN),FAF 也可以执行 3GPP eNode 的功能。尽管 FAF 可能拥有更高级别的实体功能如 WiMAX ASN - GW,但是把 FAF 当作 BS 级别逻辑实体是很适合的,因为只有 BS 级别实体才拥有直接与 UE 通信的功能。

13.4 基于内曼 - 皮尔逊引理的切换决策

切换决策准则可以帮助 MN 在切换时选择接入网络。传统上,当 MN 分别从 LTE 的 eNodeB 或 WiMAX 的 BS 所接收到的信号能量衰退时,就需要进行切换。然而,在 LTE 和移动 WiMAX 之间进行垂直切换时,由于来自于 LTE

和移动 WiMAX 网络的接收信号能量采样信息具有不同的取值范围，因此无法提供可以进行比较的信号能量，因此就不能像水平切换那样来帮助进行决策。因此就需要额外的评估准则如货币成本、提供的服务、网络条件、终端能力（速度、电池能量、位置信息、QoS）和用户偏好。值得一提的是所有这些准则的合并以及它们的动态性都会显著增加垂直切换决策过程的复杂性。因此提出了一个简单的方法，即使用内曼－皮尔逊引理把所有的准则合并起来[13]。

为了确定要切换至哪一个网络，MN 需要获得相邻小区中所有网络的信息。假设 MN 支持媒体独立切换（MIH），其中 MIH 是基于 IEEE 802.21[16] 来收集信元（IEs）或者收集信息的任何其他机制。在表 13.1 中可以找到对涉及决策过程的 IE 的详细解释。

表 13.1 信元

信息类型	描述
通用信息	网络链路类型 核心网运营商 服务提供者识别码
接入网络特定信息	接入网识别码 漫游合作伙伴 成本 安全特性 QoS 特性
PoA 特定信息	PoA 的 MAC 地址 PoA 的位置 数据率 信道范围/参数
高层服务	子网信息 IP 配置方法

据此，MN 会对预期的网络或切换的目标网络有一个初步的了解。为了模拟这个场景，假设 MN 有一个收集信息的矩阵，其中每一行代表一个网络，而每一列代表一个 IE，因此矩阵可以被构造为

$$\begin{array}{c} \\ \textbf{Net}_1 \\ \textbf{Net}_2 \\ \textbf{Net}_3 \\ \vdots \\ \textbf{Net}_m \end{array} \begin{array}{c} \begin{array}{cccc} \textbf{IE}_1 & \textbf{IE}_2 & \cdots & \textbf{IE}_n \end{array} \\ \begin{bmatrix} a_1 & a_2 & \cdots & a_n \\ b_1 & b_2 & \cdots & b_n \\ c_1 & c_2 & \cdots & c_n \\ \vdots & \vdots & & \vdots \\ z_1 & z_2 & \cdots & z_{m,n} \end{bmatrix} \end{array}$$

通过使用内曼-皮尔逊引理,可以在两点假设 $H_0:\theta=\theta_0$ 和 $H_1:\theta=\theta_1$ 之间执行假设检验。因此,选择 H_1 而拒绝 H_0 的似然比检验是

$$\Lambda(x)=\frac{L(\theta_0\,|x)}{L(\theta_1\,|x)}\leqslant\eta,\text{其中 } P(\Lambda(X)\leqslant\eta\,|H_0)=\alpha \tag{13.1}$$

这是对于门限 η 来说,α 大小的最有效检验。对我们而言,假设 H_0 代表目标网络的一个 IE,而假设 H_1 代表相邻网络的一个 IE。在目标网络和相邻网络的 IE 之间进行似然比计算,从而确定最接近目标网络的网络。为了求出相同 IE 在所有相邻网络中的似然比,把 IE 集合看作服从 $N(\mu,\sigma^2)$ 分布的随机样本 $X_1,\cdots,X_n$,其中均值 μ 是已知的并被用于检验选择 $H_0:\theta=\theta_0$ 而拒绝 $H_1:\theta=\theta_1$。对于正态分布的数据集合,其似然函数为

$$L(\sigma^2;x)\propto(\sigma^2)^{-n/2}\exp\left\{-\frac{\sum_{i=1}^{n}(x_i-\mu)^2}{2\sigma^2}\right\} \tag{13.2}$$

可以通过计算似然比得到这个检验的关键统计量,并且其对于输出结果的影响可以表示为

$$\Lambda(x)=\frac{L(\sigma_1^2;x)}{L(\sigma_0^2;x)}=\left(\frac{\sigma_1^2}{\sigma_0^2}\right)^{-n/2}\exp\left\{-\frac{1}{2}(\sigma_1^{-2}-\sigma_0^{-2})\sum_{i=1}^{n}(x_i-\mu)^2\right\} \tag{13.3}$$

这个比值只与 $\sum_{i=1}^{n}(x_i-\mu)^2$ 有关。因此,由内曼-皮尔逊引理可知,这种类型假设数据的最有效检验仅与 $\sum_{i=1}^{n}(x_i-\mu)^2$ 有关。通过观察可以发现,如果 $\sigma_1^2>\sigma_0^2$,那么 $\Lambda(x)$ 是 $\sum_{i=1}^{n}(x_i-\mu)^2$ 的增函数。所以如果 $\sum_{i=1}^{n}(x_i-\mu)^2$ 足够大,就会拒绝 H_0。

得到似然比计算结果后,MN 不得不比较备选假设与目标假设。在不同的网络中,MN 可能对相同的 IE 得到不同的值。这时,MN 或者使用文献[4]

所提出的代价函数,或者使用递归的内曼-皮尔逊法来进行判决。因此,一旦MN有关于新网络的全部信息,就要决定是否进行切换。在本章结束处列出了这个决策算法的流程图(图13.2)。

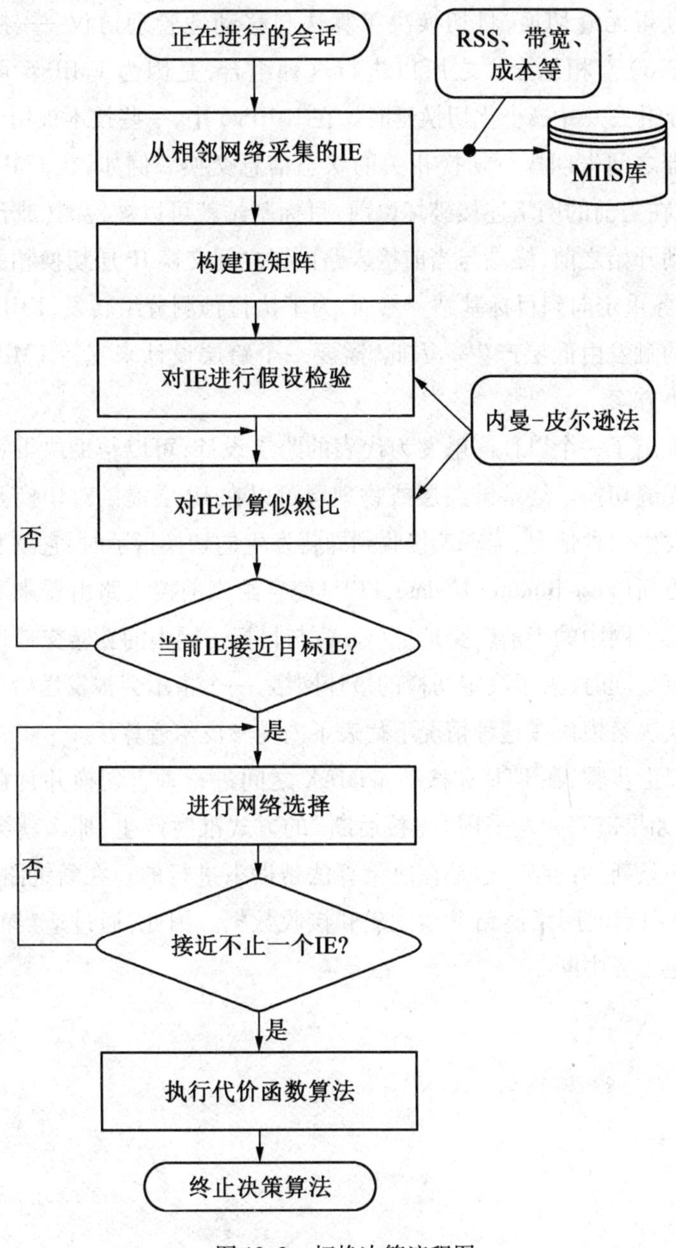

图13.2 切换决策流程图

13.5 基于 FMIPv6 的切换执行

为了获得无缝切换，将切换决策算法与移动性管理协议——快速移动 IPv6（FMIPv6）[3] 相结合。之所以进行这种组合，是因为 FMIPv6 可以减少 MIPv6 的分组丢失并最小化切换延时。在 FMIPv6 中，一些技术被用于在两个接入路由器之间先期执行切换相关的状态信息交换。例如，在 FMIPv6 的预测模式中，在当前的网络连接破坏以前，目标基站就可以被检测（或预测）到。然后在移动开始之前，终端与当前接入路由器之间交换 IP 层切换相关的信号来将 IP 业务重定向到目标基站。然而，为了执行预测分组转发，FMIPv6 假设切换相关的触发由低层产生。因此，需要一个跨层设计来支持 FMIPv6 适当行为的解决方案。

这里提出了一个以预测触发为代表的跨层设计，可以帮助决策算法尽可能地实现无缝切换。终端链路层或物理层可以在 IP 层提供对切换要求的指示。不论发生何种情况，当 MN 接收到即将发生的切换指示时，它就发送一个快速绑定更新（Fast Binding Update，FBU）信息给当前接入路由器来通知该路由器在当前子网中的当前转交地址（CoA）与目标子网中的新转交地址之间存在一个绑定。同时，为了决定切换的最佳网络，一个指示会被发送给切换决策模块。切换决策模块在这种情况下代表了内曼 - 皮尔逊算法。

根据以上步骤，在 LTE 和移动 WiMAX 之间进行垂直切换并且在当前链路失效前，如果链路触发采用“先接后断”的方式准时产生，那么就会在目标网络建立一条新的链路。这是在决策算法帮助下进行的。在新链路建立时，MN 可以使用当前网络链路继续发送和接收数据。因此，通过适当的时间估计可以避免服务中断。

13.6 性能评估

为了研究所提出的切换决策方法的性能,使用了 OPNET 仿真器,并结合了 MATLAB 和 Traffic Analyzer 工具来模拟真实生活中所遇到的很多场景。

13.6.1 场景 1

在第一个场景中,考虑了移动 WiMAX 和 LTE 网络中 20 个重叠的小区。一个小区内的一个 MN 根据基于内曼-皮尔逊引理的决策方法从移动 WiMAX 到 LTE 网络进行切换,反之亦然。之所以研究这个场景,是为了在使用提出的方法进行切换决策时,研究乒乓效应的影响。乒乓效应是 MN 在两个附着点(BS 或 eNodeB)之间不停进行切换的现象。对此而言,如果在异构网络中决策因素迅速改变并且 MN 在找到一个比当前网络更好的无线网络之后立即执行垂直切换,那么乒乓效应就可能出现。因此,所定义的乒乓切换率为乒乓切换数量与切换执行总数量的比值:

$$P_{\text{ping-pongHO}} = \frac{N_{\text{ping-pongHO}}}{N_{\text{HO}}} \tag{13.4}$$

在上面的等式中,N_{HO} 和 $N_{\text{ping-pong HO}}$ 分别代表切换执行数量和乒乓切换的数量。

13.6.2 场景 2

在第二个场景中研究的第二个性能参数是稳定系数 ξ。稳定系数决定了在从一个技术向另一个技术切换的过程中,切换决策的稳定性。如果 $\xi=0$,那么 MN 以概率 1 切换到另一个 eNodeB 或 BS 中。另一方面,如果 $\xi=\infty$,那么 MN 以概率 1 保持在当前 eNodeB 或 BS 中。$P(i,j)$ 是从 eNodeB/BS(i) 到 eNodeB/BS(j) 的转移概率,而 G 是归一化常数。

$$P(i,j)=\begin{cases}\dfrac{1}{G}\cdot\dfrac{1}{\omega(i,j)} & (i\neq j)\\[2ex] \dfrac{1}{G}\cdot\xi & (i=j)\end{cases} \tag{13.5}$$

其中

$$G = \sum_{i \neq j} \frac{1}{\omega(i,j)} + \xi \tag{13.6}$$

13.6.3 场景 3

研究从移动 WiMAX 到 LTE 网络(把相反的情况留到未来的工作)进行切换时,文件传输协议(File Transfer Protocol,FTP)的非实时数据会话的性能。这个应用尝试以 64 kbps 的速率上传一个请求间隔时间为 360 s 且服从指数分布的文件。之所以选择 FTP,是因为它是一个非实时的应用并且在上传文件时对于分组丢失非常敏感,而分组丢失是在切换过程中需要考虑的最重要的 QoS 参数之一。

13.7 仿真结果

研究切换决策算法性能的基本考虑是研究在场景 1 中的乒乓效应。图 13.3 展示了所提出算法与其他文献中著名的决策算法(代价函数[4] 和模糊逻辑方法[12])的乒乓率对比。在这种情况下,所提出的算法与代价函数相结合来得到各种值。与其他方法相比,所提出的算法具有较低的乒乓效应概率,尤其是当切换执行的数量增长的时候。这要归功于在决策时利用了大量的 IE。其次是模糊逻辑,它与代价函数相比也具有较小的乒乓概率。这是因为模糊逻辑使用预先确定的规则而不是使用代价函数来在不同的网络中给不同的 IE 分配权重,所以模糊逻辑更为稳定。

图 13.4 所展示的也是乒乓率,但这次使用的是递归的内曼 - 皮尔逊法。比较图 13.3 和图 13.4,可以注意到递归方法的性能比与代价函数结合的方法要好。这是因为即使存在多个 IE 时,内曼 - 皮尔逊法仍旧依据乒乓率最优化了切换性能。

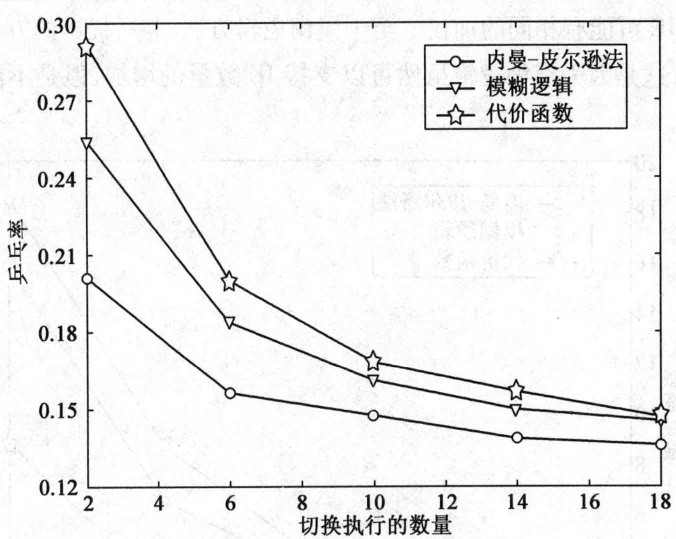

图 13.3　提出的方法与代价函数结合时乒乓率的比较

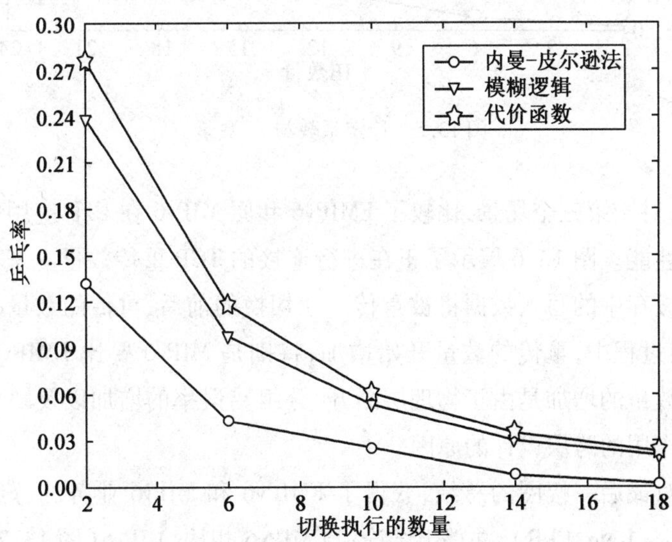

图 13.4　提出的方法与迭代函数结合时乒乓率的比较

对于第二个场景，图 13.5 描绘了切换决策中所使用 IE 数量与稳定性的关系。只要 IE 增加，稳定性也增加。然而，这与所使用的方法有关。比如，当 IE 数量增加时，代价函数表现得不好，这是因为加权法不是一个灵活的方法，而且一些 IE 可能有相同的加权。至于模糊逻辑方法,与所提出的方法相比其稳定性低,这是因为模糊逻辑虽然可以支持 IE 数量的增加,但是不能获得很好的性能。

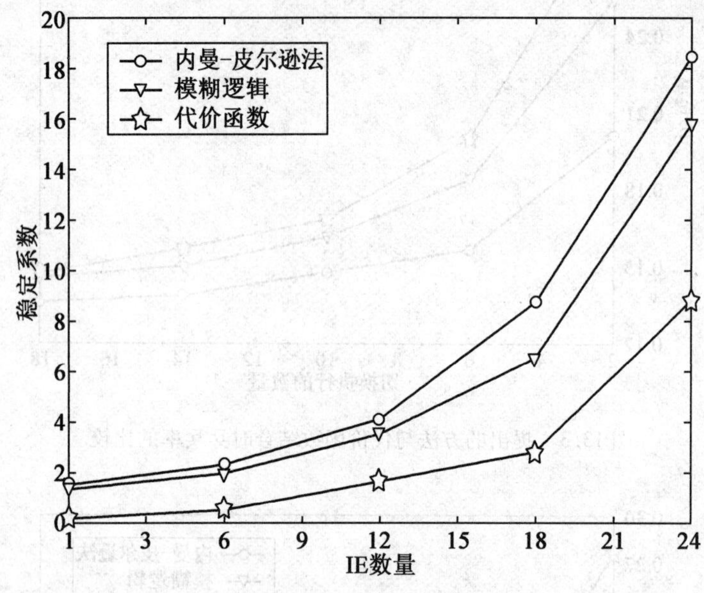

图 13.5　稳定系数与 IE 数量

最后,对于第三个场景,比较了 FMIPv6 和原 MIPv6 在 FTP 应用中分组丢失方面的性能。图 13.6 展示了正在进行连接的 TCP 重传数量。来自于 TCP 未被确认缓存中的写入数据将被重传。在切换的前后,重传的数量很少。然而,在切换过程中,重传的数量开始增加,特别是 MIPv6 要比 FMIPv6 更为显著。重传数量的增加是由于物理层断开、分组错误率的增加以及缺少高层和低层相互作用的跨层设计的原因。

作为对最后一幅图的总结,获得了 FMIPv6 和 MIPv6 业务的分组丢失率(Packet Loss Rate,PLR),并得出结论:与 MIPv6 相比,MIPv6(图 13.7)的分组丢失率几乎可以忽略不计。

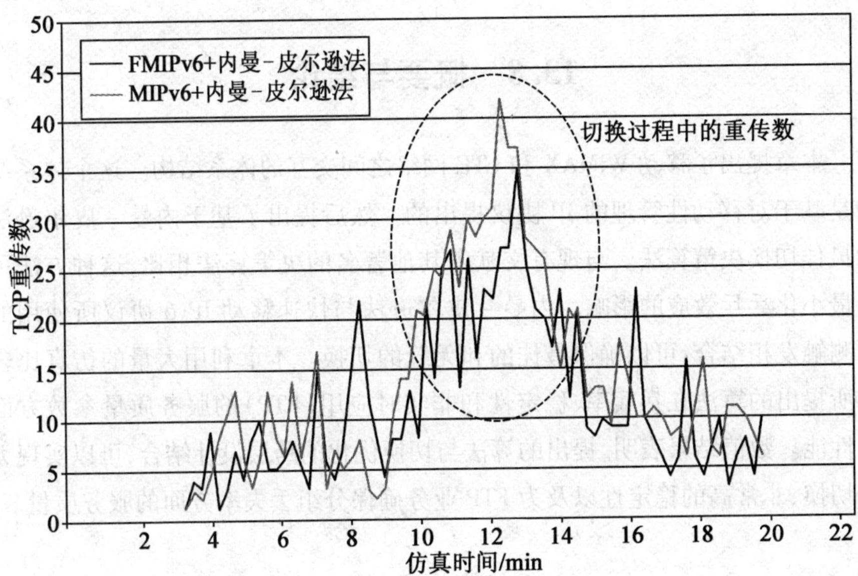

图 13.6 FMIPv6 和 MIPv6 的 TCP 重传数

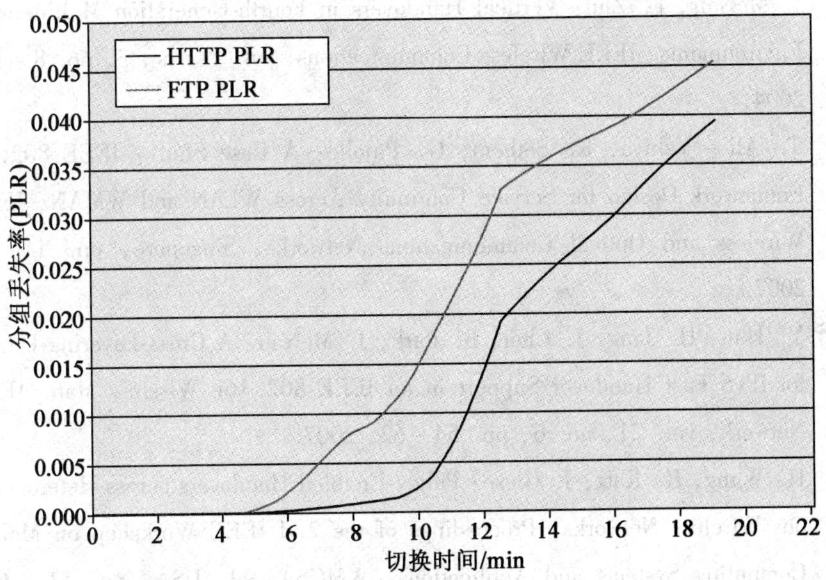

图 13.7 FMIPv6 和 MIPv6 的分组丢失率

13.8 概要与结论

本章提出了移动 WiMAX 和 LTE 网络之间交互的体系结构。这个体系结构是基于对移动性管理的 IP 协议提出的。然后提出了基于内曼 - 皮尔逊法的最佳切换决策算法。与现有文献中其他著名的决策算法相比,这种方法可以最小化乒乓效应的影响。内曼 - 皮尔逊法与快速移动 IPv6 协议所使用的预测触发相结合,可以确保最佳的和无缝的切换。本章利用大量的仿真比较了所提出的算法在乒乓率、稳定性和非实时应用(FTP)的服务质量参数方面的性能。数值结果表明,提出的算法与切换优化的跨层设计结合,可以实现无缝切换、非常高的稳定性以及为 FTP 业务确保分组丢失率方面的服务质量。

本章参考文献

[1] J. McNair, F. Zhu: Vertical Handovers in Fourth-Generation Multinetwork Environments, IEEE Wireless Communications, vol. 11, no. 3, pp. 8 - 15, 2004.

[2] T. Ali - Yahiya, K. Sethom, G. Pujolle: A Case Study: IEEE 802. 21 Framework Design for Service Continuity Across WLAN and WMAN, IEEE Wireless and Optical Communications Networks, Singapore, pp. 1 - 5, 2007.

[3] Y. Han, H. Jang, J. Choi, B. Park, J. McNair: A Cross-Layering Design for IPv6 Fast Handover Support in an IEEE 802. 16e Wireless Man. IEEE Network, vol. 21, no. 6, pp. 54 - 62, 2007.

[4] H. Wang, R. Katz, J. Giese: Policy-Enabled Handovers across Heterogeneous Wireless Networks, Proceedings of the 2nd IEEE Workshop on Mobile Computing Systems and Applications, WMCSA'99, USA, pp. 51 - 60, 1999.

[5] A. Calvagna, G. Di Modica: A User-Centric Analysis of Vertical Handovers, Proceedings of the 2nd ACM International Workshop on Wireless Mobile Ap-

plications and Services on WLAN Hotspots, USA, pp. 137 – 146, 2004.

[6] C. Rigney, et al. : Remote Authentication Dial in User Services (RADIUS), Internet Engineering Task force RFC 2138, Sept. 2003.

[7] P. Calhoun, et al. : Diameter Base Protocol, Internet Engineering Task force RFC 3588, Sept. 2003.

[8] T. Ahmed, K. Kyamakya, M. Ludwig: A Context-Aware Vertical Handover Decision Algorithm for Multimode Mobile Nodes and its Performance, IEEE/ACM Euro American Conference on Telematics and Information Systems (EATIS'06), pp. 19 – 28, Santa Marta, Colombia, Feb. 2006.

[9] IEEE Std 802. 16e: IEEE Standard for Local and Metropolitan Area Networks—Part 16: Air Interface for Fixed and Mobile Broadband Wireless Access Systems, Feb. 2006.

[10] P. M. L. Chan, R. E. Sheriff, Y. F. Hu, P. Conforto, C. Tocci: Mobility Management Incorporating Fuzzy Logic for a Heterogeneous IP Environment, IEEE Communications Magazine, vol. 39, no. 12, pp. 42-51, 2001.

[11] R. Ribeiro: Fuzzy Multiple Attribute Decision Making: A Review and New Preference Elicitation Techniques, Fuzzy Sets and Systems, vol. 78, pp. 155 – 181, 1996.

[12] J. Makela, M. Ylianttila, K. Pahlavan: Handover Decision in Multi-Service Networks, Proceedings of the 11th IEEE International Symposium on Personal, Indoor and Mobile Radio Communications, PIMRC 2000, UK, pp. 655 – 659, 2000.

[13] J. Neyman, E. Pearson: Joint Statistical Papers, Hodder Arnold, Jan. 1967.

[14] 3GPP TS 23. 402: Architecture Enhancement for Non – 3GPP Accesses (Release 8), Dec. 2008.

[15] J. G. Andrews, A. Ghosh, R. Muhamed: Fundamentals of WiMAX Understanding Broadband Wireless Networking, Pearson Education, Inc. , 2007.

[16] http://www. ieee802. org/21

第 14 章　LTE 飞蜂窝与无线传感器/执行器网络和 RFID 技术的集成

14.1　引　言

随着无线接入网络的快速发展、移动计算的巨大进步和因特网的压倒性的胜利,出现了一个新的通信样式,即漫游时移动用户要求最好在没有通信中断或质量衰退的前提下,实现泛在的服务接入。在针对下一代(Next Generation,NG)基于全 IP 的无线和移动系统的研究中,基于 IP 技术在各种异构接入技术间实现全球漫游的"智能移动管理技术"的设计,是众多所需面临的挑战之一[1]。

飞蜂窝(Femtocell)是在 LTE 网络中涌现出的一种网络技术,它被定义为低成本和低功耗的蜂窝接入点,并可以在许可频段内运行从而把传统的未经改变的用户设备(UE)连接到移动运营商网络。飞蜂窝的覆盖范围在数十米。飞蜂窝接入点也被称为家庭基站(HeNB),它是在飞蜂窝网络中提供无线接入网络功能的主要设备。HeNB 最初被设计用于室内,从而得到更好的室内话音和数据覆盖。LTE 飞蜂窝不能被看作是孤立的网络,因为它能够利用切换实现与不同类型网络的集成。尽管如此,如果在一个特定区域中存在数以百计的 HeNB,那么很可能在切换过程中增加技术难度。另一个挑战是减少不必要的切换,因为大量的 HeNB 可以触发非常频繁的切换,甚至这些切换可能发生在当前切换过程还未完成之前。

依照基于 IP 的无线网络,LTE 飞蜂窝的移动性管理问题需要同时考虑链路层和网络层。在链路层,通过无线网络接入交互网就需要经常改变服务 HeNB,这或者是因为无线网络较小的小区尺寸,又或者是因为用户总希望利用任何可用的网络来实现最佳的连接。然而,频繁的切换不仅会增加延时和分组丢失(这在实时应用中可能是被禁止的),而且会导致大量的功率消耗

(这限制了能量受限的移动终端的生存时间)。

在网络层,移动支持是一个需求,它没有被 TCP/IP 协议栈中的 IP 所解决,这是因为 TCP/IP 协议最初只是为静态的有线网络而设计的。在 IP 网络中最著名的移动性支持机制是移动 IP(MIP)[2],这是一个互联网工程任务组(IETF)标准通信协议,此协议设计的目的是让 UE 从一个网络移动到另一个网络时保持其 IP 地址不变。这是通过本地代理(HA)和外部代理(FA)之间的相互作用和 UE 使用两个 IP 地址来完成的。其中,一个 IP 地址用于识别,而另一个用于路由。然而,切换过程中更新 UE 的路由地址会导致额外的延时和分组丢失,从而使通信质量降低。

本章研究了如何利用无处不在的未来通信网络来提高切换性能。为了这一目的,本章关注于射频识别(Radio Frequency Identification,RFID)和无线传感器/执行器网络(Wireless Sensor/Actuator Network,WSANs),其中 WSAN 是用于把物理世界和虚拟世界(如 Internet)耦合在一起的普遍技术。RFID 是一个不需要视线传播就能够自动识别物体的短距离无线技术[3]。一个 RFID 系统由两个主要部分组成,分别为标签和阅读器。阅读器可以通过发射射频信号,然后读取它所在范围内标签所发射的数据。标签可以是被动的也可以是主动的。被动标签不需要电池就能运行,它只是反向散射(远场情况下)从阅读器接收到的射频(Radio Frequency,RF)信号,从而将它的 ID 发送给阅读器。WSAN 是作为无线传感器网络(Wireless Sensor Network,WSN)的增强版本出现的,设计它的目的不只是为了监视环境,而且还要控制环境[4]。

传感器采集物理世界的信息并且通过单跳或多跳路径把采集的数据发送给执行器。执行器根据它的输入信号来控制环境的行为。传感器节点是具有能量、存储空间和处理能力限制的低成本设备,而执行器是更强大的设备。本章首先提出在所研究的区域内如何布设被动标签,从而使阅读器可以检测到 UE 在网络层的移动情况。标签可以被部署在它们的 ID 与网络拓扑信息相关联的区域,即每一个标签的 ID 与该位置最佳的附着点(PoA)进行了匹配。然后,在 UE 移动过程中,阅读器周期性地扫描标签的 ID,以便从被检测的标签中恢复出的信息可以被用于检测它的移动性,从而预测网络的下一个最佳 PoA。所提机制的关键优势是它不会在主要无线信道干扰任何正在进行的通信,即它独立于无线接入技术并且不需要任何对 TCP/IP 协议栈模型的修改。

考虑到在未来通信中,用户将要在异构网络中漫游,这使本章的提案非常有吸引力。而且,对最佳 PoA 的选择是基于能够合并一些参数的决策函数进行的。这个定义的灵活性通过考虑负载均衡、用户偏好或网络供应商,从而可以提供 QoS 支持。

然而,持续的标签扫描过程导致了额外的功率消耗。为了补偿这个限制,本章提出了第二套方案。这个方案结合了 RFID 和 WSAN 在链路层和网络层上切换管理方面的优点。在该系统架构中,WSAN 负责开始或停止切换过程、预测下一个 PoA 并通过多跳来传递所有与切换相关的信息。为了预测下一个 PoA,RFID 被动标签被部署在 HeNB 的范围外来用可读的终端追踪 UE 的移动模式。所提方案的主要优点是依靠 RFID 部署得到精确的切换预测;通过预测在链路层和网络层进行快速切换;通过有选择地触发切换预测来节约能量;在消除对下行信道进行周期性扫描需要的同时,通过将切换管理过程从主要的通信信道转移到覆盖的 WSAN 网络来减少控制信息开销。

14.1.1 切换管理

下面介绍在链路层和网络层中对于切换管理的标准解决方案。

1. 链路层切换

因为 UE 必须建立一个到新 HeNB 的新物理连接,所以链路层(Link Layer,LL)或层 2(L2,Layer 2)的切换(Handover,HO)就会发生。这是因为当 UE 移动时,来自于该 UE 当前 HeNB 的接收信号强度(Received Signal Strength,RSS)和信噪比(Signal to Noise Ratio,SNR)可能会降低,这会导致通信质量的下降。

一旦源 HeNB 接收到 UE 的测量报告(1),那么就会开始进行切换。切换器基于测量报告执行切换决策(2),并向 HeNB GW 发送“切换所需消息”(3)(图 14.1)。在“切换所需消息”中的目标 ID IE 被设置为目标 HeNB 的 ID。HeNB GW 分析“切换所需消息”,并找到在其控制下的目标 ID,然后执行接入控制来检查该 UE 是否有权限接入目标 HeNB(4),并且向目标 HeNB 发送“切换所需消息”(5)。然而,如果目标 ID 不在列表中,HeNB GW 将转发该消息至 MME。此时就是切换类型(b)。目标 HeNB 基于所需资源的可用性执行准入控制(6)、在 L1/L2 层上准备切换,然后向 HeNB GW 发送“切换请求应答消息”(7)。

一旦收到“切换请求应答消息”(8),HeNB GW 就在用户平面将下行链路路径从源 HeNB 切换到目标 HeNB。HeNB GW 向源 HeNB 发送"切换命令消息"来表明切换器已经在目标侧准备好了。

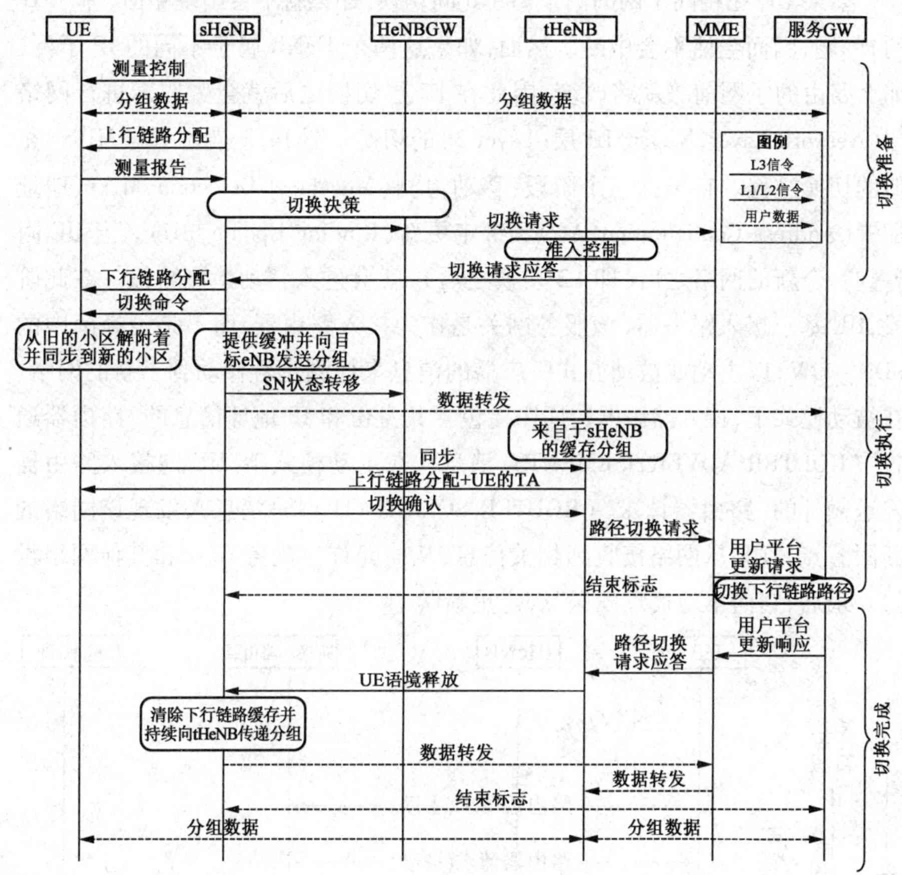

图 14.1 LTE 飞蜂窝切换机制

在从源 HeNB 收到"切换命令消息"之后(10),UE 从源 HeNB 解附着并同步到目标 HeNB 上(11);利用 L1/L2 的处理过程,UE 接入到目标 HeNB 上(12)并且向目标 HeNB 发送"切换确认消息"(13)。目标 HeNB 通过"切换通知消息"告知 HeNB GW 切换成功(14)。下行链路和上行链路数据都通过目标 HeNB 进行传输。HeNB GW 指示源 HeNB 释放资源。切换在 HeNB GW 收到"释放完成消息"之后结束(17)。

2. 网络层切换

如果 UE 在相同子网的两个 HeNB 间切换,那么就不会出现路由(基于 IP 的)问题,因而会话不会中断。然而,如果这两个 HeNB 属于不同的 IP 子网,那么路由的子网前缀就将改变,因此在 L2 层切换之后就会紧跟着进行网络层(Network Layer,NL)或 L3 层(Layer 3)的切换。图 14.2 描述了与 MIP[2] 相似的切换过程。它包括三个阶段:移动检测(Movement Detection,MD)、地址配置(Address Configuration,AC)和绑定更新(Binding Update,BU)。当 UE 附着到一个新的网络之后(即 L2 切换之后),就会进入移动检测阶段。在此阶段,UE 基于接入路由器(该服务网关是作为接入路由器,而不是飞蜂窝中的 PDN - GW)以主动或被动方式所广播的消息来检测是否移动到了新的网络。在被动模式下,接入路由器定期广播包含其身份和 IP 地址信息的“路由器通告”(ROUTER ADVERTISEMENTS)消息。在主动模式下,UE 向接入路由器发送额外的“路由器请求”(ROUTER SOLICITATIONS)消息来发现该网络的新附着点。UE 从网络接收到相关信息,从而允许它配置 CoA 和其他网络设置。最后,它向本地代理发送“绑定更新”。

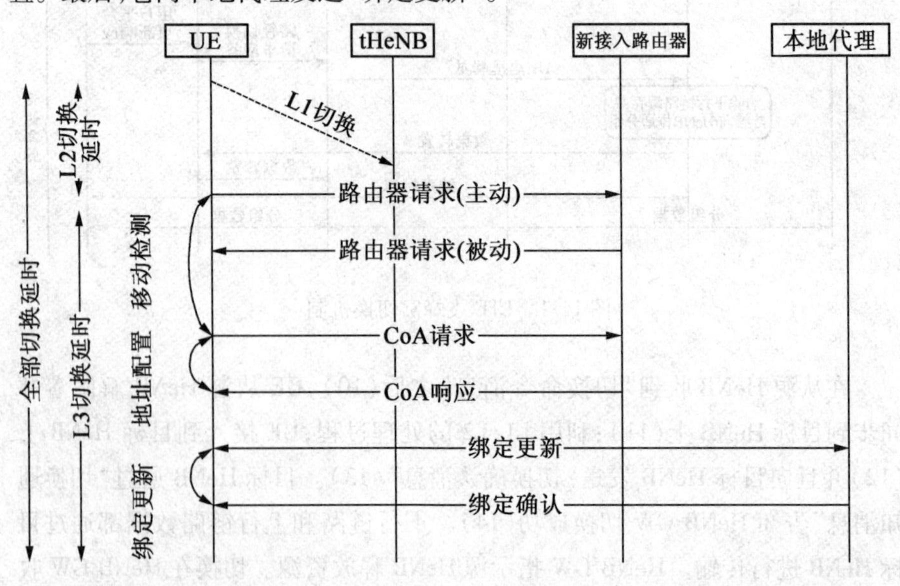

图 14.2 移动 IP 切换机制

MIP 的移动检测机制是为了适应异构网络的移动性而设计的,因此它缺少 L2 的切换信息。当 UE 移动到一个新的子网并将转交地址(CoA,Care-of-Address)登记到本地代理之前,分组都不会被传送到处于新位置的 UE,这是因为完成链路层切换与把新的 PoA 登记到本地代理之间存在时间差。实际上,在移动检测过程中,UE 在物理上是连接到了新的 PoA,但是在网络层它依然连接着旧的 PoA。因此,就需要对链路层和网络层的切换进行同步,这可以通过最小化移动检测延时来实现。移动检测的持续时间是延时中最主要的因素,而该因素取决于"路由器通告"或"路由器请求"信息的频率。

14.2 动机和提案概述

本章的动机来源于无缝并且能量有效的切换机制设计的需要。这一机制将会迎合实时和有 QoS 需求的应用,并且能够便于在电池受限的移动终端上实现。此外,所提出的机制也不以底层的无线接入技术特性或特定的触发条件为目标,而是使其能够便于集成到异构网络中。在即将到来的普适通信时代的背景下,未来的多模移动终端可以利用其丰富的可用接口来实现在多种异构技术间的泛在接入。因为,为了能更有效和高效地处理网络中的不同功能,研究这些异构技术相互间潜在的协作是很有必要的。这里关注应用射频识别 RFID 的 LTE 飞蜂窝技术和(或)无线传感器/执行器网络 WSAN 技术之间可能的相互作用,进而从延时和能量消耗的方面提高切换性能,而以上两点正是研究广义交互网移动性的主要兴趣点。RFID 主要的优点在于:被动标签成本低、标签的快速精确读取、对恶劣环境因素有较好的抵御能力、标签 ID 与数据库里关系到切换的信息可以轻松灵活地关联、与基本的无线接入技术无关,以及在未来通信网络中可预期的广泛部署和集成。基于这些原因,首先提出利用 RFID 标签部署来执行 L3 切换过程中的移动检测步骤。在所提出的机制中,通过 RFID 技术的帮助把位置信息和网络拓扑信息关联在一起,UE 可以预测它的下一个 PoA,因此预先主动登记到这个 PoA(如果不同于当前 PoA)。因此,IP 切换延时可以降低到近似 L2 切换延时。接下来,又尝试考虑能耗因素,并通过部署一个 RFID 和 WSAN 的混合系统,提出了一种在链路层和网络层之间的切换方案。尽管 RFID 和 WSAN 是平行发展的,但几乎没有整合方案被提出[5]。WSAN 的主要优势是它用来执行分布式传感和驱动任务的无线通信。然而,传感器是功率受限的,并且要求对实时计算具有严格的时间同步。与此相反,RFID 标签不需要电池而是把它们的 ID 同网络信息相关联[6],从而能够通过终端读取的方式检索实时信息。然而,在阅读器之间进行直接通信是不被支持的。因此,为了能够获得一个完整的可行方案,将这两者进行整合是必要的。在此系统架构中,WSAN 负责开始或停止切换过程、预测下一个附着点(PoA)、通过多跳的方式传递所有与切换相关的信息。为了预测下一个 PoA,RFID 被动标签被放置在 HeNB 范围的外部,从而使具有阅读功能的终端可以跟踪 UE 的移动方式。

14.3 方案 A:RFID 辅助的网络移动检测

方案 A 旨在降低移动检测延时来匹配链路层和网络层的切换。在所感兴趣的区域内遍布被动标签,从而通过具有阅读功能的终端来实现对 UE 的移动检测。标签可被部署在其 ID 与网络拓扑信息相关联的区域中,即每个标签 ID 都与其最佳 PoA 匹配。然后,在 UE 移动的过程中,从检测标签中获得的信息被用于检测它的移动性,并据此预测它的下一个最佳 PoA。此外,最佳 PoA 的选择是基于一个合并多个参数的决策函数。该方案可以通过考虑接入路由器间的负载均衡、用户或网络供应商的偏好,利用灵活性提供对 QoS 支持的可能。

14.3.1 系统架构设计

考虑 N 个飞蜂窝,并且每个飞蜂窝都由一个单一的 HeNB 提供服务,其中每个 HeNB 也作为子网的接入路由器。在整个网络中,一个用户设备 m 在通信的过程中在这些子网中漫游。当位于 HeNB_i 所服务的子网内时,假设用户设备 m 把这个 HeNB 当作它的附着点 PoA 来接入 Internet,即 $\mathrm{PoA}_m = \mathrm{HeNB}_i$。除了 LTE 技术接口,用户设备 m 的终端也装备了一个 RFID 阅读器 r_m,从而使它可以在室外区域以网格方式布设的被动 RFID 标签集合 T 中检索信息。每一个标签 $t \in T$ 都有确定的身份标识 ID_t 和位置(x_t, y_t),称之为参考标签。最后,在网络区域内一个称为 RFID 服务器(RFID - S,RFID - Server)的专用服务器会维护一个数据库,并将该数据库用于 UE 漫游过程中的移动检测。

14.3.2 机制

机制的详细说明如下。

1. 信息交换

图 14.3 表明了在 UE 的实时移动过程中,所提出机制的工作过程和信息交换示意图。最初,每个用户设备 m 的 RFID 阅读器以 r_m 为周期地(或按需地)在其覆盖范围内查询标签来获取它们的 ID。所得到的 ID 列表用符号 D_m 来表示,以“标签列表”(TAG LIST)消息的形式被转发给 RFID - S。读取周期,即连续两次标签读取的时间间隔(或者等价于“标签列表”更新的频率),是系统的设计参数。

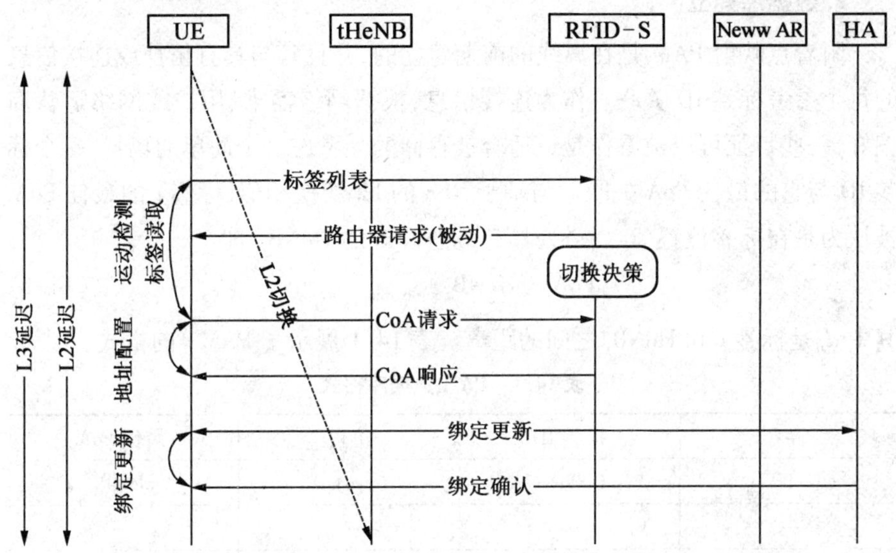

图 14.3　方案 A 切换机制

基于收到的“标签列表”消息、附着点映射(Point of Attachment Map, PAM)数据库和定义好的决策函数,RFID - S 预测在 L2 切换之后用户设备 m 最有可能附着的最适合的 PoA,即 PoA_m。如果所选择的下一个 PoA 不同于当前 UE 的 PoA,RFID - S 向这个 UE 发送“需要切换”(HANDOVER NEEDED)消息,这个信息包括需要获得一个新 CoA 的信息。因此,所提出的“移动检测”步骤不需要“路由器通告”或“路由器请求”消息,因此不会增加切换延时并消耗有用带宽。一旦成功附着到目标 PoA(如果与当前 PoA 不同),UE 可以使用包含在“需要切换”消息中的 IP 前缀来配置一个新的 CoA,并立刻向它的 HA 发送一个“绑定更新”消息。

需要指出,上面提案的移动检测阶段可以同时被启动,甚至可以触发它的初始化。在这种情况下,该提案使 L3 切换能与 L2 切换更好地进行同步。在接收到成功的“绑定确认”消息之后,切换被完成,UE 从而可以继续进行通信。至于在相同子网内(相同接入路由器)的 HeNB 之间的移动,因为 CoA 没有改变,所以不需要 L3 登记。在这种情况下,该提案会触发 L2 切换,从而在失去来自于当前 HeNB 的信号之前,为了发现最佳 HeNB 的 RSS 而主动开始扫描阶段。

2. 数据库建立

附着点映射 PAM 是在离线的前期建立的,并且其与具有拓扑或连接信息的每个参考标签 ID 关联。作为连接信息,根据网络需求、用户或网络运营商偏好,一些特征可以被看作是最适合被存储的。考虑一个简单的场景:每个标签 ID 与它的最佳 PoA 关联。与基于 RSS 的 L2 切换相似,标签 t 的最佳 PoA_t 被认为是在标签位置$(x_t,\ y_t)$处具有最强 RSS 的 HeNB_j,即

$$\mathrm{PoA}_t = \mathrm{HeNB}_{\arg\max\limits_{j \in N} \mathrm{RSS}_{\mathrm{LTE}}(d_{tj})} \tag{14.1}$$

其中 d_{tj}是标签 t 和 HeNB_j 之间的距离。表 14.1 展示了 PAM[①] 的格式。

表 14.1 PAM 数据库格式

#	标签 ID	位置	最佳 PoA
1	0000…	(x_1, y_1)	HeNB_1
…	…	…	…
t	0101…	(x_t, y_t)	HeNB_j
…	…	…	…
$\lvert T \rvert$	1111…	$(x_{\lvert T \rvert}, y_{\lvert T \rvert})$	$\mathrm{HeNB}_{\lvert N \rvert}$

建立上面的 PAM 数据库要求手动地从所有 HeNB 中收集在参考标签位置处的 RSS 测量信息,这种方式在一些情况下是不适合的。然而,所提出的

① 译者注:原文是 LCD,但应该是 PAM

PoA 预测方案实际上独立于这种选择。例如,HeNB 和参考标签之间的距离可以被选择性地使用,以此使得标签 t 的最佳 PoA_t 是最接近于该标签的 $HeNB_j$,即

$$PoA_t = HeNB_{\arg\min_{j \in N} d_{tj}} \tag{14.2}$$

3. 切换决策函数

与在离线阶段选择信息用于构造 PAM 相似,也可以灵活地定义一个在实时阶段用来选择 UE 的下一个 PoA 的决策函数,并可依据网络设计者的特殊偏好制定。这里,定义了一个简单的决策函数来关注 RFID 技术在预测下一个 PoA 时的精度。因此对于某个 UE m,其检测到的标签 ID 集合 D_m(该信息包含在"标签列表"信息中)和这些标签的最佳 PoA 集合$\{ID_t, PoA_t\}$, $\forall t \in D_m$(该信息可以通过查找数据库获得),每个不同的 $HeNB_j$ 都被分配了一个频率 f_j,该频率等于 D_m 中标签数量的频率 f_j,其中 D_m 是指将该 HeNB 选作最佳 PoA 的所有标签的集合。然后,选择出现频率最高的(即 f_j 是最大的)$HeNB_j$ 作为 UE m 的下一个 PoA_m,即

$$PoA_m = HeNB_{\arg\max_{j \in N} f_j} \tag{14.3}$$

14.4 方案 B:部署 RFID 和 WSAN 从而提升链路层和网络层切换性能

在方案 A 中,即使不需要进行切换,阅读器也会查询标签 ID,这将导致相当大的功率浪费。为解决这个缺陷,提出了除 RFID 部署外还要利用 WSAN 来控制 UE 阅读器的行为。在提出的系统架构中,通过部署 RFID 被动标签来捕获具有阅读功能的 UE 的移动方式,从而预测它的下一个 PoA。此外,如果预测的 HeNB 属于不同的子网,那么没有必要等待接收"路由器通告"信息,因此可以最小化移动检测延时。WSAN 的主要任务是作为 LTE 数据平台上重叠的控制平台,监视和控制切换过程。这种方式将与切换相关的开销从主要的数据通信信道中移出。传感器节点监控一个特定区域内 UE 的出现和消失,并把这些信息传递给执行节点,执行节点从而可以分别触发切换预测过程的启动或终止。因此,通过选择性地进行切换预测,可以进一步减少功率消耗。

14.4.1 系统架构设计

图 14.4 展示了系统架构,此架构由 LTE 飞蜂窝和部署在关键点上的 RFID 和 WSAN 组成。UE 是装备了 RF 收发机、RFID 阅读器和传感器的多模式终端。

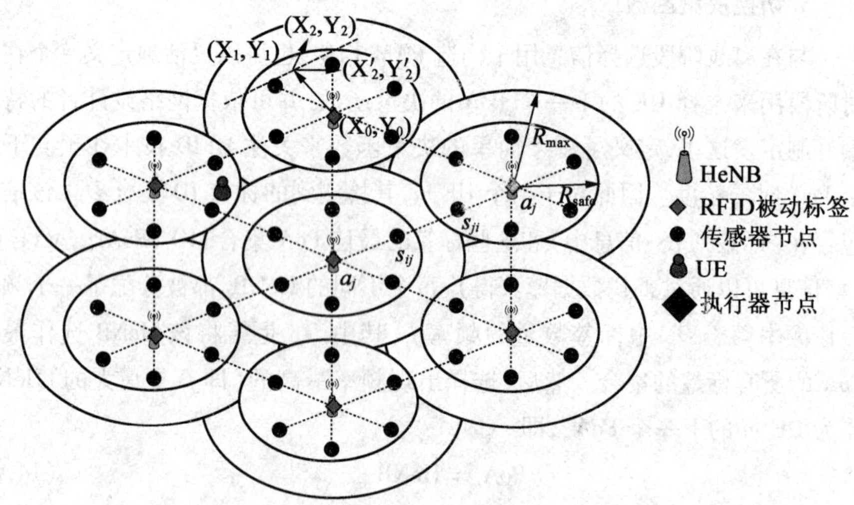

图 14.4 方案 B 系统架构

LTE 飞蜂窝由 HeNB 组成,与蜂窝相似部署在已知位置,并为 UE 提供数据通信和无线接入 Internet。R_{max}代表每个 HeNB 的最大范围,R_{safe}代表不需要进行切换准备的安全区域。在网络配置过程中可以定义这种安全区域的范围,这个范围受如 RSS 级别和干扰等参数的影响。在该研究中,考虑到 HeNB 之间的距离,这个信息被存储在一个称为“LTE 知识表”的数据库中。对于 RFID 的部署,低成本的被动标签在每个 HeNB 的外围均匀分布,并且它们的 ID 与其位置坐标相关。这个信息被存储在“RFID 知识表”中。UE 阅读器可以从它的覆盖范围内的标签中获取 ID。WSAN 由两种节点组成,即传感器和执行器。执行器附着在 HeNB 上,并维护 RFID 和 LTE 知识表。传感器被部署在关键位置,从而使每对传感器节点可以在特定的相邻执行器对之间传递信息。在图中,$s_{ij}-s_{ji}$对负责执行器 a_i 和 a_j 之间的通信。传感器也被预配置了安全区域信息,从而可以监控该区域内或区域外的 UE,并且只有在 UE 状态改变的情况下才通知执行器。

14.4.2 机制

在下面几节中将对这个机制进行详细描述。

1. 信息交换

图 14.5 描述了信息交换时序图。它包括三个阶段:感知、切换预测和切换执行。

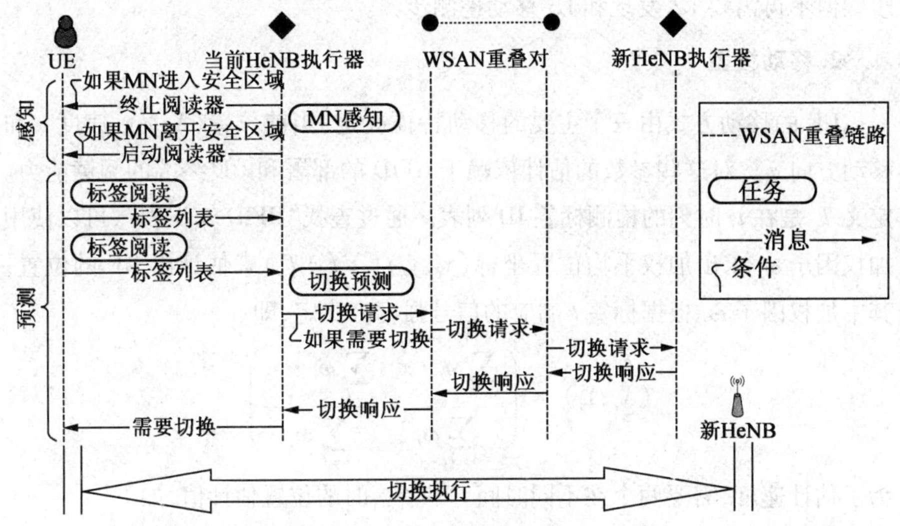

图 14.5 方案 B 切换机制

在感知阶段,传感器节点监控安全区内 UE 的出现和离开,并把这个信息传递给附着到为该 UE 提供服务的 HeNB 上的执行器节点。如果 UE 移出了这个区域,执行器通过发送“启动阅读器”命令来激活 UE 阅读器,开始标签扫描过程。在相反的情况下,执行器发送一个“终止阅读器”命令来停止阅读过程。

在“启动阅读器”命令之后,就会进入“切换预测”阶段。在这个阶段,UE 阅读器周期性地对周边区域连续进行两次扫描(原因详见下面节关于移动模型的解释)。获取的标签 ID 通过两个时间戳“标签列表”消息发送给为其提供服务的 HeNB 执行器。基于这些信息和 LTE 与 RFID 知识表,执行器估计 UE 的移动方式,从而预测它的下一个切换点。如果预测结果与当前 PoA 不同,执行器就会通过相应的传感器节点对发送一个“切换请求”消息给新的

HeNB 执行器。新执行器沿同一路径利用“切换响应”消息来进行反向应答。一旦接收到应答，正在提供服务的 HeNB 的执行器发送一个“需要切换”消息给 UE，此信息包括与新 HeNB 有关的信息。如果没有收到这个消息，UE 继续周期性地向执行器发送“标签列表”报告，直到它收到了“需要切换”消息或“终止阅读器”的消息。在 WSAN 上交换这些信息来降低主数据信道上的开销。然而，这不是一个严格的协议要求。最后，在“切换执行”阶段，遵循标准步骤但不再需要 L2 发现和 L3 移动检测步骤。

2. 移动模型

UE 的移动方式由三个主要的移动特征决定：当前位置$(\hat{X},\hat{Y})$，速度 v 和移动方向 φ。对这些参数的估计依赖于 RFID 的部署和 UE 终端的阅读能力。定义 T_i 是在 t_i 时刻的检测标签 ID 列表。通过查找“RFID 知识表”，可以使用加权因子 ω_t 求出加权平均位置坐标$(x_t, y_t)$$(\forall t \in T_i)$来估计出 UE 的位置，其中加权因子 ω_t 根据标签 t 响应的信号强度来决定，即

$$(\hat{X}_i, \hat{Y}_i) = \left(\frac{\sum_{t \in T_i} \omega_t \cdot x_t}{\sum_{t \in T_i} \omega_t}, \frac{\sum_{t \in T_i} \omega_t \cdot y_t}{\sum_{t \in T_i} \omega_t} \right) \tag{14.4}$$

为了估计速度，需要两个在不同时间 t_i 和 t_{i+1}时的位置估计值，如下

$$\boldsymbol{v}_{i+1} = (v_{i+1,x}, v_{i+1,y}) = \left(\frac{\hat{X}_{i+1} - \hat{X}_i}{t_{i+1} - t_i}, \frac{\hat{Y}_{i+1} - \hat{Y}_i}{t_{i+1} - t_i} \right) \tag{14.5}$$

最后，估计移动方向可以参考 HeNB 的位置(X_0, Y_0)信息，并利用矢量分析的方法得出。令 $\boldsymbol{V}_i = (X_i - X_0, Y_i - Y_0)$和 $\boldsymbol{V}_{i+1} = (X_{i+1} - X_i, Y_{i+1} - Y_i)$分别为时间 t_i 和 t_{i+1}的移动矢量。它们之间的角度 $\phi \in [0, 2\pi]$可以表示为

$$\phi = \arccos\left(\frac{\boldsymbol{V}_i \cdot \boldsymbol{V}_{i+1}}{\|\boldsymbol{V}_i\| \|\boldsymbol{V}_{i+1}\|} \right) \tag{14.6}$$

其中，· 表示两个向量的点积，$\|\cdot\|$是范数运算。

3. 切换预测算法

切换预测算法使用 UE 当前移动参数来预测 UE 是否向着一个新 HeNB 移动。如果是，确定最可能的下一个 PoA。为了识别 UE 是否向远离服务 HeNB 方向移动，就要利用它的移动方向。如图 14.4 所示，如果 $\phi < \frac{\pi}{2}$，那么

UE 向当前 PoA 方向移动,因此没有必要进行切换。然而,如果 $\phi \geqslant \frac{\pi}{2}$,那么 UE 非常可能需要切换,因此它的下一个 PoA 需要提前预测。假设速度 $\boldsymbol{v} = \boldsymbol{v}_{i+1}$ 和移动方向都是常数,那么在 t_{i+2} 时刻 UE 的位置可以预测为

$$(\hat{X}_{i+2}, \hat{Y}_{i+2}) = (\hat{X}_{i+1} + v_x \delta t, \hat{Y}_{i+1} + v_y \delta t) \tag{14.7}$$

其中 $\delta t = t_{i+2} - t_{i+1} = t_{i+1} - t_i$ 是阅读速率。

下一次切换决策是基于周围 HeNB 之间的距离,距离最近的一个被选为 t_{i+2} 时刻的最佳 HeNB^{i+2}。然而,当 UE 沿着两个相邻 HeNB 的边界移动时,为了避免乒乓效应,在决策算法中需要合并一项距离门限 TH 条件,即

$$\text{HeNB}^{i+2} = \text{HeNB}_{\arg\min\{\min\limits_{j} d^{i+2}(\text{HeNB}_j), d^{i+2}(\text{HeNB}^{i+1}) - \text{TH}\}} \tag{14.8}$$

其中,$d^i(\text{HeNB}_j)$ 是在 t_i 时刻相对 HeNB_j 的预测距离,并且 $\text{HeNB}_j \neq \text{HeNB}^{i+1}$。

14.5 理论分析

这部分从理论上分析标准协议和所提方案在响应时间和能耗方面的性能。

通常,全部切换持续时间 T_{HO} 包括链路层也可能包括网络层的切换时间,分别表示为 T_{L2} 和 T_{L3}。

1. 方案 A

在提出的方案 A 中,独立于 LTE 信道,L3 移动检测步骤由 RFID 系统执行。因此,与 MIP 相比,移动检测可以在 L2 切换完成之前开始,甚至在切换执行之前就完成了。因此,它的延时 T_{HO}^{A} 可以表示为

$$T_{\text{HO}}^{A} = \max\{T_{\text{L}_2}, T_{\text{MD}}^{A} + T_{\text{AC}} + T_{\text{BU}}\} \tag{14.9}$$

在方案中,T_{MD}^{A} 可以表示为

$$T_{\text{MD}}^{A} = T_{\text{TR}} + T_{\text{UE-S}} + T_{\text{dec}} + T_{\text{S-UE}} \tag{14.10}$$

它包括 UE 阅读器扫描所有在它附近的参考标签所需要的时间(T_{TR})、发送从 UE 到 RFID - S 的“标签列表”消息所需要的时间($T_{\text{UE-S}}$)、选择下一个最佳 PoA 需要的处理时间(T_{dec})和发送从 RFID - S 反馈到 UE 的“需要切换”消息所需要的时间($T_{\text{S-UE}}$)。

从以上分量可以得出,时间因数 T_{UE-S} 和 T_{S-UE} 取决于消息的大小、支持的数据速率、传播延时和接入介质之前由于冲突所花费的时间。对于当前 3GPP LTE 协议的高数据率,这些时间参数是可以忽略的。事实上,最显著的延时是通过 UE 阅读器读取标签需要的时间,即 T_{TR},下面对它进行分析。

T_{TR} 取决于两个因素:①在阅读器范围内标签的数量,这个范围是指标签 ID 只需一次读取就能获得的范围;②在多标签响应中通过阅读器解决碰撞的防冲突协议。响应标签的数量取决于标签部署的几何结构和阅读器的范围。对于一个网格标签部署,阅读器的辐射模式是一个圆,如图 14.6 所示,检测到的标签的最大数量 N 是

$$N = 4\left|\frac{r}{\delta}\right|^2 \tag{14.11}$$

其中 δ 是标签间的距离,而 r 是范围半径。

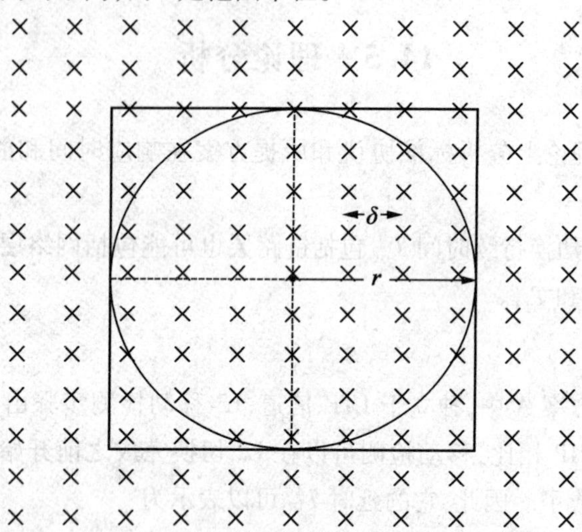

图 14.6 网格标签部署和读写器辐射模式

为了从多标签中获取信息,需要解决传输过程中的冲突问题。之前的文献已经提出了一些防冲突协议,它们的主要区别在于每秒能读取的标签数量和它们的功率与处理要求[7]。在这项工作中,把纯 Aloha 和时隙 Aloha 作为分析的基础,而它们都是时分多址方案。

为了从 N 个标签中获取信息,需要解决传输过程中的碰撞问题。文献[7]的作者对一些防冲突协议提供了详细的分析。在这项工作中,选择了纯

Aloha 和时隙 Aloha 的时分多址方案。当阅读开始时,每个标签独立于其他 $N-1$ 个标签以概率 p 发送其 ID,在两次连续传输中的平均延时服从 $1/\lambda$ 的泊松分布。因此,每个标签首次发送它们的 ID 平均用时为 $1/(N\lambda)$。这也被称为到达延时[8]。在冲突过程中,冲突的标签在经历一段随机时间后重新进行发送。在基于 Aloha 的方案中,重传时间被划分为 K 个相等的时隙,每个时隙的持续时间为 t_s,而每个标签以概率 $1/K$ 在接下来的某个时隙上随机发送其 ID。这意味着在经历冲突以后,标签会在 Kt_s 时间内进行重传。一个标签平均在持续时间为 $t_s(K+1)/2=a$ 时隙之后进行重传。在标签成功响应之前,冲突的数量是 $e^{xG_A}-1$,其中 e^{xG_A} 代表在成功识别之前尝试重传的平均数,$G_A=N\lambda t_s$ 是提供的负载,而 $x=1$ 是纯 Aloha,$x=2$ 是时隙 Aloha。由于每次冲突之后都进行重传,一次成功响应之前的平均延时是 $(e^{xG_A}-1)a$,之后进行一次成功传送的持续时间是 t_s。一个标签成功传送它的 ID 的平均延时总共是 $t_{TR}=(e^{xG_A}-1)at_s+t_s+1/(N\lambda)$。在非饱和的情况下,即被检测的标签数少于每轮可阅读的最大标签数量,那么成功阅读 N 个标签所需的全部时间满足线性模型:

$$T_{TR}=Nt_{TR}=N\left\{t_s\left[1+(e^{xG_A}-1)a\right]+\frac{1}{N\lambda}\right\} \tag{14.12}$$

2. 方案 B

第二个提案是将 L2 发现和 L3 移动检测阶段用基于 RFID 和 WSAN 部署的切换预测阶段来代替。因此,实际切换延时 T_{HO}^{B} 为

$$T_{HO}^{B}=T_{PRED}+\max\{T_{AU}+T_{AS},T_{AC}+T_{BU}\} \tag{14.13}$$

其中 T_{PRED} 是从收到最新 UE“标签列表”报告直到切换启动的时间。从图14.5中可知,T_{PRED} 可以通过增加以下因子来计算:

$$T_{PRED}=T_{TR}+T_{UE-HeNB}+T_C+T_{HeNB-HeNB}+T_{HeNB-UE} \tag{14.14}$$

其中 T_{TR} 是读取范围内所有标签需要的时间;$T_{UE-HeNB}$ 是从 UE 传感器到为其提供服务的 HeNB 执行器之间传输“标签列表”消息所需要的时间;T_C 是切换预测的计算时间;$T_{HeNB-HeNB}$ 是在当前 HeNB 和新 HeNB 执行器之间通过专用的一对传感器交换“切换请求”和“切换应答”消息的时间;$T_{HeNB-UE}$ 是从当前服务的 HeNB 执行器到 UE 发送“需要切换”消息所需要的时间。

式(14.12)给出了 T_{TR},但是在这种情况下,由于标签以均匀方式而不是网格方式被部署,因此检测到的标签数量 N 是不同的。假设它们的密度是

$\delta=\dfrac{N_{\mathrm{T}}}{\pi R^2}$,其中 N_{T} 是在平面 πR^2 上的全部标签数,阅读器的辐射模式形成一个半径为 r 的圆,可检测到的标签的最大数量 N 是

$$N=\left\lceil N_{\mathrm{T}}\left(\frac{\pi r}{\pi R}\right)^2\right\rceil=\left\lceil N_{\mathrm{T}}\left(\frac{r}{R}\right)^2\right\rceil \tag{14.15}$$

最后,时间因数 $T_{\mathrm{UE-HeNB}}$、$T_{\mathrm{HeNB-HeNB}}$ 和 $T_{\mathrm{HO-ND}}$ 取决于消息的大小、支持的数据速率、传播延时和接入介质之前由于冲突花费的时间。与其他因数相比,由于参数 T_{MSG}、$T_{\mathrm{HeNB-UE}}$ 和它们相差了几个数量级(μs 级),因此是可以被忽略的。

14.6 性能分析

在本节中,使用 MATLAB[9] 作为仿真工具,并基于仿真结果来评价所提方案的性能。

14.6.1 仿真建立

仿真环境是一个 200 m × 200 m 的室内矩形区域。LTE 网络由 11 个 HeNB 组成,并依据蜂窝的概念进行布设,其中 $R_{\mathrm{max}}=30$ m, $R_{\mathrm{safe}}=20$ m(对于方案 B),并且相邻两个 HeNB 的距离是 50 m。所有的 HeNB 是完全相同的,并遵循 3GPP LTE 标准。由于所提出的机制不依赖于低层触发,因此假设采用异构和任何可替代的无线技术。选择[10]中描述的室内对数距离路径损耗模型作为 LTE 信道中的通信模型:

$$\mathrm{PL}(d)=\mathrm{PL}(d_0)+10n\lg\left(\frac{d}{d_0}\right)+X_\sigma \tag{14.16}$$

其中 d 是发射机(HeNB)和接收机(UE)之间的距离;$\mathrm{PL}(d_0)$ 是在参考距离 d_0 处的自由空间路径损耗;n 是路径损耗指数,它的值由使用的频率、周围环境和建筑物类型决定;X_σ 是以 dB 为单位的零均值高斯随机变量,其标准方差为 σ_{dB};变量 X_σ 是阴影衰落,用于对室内信号在传播时遇到的诸如多径、障碍物和方向等环境因素所产生的随机特性进行建模。该路径损耗模型基于发射功率 P_{t} 计算来自每个 HeNB 的 RSS,即 $\mathrm{RSS}(d)=P_{\mathrm{t}}-\mathrm{PL}(d)$。

在这个区域内,具有 LTE 和 RFID 阅读器接口的 UE 终端在这 11 个可用子网之间漫游。考虑它的移动性,采取了随机路点(Random Waypoint,RWP)移动模型[11]。简言之,在 RWP 模型中(1)UE 在一个路点到下一个路点之间沿着折线移动;(2)路点均匀分布在给定区域;(3)在每次行走开始时,在$[0, V_{max}]$中随机选择一个速度。

对于 RFID 系统,假定采用 UHF 频段内的 890 ~ 960 MHz 频段,阅读器范围是 $r=5$ m, $P_{R}^{RFID}=500$ mW,$P_{I}^{RFID}=10$ mW。每个标签的初始响应服从 $\lambda=30$ 的泊松分布。重传时间在 $t_S=\frac{92}{102}$ms 内被分为 $K=5$ 个时隙,这符合用 102 kbps的数据率在链路上传输一个长度为 92 bit 的 ID 的时间需求。

最后,假设 UE 传感器采用 Mica2[12],其数据率是 38.4 kbps,$P_{T_x}^{WSAN}=52$ mW,$P_{R_x}^{WSAN}=27$ mW。

14.6.2 精度分析

在对所提出的切换方法进行性能评估时,最重要的是评估切换方法预测下一个 PoA 的精度。为了量化这一性能,定义了一个新的性能指标,称为附着点的预测错误比率(Point of Attachment Prediction Error Ratio,PHeNBER),它可以表示为

$$\text{PHeNBER}=\frac{\text{正确 PoA 决策数量}}{\text{全部 PoA 决策数量}} \tag{14.17}$$

正确 PoA 决策指的是当预测的 PoA 正好与具有最强 RSS 的 HeNB 一致。PoA 决策由 RFID - S 每一次接收到 UE 的“标签列表”更新决定,依赖于读写周期。

在图 14.7 中,随着读写周期 D_R 的增大,对于两种不同的 V_{max} 值,描述了方案 A 和方案 B 的预测精度。对所有的情况而言,降低“标签列表”的更新频率(通过增加阅读周期来实现)会降低精度性能。然而,对于移动速度缓慢的情况,性能降低较小。比较这两种方案,方案 A 甚至在速度较大时都能表现出更好的性能。这是因为在这个方案中,UE 的移动性是在整个 HeNB 的范围内被检测。然而,在方案 B 中,只在安全区域外进行跟踪。根据 UE 的移动速度来调整阅读报告的频率或设计参数 R_{safe} 是缓解精度下降的一个可行方案。

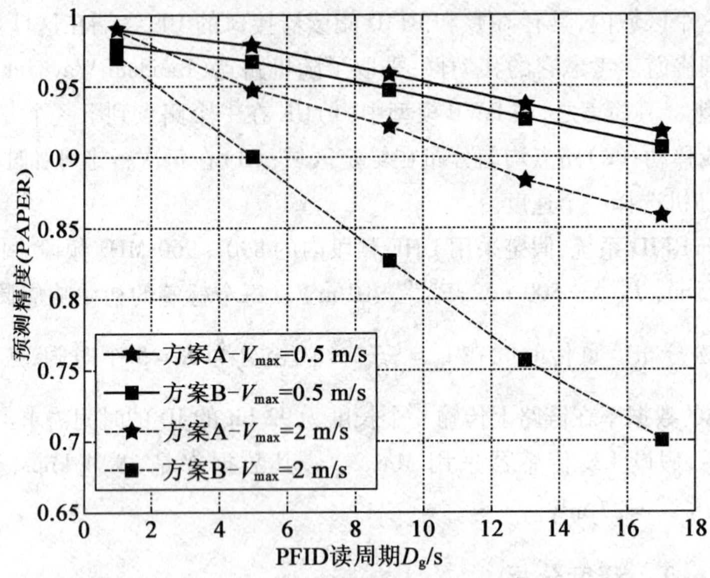

图 14.7 方案 A 和方案 B 切换预测精度与读写周期的关系

14.6.3 时间延时

在图 14.8 中,随着标签密度的增长,描述了两种机制主要的预测延时参数。正如在 14.5 节中分析的那样,对这两种方案而言,获取参考标签 ID 需要的时间对总体时间延时起着最大的作用。纯 Aloha 和时隙 Aloha 的变化都被考虑其中。对于方案 B,应该考虑传感器通信,这是因为与 LTE 信道相比,传感器所支持的数据速率更低。在密集部署标签的情况下,因为响应标签数量巨大,所以阅读时间 T_{TR} 和发送“标签列表”消息所需要的时间 $T_{UE-HeNB}$ 都很长。然而随着密度的减小,由于检测标签数量的减少和“标签列表”消息长度的减小,使 T_{TR} 和 $T_{UE-HeNB}$ 都可以得到改善。对比纯 Aloha 和时隙 Aloha,可以看出时隙 Aloha 具有更好的性能,这是由于易损期 $2t$ 的减少[13]。

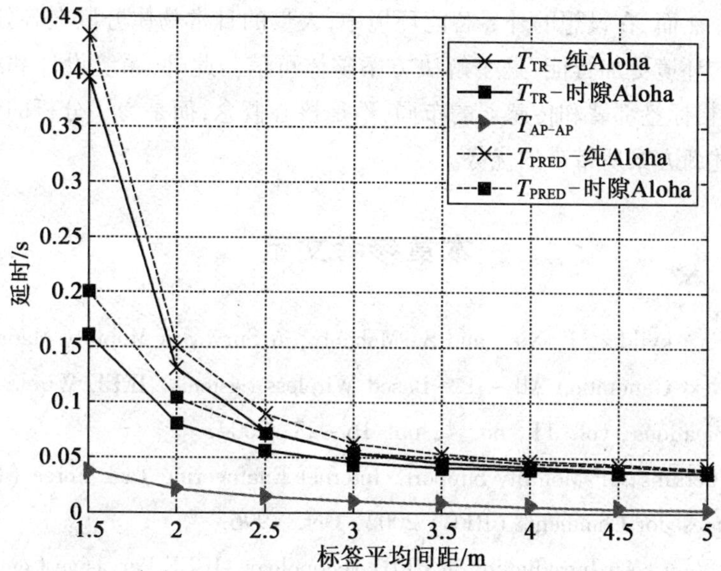

图 14.8 标签阅读和传感器通信的时间响应与标签平均间距的关系

最后,将这两种方案预测过程所需要的时间与等价的标准协议进行对比。根据[14]中的实验结果,L2 发现延时在 58.74 ms 和 396.76 ms 之间,根据文献[15],当每 0.05 ~ 1.5 s 广播一次"路由器通告"消息时,平均移动检测延时是 36 ~ 558 ms。在方案中,当 $\delta = 3$ 时,预测延时在 60 ms 左右,这证实了新方案的性能要更加优越。

14.7 概要与结论

在新兴的通信时代,如传感器和 RFID 标签等智能物体将会被部署在用户可以把物理环境和计算应用耦合在一起的区域内。本章对传感器和 RFID 技术在感知、物品识别和跟踪方面的功能进行了扩展。更准确来说,本章展示了这些技术是怎样帮助提高诸如切换管理这类网络性能的。

本章提出的方案依赖于 RFID 被动标签的部署,在 IP 移动过程中检测 UE 的移动。这个方案的主要优势是它不依赖于"路由器通告"消息的广播,因此可以节省大量的等待时间和带宽,而且由于其独立于底层无线接入技术,可以在异构网络中提供移动性支持。根据部署需要,该方案的主要问题是它们的可行性。然而,在设想的外界智能环境中,大量的日常物体分散在各处,这种情况下的环境更加智能,这个解决方案整体可信。此外,系统设计和结构选择,如网格标签部署和传感器的布局,不是核心概念,而是为了分析的便利和详尽阐述新方案所带来的优势。

本章参考文献

[1] I. F. Akyildiz, J. Xie, and S. Mohanty, A Survey of Mobility Management in Next Generation All - IP - Based Wireless Systems, IEEE Wireless Communications, vol. 11, no. 4, pp. 16 - 28, 2004.

[2] C. Perkins, IP Mobility Support. Internet Engineering Task Force (IETF), Request for Comments (RFC) 2002, Oct. 1996.

[3] R. Want, An Introduction to RFID Technology, IEEE Pervasive Computing, vol. 5, no. 1, pp. 25 - 33, Jan. - Mar. 2006.

[4] I. F. Akyildiz and I. H. Kasimoglu, Wireless Sensor and Actor Networks: Research Challenges, Ad Hoc Networks, vol. 2, no. 4, pp. 351 - 367, 2004.

[5] L. Zhang and Z. Wang, Integration of RFID into Wireless Sensor Networks: Architectures, Opportunities and Challenging Problems. Proceedings of the Fifth International Conference on Grid and Cooperative Computing Workshops (GCCW), Changsha, Hunan, pp. 463 - 469, 2006.

[6] A. Papapostolou and H. Chaouchi, Handover Management Relying on RFID Technology, Wireless Communications and Networking Conference (WCNC), pp. 1 - 6, 2010.

[7] D. Klai et al., On the Energy Consumption of Pure and Slotted Aloha Based RFID Anti-Collision Protocols, Computer Communications, vol. 32, pp. 961 - 973, 2009.

[8] M. Schwartz, Telecommunication Networks Protocols Modeling and Analysis, Addison - Wesley, 1988.

[9] http://www.mathworks.com

[10] T. Rappaport, Wireless Communications: Principles and Practice, 2e.

Prentice Hall, 2002.

[11] T. Camp et al. , A Survey of Mobility Models for Ad Hoc Network Research, Wireless Communications and Mobile Computing, vol. 2, no. 5, pp. 483 – 502, 2002.

[12] http://www. xbow. com/Products/Product – pdf – files/Wireless – pdf/MICA2 – Datasheet. pdf

[13] L. A. Burdet, RFID Multiple Access Methods, Technical Report, ETH Zurich, 2004.

[14] A. Mishra et al. , An Empirical Analysis of the IEEE 802. 11 MAC Layer Handover Process, SIGCOM Computer Communications Review, vol. 33, no. 2, pp. 93 – 102, 2003.

[15] J. Lee et al. , Analysis of Handover Delay for Mobile IPv6, IEEE Communications Letter, vol. 4, pp. 2967 – 2969, Sept. 2004.

附录 LTE 运营商

（1）AT&T。

AT&T 计划 2011 年稍晚的时候进行 LTE 技术的外场试验，并且在 2011 年开始进行商业部署。

（2）中国移动。

中国移动是全球最大的移动运营商，最快于 2011 年推出基于新的 LTE 技术的最先进的移动通信网络。

（3）“中华电信”（Chunghwa Telecom）。

“中华电信”目前正在试验 LTE 技术，并在 2011 年建造一个 LTE 网络。

（4）Etisalat

Etisalat 在 2010 年底在中东地区商业化运行 LTE 4G 技术。

（5）KDDI。

KDDI 希望最早于 2011 年运行 LTE，它在早期阶段计划提供全国范围内的 LTE 服务，并在 2015 年 3 月达到 96.5% 的人口覆盖率。

（6）MetroPCS。

MetroPCS 是在美国第一个开展商业 LTE 服务的运营商。该项服务开始于 2010 年 9 月 21 日，目前在拉斯维加斯可以享受到 LTE 服务。

（7）NTT DoCoMo。

NTT DoCoMo 计划在 2010 年推出第四代移动电话网络。

（8）SK 电讯（SK TELECOM）。

SK 电讯在下一代移动通信技术 LTE 中增加投资，并希望最早于 2010 年开展 LTE 服务。

（9）沙特电信公司（STC）。

沙特电信公司 STC（Saudi Telecom Company）是沙特最主要的电信运营商，它在 2010 年的下半年开展端到端的 LTE 试验。

(10) T - Mobile。

美国的 T - Mobile 公司宣布在 2011 完成当前 3G 网络的升级,并开始自己努力部署 4G(由 HSPA + 到 LTE)。

(11) 意大利电信(Telecom Italia)。

意大利电信是意大利最大的电信公司,它主要提供基础设施和技术平台。

(12) Telefonica。

Telefonica 已经选择了 6 个 LTE 技术供应商来开展在 6 个不同国家的测试项目,以期在不同的区域提供第四代网络。

(13) Teliasonera。

Teliasonera 于 2009 年在瑞典的斯德哥尔摩和挪威的奥斯陆,推出了世界上第一个商业 4G LTE 服务。

(14) Telstra。

Telstra 于 2011 年 5 月在维克多利亚开展一个为期 3 ~ 6 个月的 LTE 试验。

(15) Verizon Wireless。

Verizon Wireless 于 2011 年底在 25 ~ 30 个市场推出 4G LTE 网络。

(16) 沃达丰(Vodafone)。

沃达丰在 2011 年 3 月宣布在它的技术和服务创新中心 TSCC(Technology and Service Creation Centre),在测试条件下实现意大利国内基于 LTE 技术的数据连接。

(17) Zain。

Zain(前身是 MTC)是中东地区移动通信的先行者。

名词索引

缩 略 语

缩写	英文	中文
3GPP	Third Generation Partnership Project	第三代伙伴计划
3GPP2	Third Generation Partnership Project 2	第三代伙伴计划 2
AAA	Authorization, Authentication, and Accounting	认证、授权和计费
AC	Address Configuration	地址配置
ACS	Autoconfiguration Server	自动配置服务器
ADSL	Asymmetric Digital Subscriber Line	非对称数字用户线
AF	Application Function	应用功能
AHP	Analytic Hierarchy Process	层次分析法
AM	Acknowledged Mode	确认模式
AMBR	Aggregate Maximum Bit Rate	最大比特率总值
AMC	Adaptive Modulation and Coding	自适应调制编码
AMPS	Advanced Mobile Phone System	高级移动电话系统
ANDSF	Access Network Discovery Support Functions	接入网发现支持功能
API	Application Programming Interface	应用程序接口
APN	Access Point Name	接入点名称
APN - AMBR	APN Aggregate Maximum Bit Rate	APN 最大比特率总值
ARP	Allocation and Retention Priority	分配和保留优先级
ARPU	Average Revenue Per User	每用户平均收入
ARQ	Automatic Repeated Request	自动重传请求
ASA	Adaptive Slot Allocation	自适应时隙分配

缩写	英文	中文
ASN	Access Service Network	接入服务网
ASN - GW	ASN Gateway	接入服务网网关
AWGN	Additive White Gaussian Noise	加性高斯白噪声
BBERF	Bearer Binding and Event Reporting Function	承载绑定和事件报告功能
BBF	Bearer Binding Function	承载绑定功能
BCCH	Broadcast Control Channel	广播控制信道
BCH	Broadcast Channel	广播信道
BER	Bit Error Rate	误比特率
BLER	Block Error Rate	误块率
BMSC	Broadcast Multicast Service Center	广播组播服务中心
BS	Base Station	基站
BSR	Buffer Status Reporting	缓存状态报告
BU	Binding Update	绑定更新
CA	Certification Authority	认证授权
C - Plane	Control Plane	控制平面
C - RNTI	Cell Radio Network Temporary Identifier	小区无线网络临时标识
CACBQ	Channel-Aware Class-Based Queue	基于分类的信道感知排队
CAPEX	Capital Expenditure	资本支出
CCCH	Common Control Channel	公共控制信道
CCE	Control Channel Elements	控制信道单元
CCI	Co-channel Interference	同信道干扰
CDM	Code Division Multiplexing	码分复用
CDMA	Code Division Multiple Access	码分多址接入
CDMA - HDR	CDMA High Data Rate	码分多址高速数据率

缩写	英文	中文
CDMA2000	Code Division Multiple Access Radio Technology	码分多址无线技术
CH	Correspond Host	通信主机
CIP	Cellular IP	蜂窝 IP
CIR	Channel Impulse Response	信道冲激响应
CMC	Connection Mobility Control	连接移动控制
CN	Core Network	核心网
COA	Care of Address	转交地址
CP	Cyclic Prefix	循环前缀
CPI	Cyclic Prefix Insertion	循环前缀插入
CQI	Channel Quality Indicator	信道质量指示
CRC	Cyclic Redundancy Check	循环冗余校验
CS	Circuit Switched	电路交换
CSG	Closed Subscriber Group	闭合用户组
CSG ID	Closed Subscriber Group Identity	闭合用户组标识
CSMA	Carrier Sense Multiple Access	载波侦听多址接入
CSN	Connectivity Service Network	连接服务网
CTCH	Common Traffic Channel	公共业务信道
CVi	Conversational Video	视频会话
CVo	Conversational Voice	语音会话
D – SR	Dedicated SR	专用调度请求
DCCH	Dedicated Control Channel	专用控制信道
DFT	Discrete Fourier Transform	离散傅里叶变换
DHCP	Dynamic Host Control Protocol	动态主机控制协议
DL	Downlink	下行(链路)
DL – MAP	Downlink Map	下行映射
DL – SCH	Downlink Shared Channel	下行共享信道
DMRS	Demodulation Reference Signal	解调参考信号

缩写	英文	中文
DNS	Domain Name System	域名系统
DPI	Deep Packet Inspection	深度分组检测
DRA	Dynamic Resource Allocation	动态资源分配
DRX	Discontinuous Reception	不连续接收
DSCP	Differentiated Services Code Point	区分服务代码点
DSL	Digital Subscriber Line	数字用户线路
DTCH	Dedicated Traffic Channel	专用业务信道
DVB - H	Digital Video Broadcasting Handled	手持数字视频广播
E - MBMS	Evolved MBMS	演进的多媒体广播和组播服务
E - RAB	Enhanced - Radio Access Bear	增强无线接入承载
E - UTRAN	Evolved UMTS Terrestrial Radio Access Network	演进型 UMTS 陆地无线接入网
EAP	Extensible Authentication Protocol	可扩展认证协议
ECGI	E - UTRAN Cell Global Identifier	E - UTRAN 小区全局标识
EDGE	Enhanced Data Rates for Global Evolution	增强数据率全球演进
eNodeB	enhanced NodeB	增强型 NodeB
EPC	Evolved Packet Core	演进分组核心
EPS	Enhanced Packet System	增强型分组系统
ETP	Encapsulating Tunnel Payload	封装隧道载荷
ETSI	European Telecommunications Standards Institute	欧洲电信标准协会
EUTRA	Evolved UMTS Terrestrial Radio Access	演进型 UMTS 陆地无线接入
EXP/PF	Exponential Proportional Fairness	指数比例公平
FA	Foreign Agent	外部代理

缩写	英文	中文
FACH	Forward Access Channel	前向接入信道
FAF	Forward Attachment Function	前向附着功能
FAP	Femtocell Access Point	Femtocell 接入点
FAP - GW	Femtocell Access Point Gateway	Femtocell 接入点网关
FBU	Fast Binding Update	快速绑定更新
FDD	Frequency Division Duplexing	频分复用
FDE	Frequency Domain Equalizer	频域均衡
FDM	Frequency Division Multiplexing	频分复用
FEC	Forward Error Correction	前向纠错
FFR	Fractional Frequency Reuse	部分频率重用
FFT	Fast Fourier Transform	快速傅里叶变换
FMC	Fixed Mobile Convergence	固定与移动融合
FMIPv6	Fast Handover for Mobile IPv6	移动 IPv6 快速切换
FTP	File Transfer Protocol	文件传输协议
FTTH	Fiber To The Home	光纤到户
GBR	Guaranteed Bit Rate	保证比特率
GERAN	GSM/EDGE Radio Access Network	GSM/EDGE 无线接入网
GGSN	Gateway GPRS Support Node	网关 GPRS 支持节点
GPRS	General Packet Radio Services	通用分组无线服务
GPS	Global Positioning System	全球定位系统
GRE	Generic Routing Encapsulation	通用路由封装
GSM	Global System for Mobile Communication	全球移动通信系统
GTP	GPRS Tunneling Protocol	GPRS 隧道协议
GUTI	Globally Unique Temporary ID	全球唯一临时标识
H - PCEF	A PCEF in the HPLMN	HPLMN 中的 PCEF
HA	Home Agent	本地代理
HARQ	Hybrid Automatic Repeated Request	混合自动重传请求

缩写	英文	中文
HeNB	Home eNodeB	家庭基站
HFN	Hyper Frame Number	超帧号
HMS	Home NodeB Management System	家庭基站管理系统
HO	Handover	切换
HOL	Head of Line	队头
HRAA	Hierarchical Resource Allocation Approach	层次化资源分配方法
HRPD	High Rate Packet Data	高速率分组数据
HS-GW	HRPD Serving Gateway	HRPD 服务网关
HSCSD	High-Speed Circuit-Switched Data	高速电路交换数据
HSDPA	High-Speed Downlink Data Packet Access	高速下行数据分组接入
HSPA	High-Speed Packet Access	高速分组接入
HSS	Home Subscriber Server	归属用户服务器
HSUPA	High-Speed Uplink Data Packet Access	高速上行数据分组接入
ICI	Inter-cell Interference	小区间干扰
ICIC	Inter-cell Interference Coordination	小区间干扰协调
IE	Information Elements	信元
IEEE	Institute of Electrical and Electronics Engineers	电气和电子工程师协会
IETF	Internet Engineering Task Force	互联网工程任务组
IFFT	Inverse FFT	逆快速傅里叶变换
IKE	Internet Key Exchange	互联网密钥交换
IKEv2	Internet Key Exchange Version 2	互联网密钥交换版本 2
IMS	IP Multimedia System	IP 多媒体系统
IMT-2000	International Mobile Telecommunications	国际移动通信

缩写	英文	中文
IP	Internet Protocol	互联网协议
IP CAN	IP Connectivity Access Network	IP 连接接入网
IPsec	Internet Protocol Security	互联网协议安全
ISI	Inter Symbol Interference	符号间干扰
ITU	International Telecommunication Union	国际电联
LAN	Local Area Networking	局域网
LB	Load Balancing	负载均衡
LCG	Logical Channel Group	逻辑信道组
LCID	Logical Channel Identifier	逻辑信道标识
LL	Link Layer	链路层
LTE	Long – Term Evolution	长期演进
M – LWDF①	Maximum Largest Weighted Delay First	最大加权延时优先
M – LWDF②	Modified Largest Weighted Delay First	改进的最大加权延时优先
MAC	Medium Access Control	媒体接入控制
MBMS	Multimedia Broadcast and Multicast Service	多媒体广播和组播服务
MBMS GW	MBMS Gateway	MBMS 网关
MBR	Maximum Bit Rate	最大比特率
MBSFN	MBMS Single Frequency Network	MBMS 单频网
MCE	Multi – cell/Multicast Coordination Entity	多小区/组播协调实体
MCH	Multicast Channel	组播信道
MD	Movement Detection	移动检测

注:①②两种 M – LWDF 分别出现在第 10 章和第 11 章,后一种是在前一种的基础上增加了多信道版本,虽然英文不同,但缩略语相同,所以两种缩略语都存在

缩写	英文	中文
MD5	Message Digest 5	信息摘要算法5
ME	Mobile Equipment	移动设备
MF	Maximum Fairness	最大公平性
MICS	Media Independent Command Service	媒体独立命令服务
MIES	Media Independent Events Service	媒体独立事件服务
MIH	Media Independent Handover	媒体独立切换
MIHF	Media Independent Handover Function	媒体独立切换功能
MIIS	Media Independent Information Service	媒体独立信息服务
MIMO	Multiple Input Multiple Output	多输入多输出
MME	Mobility Management Entity	移动管理实体
MN	Mobile Node	移动节点
MPA	Mobility Proxy Agent	移动代理
MRC	Maximal Ratio Combining	最大比合并
MS	Mobile Station	移动站
NAP	Network Access Provider	网络接入供应商
NAS	Non-access Stratum	非接入层
NGMN	Next-Generation Mobile Network	下一代移动网络
NL	Network Layer	网络层
NMT	Nordic Mobile Telephone System	北欧移动电话系统
Non – GBR	Non – Guaranteed Bit Rate	非保证比特率
NRM	Network Reference Model	网络参考模型
NSP	Network Service Provider	网络服务供应商
O&M	Operation and Maintenance	运行和维护
OAMP	Operation Administration Maintenance and Provisioning	运行、管理、维护和保障

缩写	英文	中文
OCA	Orthogonal Channel Assignment	正交信道分配
OCS	Online Charging System	在线计费系统
OFCS	Off line Charging System	离线计费系统
OFDM	Orthogonal Frequency Division Multiplexing	正交频分复用
OFDMA	Orthogonal Frequency – Division Multiple Access	正交频分复用多址接入
OPEX	Operational Expenditure	运营支出
P – GW	Packet Data Network Gateway	分组数据网网关
P2P	Peer-to-peer	对等
PCC	Policy and Charging Control	策略与计费控制
PCCH	Paging Control Channel	寻呼控制信道
PCEF	Policy and Charging Enforcement Function	策略与计费执行功能
PCH	Paging Channel	寻呼信道
PCI	Physical Cell Identity	物理小区标识
PCRF	Policy and Charging Rules Function	策略与计费规则功能
PDA	Personal Data Assistant	个人数据助理
PDB	Packet Delay Budget	分组延时预算
PDCP	Packet Data Convergence Protocol	分组数据汇聚协议
PDF	Probability Density Function	概率密度函数
PDG	Packet Data Gateway	分组数据网关
PDN – GW/ P – GW	Packet Data Network Gateway	分组数据网网关
PDSCH	Physical Downlink Shared CHannel	物理下行共享信道
PDSN	Packet Data Serving Node	分组数据服务节点
PDU	Packet Data Unit	分组数据单元
PELR	Packet Error Loss Rate	分组错误丢失率

缩写	英文	中文
PF	Proportional Fairness	比例公平
PKI	Public Key Infrastructure	公钥基础设施
PLMN	Public Land Mobile Network	公共陆地移动网络
PLR	Packet Loss Rate	分组丢失率
PMP	Point-to-Multipoint	点到多点
PMIP	Proxy Mobile IP	代理移动 IP
PoA	Point of Attachment	附着点
PPP	Point-to-Point Protocol	点对点协议
PRN	Pseudo-random Number	伪随机数
PS	Packet Switched / Packet Scheduling	分组交换/分组调度
PUCCH	Physical Uplink Control Channel	物理上行控制信道
QAM	Quadrature Amplitude Modulation	正交振幅调制
QCI	QoS Class Identifier	服务质量等级标识
QoS	Quality of Service	服务质量
QPSK	Quadrature Phase Shift Keying	正交相移键控
RA	Random Access	随机接入
RACH	Radom Access Channel	随机接入信道
RA – SR	Random Access-based SR	基于随机接入的调度请求
RAN	Radio Access Network	无线接入网
RAT	Radio Access Technology	无线接入技术
RB	Radio Bearer	无线承载
RBC	Radio Bearer Control	无线承载控制
RF	Radio Frequency	射频
RFID	Radio Frequency IDentification	射频识别
RLC	Radio Link Control	无线链路控制
RNC	Radio Network Controller	无线网络控制器
RNTI	Radio Network Temporary Identity	无线网络临时标识

缩写	英文	中文
ROHC	RObust Header Compression protocol	鲁棒性报头压缩协议
RPLMN	Registered Public Land Mobile Network	已登记公共陆地移动网
RRA	Radio Resource Agent	无线资源代理
RRC	Radio Resource Controller	无线资源控制器
RRM	Radio Resource Management	无线资源管理
RSA	Reservation-Based Slot Allocation	基于预留的时隙分配
RSSI	Received Signal Strength Indication	接收信号强度指示
rtG	Real-time gaming	实时游戏
RTP	Real-time Transport Protocol	实时传输协议
S - eNB	Source eNodeB	源 eNodeB
S - GW	Serving Gateway	服务网关
S - SGW	Source Serving GW	源服务网关
S1AP	S1 Application Protocol	S1 应用协议
SAE	System Architecture Evolution	系统体系结构演进
SAP	Service Access Points	服务接入点
SAW	Stop-and-Wait	停止等待
SBLP	Service-Based Local Policy	基于服务的本地策略
SC - FDE	Single-Carrier system with Frequency Domain Equalization	单载波频域均衡
SC - FDMA	Single-Carrier Frequency Division Multiple Access	单载波频分多址
SCTP	Stream Control Transmission Protocol	流控制传输协议
SDF	Service Data Flow	服务数据流
SDU	Service Data Unit	服务数据单元
SeGW	Security Gateway	安全网关
SFN	Single Frequency Network	单频网
SGSN	Serving GPRS Support Node	服务 GPRS 支持节点

缩写	英文	中文
SIB	System Information Block	系统信息块
SIM	Subscriber Identity Module	用户识别模块
SINR	Signal-to-Interference and Noise Ratio	信干噪比
SIP	Session Initiation Protocol	会话初始协议
SIR	Signal-to-Interference Ratio	信干比
SLA	Service Level Agreement	服务等级协议
S - MME	Source MME	源 MME
SN	Sequence Number	序列号
SNR	Signal-to-Noise Ratio	信噪比
SOHO	Small Office Home Office	家庭办公
SPID	Subscriber Profile ID	用户配置文件标识
SPR	Subscription Profile Repository	用户配置文件存储器
SR	Scheduling Request	调度请求
SRE	Source Route Entry	源路由条目
SRNC	Serving Radio Network Controller	服务无线网络控制器
SRS	Sounding Reference Signal	探测参考信号
T - eNB	Target eNodeB	目标 eNodeB
T - RNC	Target RNC	目标 RNC
T - SGW	Target Serving GW	目标服务网关
T - SGSN	Target SGSN	目标 SGSN
TA	Tracking Area	跟踪区域
TACS	Total Access Communications Systems	全接入通信系统
TAI	Tracking Area Identity	跟踪区域标识
TB	Transport Block	传输块
TCP	Transmission Control Protocol	传输控制协议
TCXO	Temperature Compensate Xtal (crystal) Oscillator	温度补偿石英晶体振荡器

缩写	英文	中文
TDD	Time Division Duplexing	时分复用
TDMA	Time Division Multiple Access	时分多址接入
TEID	Tunnel Endpoint Identifier	隧道端点标识
TFT	Traffic Flow Template	业务流模板
TM	Transparent Mode	透明模式
T – MME	Target MME	目标 MME
TMSI	Temporary Mobile Subscriber Identity	临时移动用户标识
TNL	Transport Network Layer	传输网络层
TrE	Trusted Execution	可信执行
TTI	Transmission Time Interval	传输时间间隔
U – Plane	User Plane	用户平面
U – RNTI	UTRAN Radio Network Temporary Identity	UTRAN 无线网络临时标识
UA	User Agents	用户代理
UAC	User Agent Client	用户代理客户端
UAS	User Agent Server	用户代理服务器
UDP	User Datagram Protocol	用户数据报协议
UE	User Equipment	用户设备
UE – AMBR	UE Aggregate Maximum Bit Rate	UE 最大比特率总值
UL	Uplink	上行(链路)
UL – SCH	Uplink Shared Channel	上行共享信道
UM	Unacknowledged Mode	非确认模式
UMB	Ultra Mobile Broadband	超移动宽带
UMTS	Universal Mobile Telecommunications System	通用移动通信系统
UMTS AKA	UMTS Authentication and Key Agreement	UMTS 认证与密钥协商
URI	Uniform Resource Identifier	统一资源标识

缩写	英文	中文
UTRAN	UMTS Terrestrial Radio Access	UMTS 陆地无线接入
UTRAN	UMTS Terrestrial Radio Access Network	UMTS 陆地无线接入网
VAD	Voice Activity Detection	话音激活检测
VoIP	Voice over IP	IP 语音
V - PCEF	PCEF in the VPLMN	VPLMN 中的 PCEF
VPN	Virtual Private Network	虚拟专用网络
W - APN	WLAN Access Point Name	WLAN 接入点名称
WAG	WLAN Access Gateway	WLAN 接入网关
WCDMA	Wideband Code Division Multiple Access	宽带码分多址
WiFi	Wireless Fidelity	无线保真
WiMAX	Worldwide Interoperability for Microwave Access	全球微波互联接入
WLAN	Wireless Local Area Network	无线局域网
WSAN	Wireless Sensor/Actuator Network	无线传感器/执行器网络
WSN	Wireless Sensor Network	无线传感器网络